U0341707

闪速炼铜过程研究

宋修明　陈　卓　著

北　京

冶金工业出版社

2012

内 容 提 要

本书汇集了金隆铜业有限公司近十余年来的主要科研工作与成果,其中包括关于闪速炉物料分布均匀性的实验研究、闪速炉内气粒混合过程的实验与数值计算、闪速熔炼过程的仿真研究、闪速炉Fe_3O_4控制技术研究、沉淀池操作优化方案研究、熔渣中铜赋存形态分析以及闪速炉蚀损预警与立体冷却系统开发研究等多项工作的详细内容与主要结论。

本书可供有色冶金、热工领域的工程技术人员和研究人员阅读,也可作为相关专业研究生的教学参考书。

图书在版编目(CIP)数据

闪速炼铜过程研究 / 宋修明,陈卓著. —北京:冶金工业出版社,2012.9
ISBN 978-7-5024-6044-0

Ⅰ.①闪… Ⅱ.①宋… ②陈… Ⅲ.①炼铜—闪速熔炼—过程—研究 Ⅳ.①TF811

中国版本图书馆CIP数据核字(2012)第225041号

出 版 人 谭学余
地　　址 北京北河沿大街嵩祝院北巷 39 号,邮编 100009
电　　话 (010)64027926 电子信箱 yjcbs@cnmip.com.cn
责任编辑 张熙莹 美术编辑 彭子赫 版式设计 彭子赫 孙跃红
责任校对 王永欣 责任印制 牛晓波
ISBN 978-7-5024-6044-0
冶金工业出版社出版发行;各地新华书店经销;北京盛通印刷股份有限公司印刷
2012 年 9 月第 1 版,2012 年 9 月第 1 次印刷
787mm×1092mm 1/16;18.75印张;455 千字;286 页
130.00 元
冶金工业出版社投稿电话:**(010)64027932 投稿信箱:tougao@cnmip.com.cn**
冶金工业出版社发行部 电话:**(010)64044283 传真:(010)64027893**
冶金书店 地址:北京东四西大街 46 号(100010) 电话:**(010)65289081(兼传真)**
(本书如有印装质量问题,本社发行部负责退换)

序

热爱生活的人，必然热爱自己的事业。

当我打开这本凝聚着金隆人智慧和心血，记录着金隆人技术创新历程的《闪速炼铜过程研究》书稿时，不禁被书中新颖的课题、严谨的论证、丰富的内容深深吸引了。

金隆铜业位于长江之滨的安徽省铜陵市，于20世纪末建成投产，为国家"八五"重点工程建设项目，是对新中国成立后的第一座冶炼厂（铜陵有色第一冶炼厂）改扩建的项目，总投资20多亿元人民币，设计规模为年产10万吨阴极铜。

铜冶炼是个传统行业，工业化初期铜冶炼几乎就是"烟熏火燎"的代名词。作为铜冶炼技术升级的代表作之一以及中国有色行业最大的中外合资企业，金隆铜业肩负着消除环境污染和重振有色雄风的双重使命，但随着时代的变迁，原有的设计规模已远远落伍于现代铜产业高速发展的步伐。

企业要发展，但不能盲目发展，那些因摊子铺得太大最终走向衰落的企业当为前车之鉴。

金隆人经过冷静思考、广泛调查、深入研究、严密论证后，毅然舍弃了普遍沿用的增设备、扩厂房、添人员、再投资的传统扩张方式，而是另辟蹊径，选择了一条"科技引领，挖潜改造，向革新要成果，向技术要效益"的企业发展新路子。

"抓主线"、"攻核心"，铜冶炼的核心设备是闪速炉，闪速炉的吞吐量决定企业的生产规模。要提高产量，扩大规模，就必须对"闪速炉"作文章。面对庞大的闪速炉生产系统，金隆人以敢为天下先的大无畏精神，十余年时间锲而不舍，对闪速熔炼工艺系统进行脱胎换骨的技改创新。在初期设计规模的基础上，持续跟踪世界闪速熔炼技术发展的趋势和走向，对闪速熔炼工艺进行系统的探索和研究，结合自身实际，依托技术创新成果，实施一系列技术挖潜改造，推动了国内闪速熔炼技术升级，达到了国际先进水平。

金隆铜业自主研发的以新精矿喷嘴为核心的超高强度数控闪速炼铜技术，获得了最佳技术工艺参数。其中闪速炉单位容积精矿处理量、反应塔热负荷、电炉渣含铜发生率等均为世界同工艺最好水平。技术成果的显著特征体现为"四高四低"，即高热负荷、高处理能力、高反应效率、高安全性能；低烟尘率、低三氧化硫发生率、低渣含铜、低氧油消耗。实现了闪速炉冶炼能力和效率质的跨跃，打破了国外公司对闪速炉精矿喷嘴的技术垄断。

全书从十个方面对金隆闪速炉熔炼发展及各项技术指标分析作了详尽的阐述。

从中可以看出，金隆人通过反复进行闪速炉下料偏析、气粒混合均匀度等模拟实验，通过操作制度仿真、熔体流场与温度场数值仿真、熔炼反应过程仿真等大量研究，发现了闪速炉下料偏析、气粒分布混合不均、反应效率不高等冶炼过程和装置缺陷，发明了双旋预混、多流喷射精矿给料装置，提出了"三集中操作"、"氧势梯度熔炼"等闪速炉操控理论与指导原则，在此基础上整合提炼形成的"超高强度智能数控闪速炼铜技术"通过了专家鉴定并获得高度评价。以闪速炉为核心，配套完成上、下工序必要的技术改进与完善，以少量的资金投入加上操作管理挖潜，一个具有自主产权和金隆特色的高效、节能、环保型"升级版"闪速炉脱颖而出。金隆电铜生产规模由初期的10万吨提高到了超过40万吨，尤其是闪速熔炼技术应用后，设备潜能发挥到极致，产能大幅提升，消耗显著降低，创造了闪速炉挖潜改造的"金隆神话"。

本书真实地记录了这个旷日持久的技术创新的演变及其带来的超乎寻常的生产效率、经济效益、生态效应和深刻的社会影响。折射出金隆人在闪速炉研究改造中"十年磨一剑"的执着精神和"实践出真知"的科学态度，是金隆铜业整个产业转型和技术升级的一个缩影。

综览全书，研究之深入，分类之精细，数据之翔实，系统之科学令人十分信服。

管理大师德鲁克曾说过"没有人能够左右变化，唯有走在变化之前"。

金隆闪速炉强化熔炼研究获得成功，得益于金隆人对宏观经济形势的准确把握及其对铜冶炼走向的熟练驾驭。他们清醒地认识到：加快转变方式，推动产业转型升级是国家"十二五"发展的重要战略。加工型企业深入持久的技术自主创新，不仅符合国家战略需要，也是新形势下企业生存和发展的需要，更是企业在竞争中建立和提升优势，不断走强的必然选择。

金隆闪速炉强化熔炼研究获得成功，得益于十多年形成的技术创新管理体制和行之有效的激励机制，这也是引领技术创新取得成效的坚实基础和有力保障。金隆形成的"领导带头、专家指导、员工参与、制度健全、程序规范"的特色科技工作管理模式，始终坚持技术创新与生产实践紧密结合，长期将科研与生产管理融为一体，科技创新上"不拘一格降人才"，只要有利于科技进步和创新发展，从员工提案到课题攻关，科研的平台向所有员工全面敞开；从课题筛选、可行性评估到项目确定、费用核准直到效益评价，形成了一系列规范透明的操作程序。

将生产与研发融为一体，将技术人员的重点项目研发和基层员工的小改小革结合在一起，既抓住了主线，又拾遗补缺。全员参与，重点开花，实现了由上到下，由点到面的技术创新全覆盖。

积极的技术创新机制，使科技人员的工作热情和科研积极性处于持续"激活"状态，他们在各自的岗位上恪尽职守，用心工作。在创新的大舞台上善于发现，勤于思考，把个人成长与企业发展融为一体，在创造中"炼"就企业和个人共同的未来。

迄今为止，金隆铜业已获省部级及以上科技进步奖16项，地市级科技进步奖6项；申请专利22项，已拥有授权专利14项，计算机软件著作权登记1项；被授予国家高新技术企业，成为具有国际认证资质的化验检验单位，成为安徽省院士工作站……

一分耕耘，一分收获，几滴汗水，几分收成。2011年在铜冶炼企业大面积亏损的险恶市场环境下，金隆却一枝独秀，凭借科技创新这个"魔法"，取得了连续七年盈利超亿元的经营佳绩。

作为冶金科技工作者的一员，我对他们的研究成果和取得的成效表示祝贺；作为本书的第一读者，我愿意将这本虽朴实无华但却充满创新意识和群众智慧的小册子推荐给同行们一阅。

"开卷有益"，或许您能从中受到某种启迪和感悟。

是为序。

2012年8月28日

前　言

创新是一个民族进步的灵魂，是国家兴旺发达的不竭动力。

十多年来的科技创新与持续改进，不仅使金隆铜业有限公司的产品生产能力以年均25%的速度递增，更让金隆在日益激烈的市场竞争环境中持续保持着强劲的生命力和竞争力。

作为金隆的创业者之一，笔者参与并见证了金隆创立与成长的全过程。伴随着国家经济的发展，铜产业发生了翻天覆地的变化，金隆先后开发、创造出诸多新技术、新工艺、新装备。将金隆课题攻关与技术创新所形成的成果与积累的经验整理成册，与同行交流、分享，对提高我国自主科技创新能力、促进铜工业的快速发展意义非凡，也是笔者多年来的心愿。如今，将这本粗糙但却凝聚着科技工作者心血、汗水和智慧的系列专集之一呈现给大家，其欣喜之情难以言表。

金隆作为我国第一座自行设计、施工、监理的闪速炼铜工厂，早在投产之初即致力于铜闪速熔炼工艺、技术、装备的改进、优化与创新，先后与中南大学、东北大学、江西理工大学等科研院校建立"产、学、研"科研联盟，坚持不懈地开展全方位的科学研究与技术攻关工作。在十多年的合作过程中，金隆技术人员与各高等院校的专家学者围绕技术改造和创新研究，携手并肩，殚精竭虑，为金隆快速发展提供了强有力的技术支持。值本书出版之际，谨向所有人员表示衷心的感谢。中南大学梅炽教授、任鸿九教授与梅显芝教授对本书所涉及的课题研究工作始终予以高度关注与支持，多次深入现场指导研究工作并取得良好成效。在此，作者一并向他们表示最诚挚的谢意。

本书主要汇集了金隆闪速炼铜过程研究课题组十余年来的主要研究内容与成果，其中包括诸多实验探索、仿真研究与现场验证。全书共分10章，第2章和第

3章介绍了有关闪速炉精矿预分散系统中偏析现象以及气粒混合均匀度的实验研究；第4章对铜闪速熔炼过程气粒两相流动、传热和传质过程的数值仿真模型进行了较为系统的介绍，并就金隆典型生产工况对数值仿真结果进行了详细分析；第5章介绍了高强度闪速熔炼操作制度的仿真寻优实验研究，着重分析了分散风-工艺风动量比、工艺风速度、分散风速度、中央氧速度以及工艺风富氧含量等对闪速熔炼过程以及反应塔内气粒流场、温度场等物理场微观信息分布特点的影响；第6章介绍了控制反应塔内Fe_3O_4生成条件的数字仿真实验；第7章介绍了沉淀池熔体流场与温度场的数值仿真计算及操作制度优化方案的研究；第8章介绍了闪速炉渣中铜赋存形态检验及贫化渣含铜统计分析；第9章介绍了闪速炉蚀损预警与炉衬立体冷却系统研究；第10章为金隆铜闪速熔炼经济技术指标分析。

在完成本专集所涉及的一些课题研究中，金隆公司的赵荣升、刘安明、于熙广、黄辉荣、谢剑才、王华骏、盛放等科技管理者和专业技术人员在以现场探索、验证、改进为重点的研究中付出了很多辛劳、智慧与汗水；中南大学的谢锴、艾元方、周萍等教授参与或协助完成了很多以仿真、试验、计算为重点的研究工作，在此真诚地向他们表示深切的谢意。余建平、尧颖瑾、王云霄、毛永宁和汤才铄等同学在攻读学位期间曾参与本课题部分研究工作，专集中对他们的部分论文内容作了介绍。

由于闪速熔炼系统涉及若干单元，其过程反应多为复杂的高温物理化学过程，目前用于仿真分析的硬件和软件条件并不完善，所得结果和意见不一定完整，不足之处欢迎读者批评指正。

宋修明

2012年8月

目　录

4　铜闪速熔炼反应过程仿真研究 ························ 89

5　高强度闪速熔炼过程操作制度仿真寻优实验 ········ 106

7　沉淀池熔体流场与温度场数值仿真及操作制度优化方案·······················175

8　闪速炉渣中铜赋存形态检验及贫化渣含铜统计分析·······················197

1　绪　论

1.1　闪速熔炼概述

1949年，芬兰奥托昆普公司发明闪速炉并首先应用于工业生产。经干燥后的金属硫化物精矿细粉和熔剂与空气一起喷入炽热的闪速炉膛内，造成良好的传热、传质条件，使化学反应能以极高的速度进行。这是一种充分利用细磨物料巨大的活性表面，强化冶炼反应过程的熔炼方法，因其具有处理能力大、综合能耗低、环境污染少、烟气有利于制酸等优越性而得到了长足的发展。闪速炉不但可处理铜精矿，而且可处理镍、铅精矿，1995年开始又作为吹炼设备用来吹炼冰铜。

国内闪速炉技术也不断地完善和发展。金隆铜业有限公司（以下简称金隆公司）在连续跟踪世界闪速熔炼技术发展前沿的同时，采用厂校合作的方式，对闪速炉进行系统的研究和改造。目前，无论是设计，还是制造、施工、运行都达到了国际先进水平。公司初期设计规模为年产阴极铜10万吨、硫酸37.5万吨，通过系统的改造和技术升级，目前达到年产35万吨矿铜（由处理精矿生产的电铜），40万吨阴极铜的生产能力。

1.2　金隆公司闪速熔炼发展

1.2.1　金隆公司简介

金隆铜业有限公司是由铜陵有色金属集团股份有限公司控股，住友金属矿山株式会社、住友商事株式会社、苹果铝业公司参与投资的大型铜冶炼企业。公司于1993年正式成立并开始建设阶段，于1997年4月8日开始投料试生产，于同年11月8日正式投入正常生产。公司投产近20年来，始终以国际先进企业为标杆，以管理创新和科技进步为发展动力，关注员工价值体现，推动企业持续快速发展，努力将公司建成指标一流、规模适度、管理领先、成本最低的国际化铜业公司。

金隆公司采用低温富氧闪速炉熔炼、炉渣电炉贫化、PS转炉吹炼、回转式阳极炉精炼、圆盘浇注机浇注、常规大极板电解、动力波烟气洗涤、双转双吸制酸工艺，是国内第二家采用闪速炉熔炼工艺的公司。与贵溪冶炼厂全盘引进日本住友技术、设备的工程不同，金隆公司闪速炉是国内第一台自主设计制造的闪速炉，除部分关键设备采用进口设备外，大量采用国产设备，设备国产化率达到92%以上，是真正意义上的第一台国产闪速炉。在建设过程中，在对国际闪速炉技术发展充分研究的基础上，采用了大量国际新技术，如低温富氧鼓风技术、CDJ中央喷嘴技术等，集成应用于金隆闪速炉熔炼系统，使金隆闪速炉工程建设不是简单的对老冶炼厂进行模仿复制，而是代表了当时国际闪速炉最新科技发展水平。

1.2.2 金隆公司闪速熔炼发展历程

1.2.2.1 生产稳定阶段

生产之初，由于经验上存在一定不足，加上国产设备与各国的进口设备运行维护上存在困难，因此生产非常困难，尤其是闪速炉生产遇到了很多的问题。金隆公司闪速炉技术人员边生产，边改进，终于在1年内将生产转入正常状态，1999年公司实现了达产达标。

图1-1所示为1998~2000年金隆公司闪速炉作业率变化趋势。从作业率变化趋势看，闪速炉作业率于1999年即稳定在95%以上，这是闪速炉熔炼系统正常生产的标志。

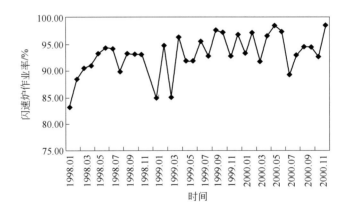

图 1-1　1998~2000年金隆公司闪速炉作业率变化趋势图

1.2.2.2 第一次扩产改造

1999年底，在闪速炉生产基本正常以后，金隆公司领导决定在熔炼和精炼系统进行一些小范围改造，消除系统瓶颈后，可以达到更大的生产规模，更有效地利用现有设备潜能，实现生产的规模效益。

原反应塔内尺寸为 $\phi 5.0m \times 7.0m$，为拱顶结构。由于反应塔顶的H形梁相继被烧断，因此在2000年5月利用25天大修时间，对反应塔顶进行热态下的改进，将拱顶改造成平吊挂顶，炉顶随之降低，反应塔高度由7.0m降为6.64m。

在转炉加长、硫酸系统的改造后，生产系统瓶颈消除，15万吨改造工程完成。闪速炉不但没有增大或加强冷却，反而在改进过程中高度减小，冷却元件减少了。产能达到15万吨，意味着闪速炉投料量要从平均56t/h扩大到84t/h，最大投料量将超过90t/h，这就带来了以下问题：

（1）精矿喷嘴设计能力为56t/h，最大72t/h，喷嘴的设计能力已明显不够；

（2）前期闪速炉炉体冷却元件漏水关闭较多，尤其反应塔连接部铜管已完全关闭，反应塔顶内圈H梁和铜管已关闭，投料量增加后炉体能否经受住更高的热负荷。

经过课题攻关的研究与现场生产经验的不断总结，金隆公司形成了"三集中"的操作理念，总结了一套行之有效的保护炉体的操作制度，闪速炉投料量增加到90t/h。

1.2.2.3 第二次扩产改造

第二次扩产改造于2002年开始规划，因当时金隆公司闪速炉已运行近6年，随着部分冷却元件，尤其是冷却铜管的漏水关闭，同时由于投产初期，闪速炉漏水故障长时间无法确认水点，未及时关闭，造成水漏至炉底，而随着投料量的不断增加，出现炉底温度持续上升的问题，闪速炉面临大范围检修，因此公司筹划何时冷修、怎样冷修。

基于对当时市场的分析和对金隆公司生产潜力的充分评估，认为金隆公司应该充分利用这次冷修机会，在对闪速炉进行充分改造的基础上，配合相关系统配套改造，使闪速炉最终达到35万吨的生产能力。在这个过程中，分两步实施，先期对部分工程进行改造后，使其达到21万吨电解铜的生产能力。

2005年进行冷修，金隆公司对于闪速炉研究重新进行模型建立和测试优化的过程，加大了反应塔直径、更换了精矿喷嘴，安装了奥托昆普新型无级调速型中央扩散型精矿喷嘴。通过对炉体的改造，提高了炉体的冷却能力。炉体主要改造如图1-2和表1-1所示。

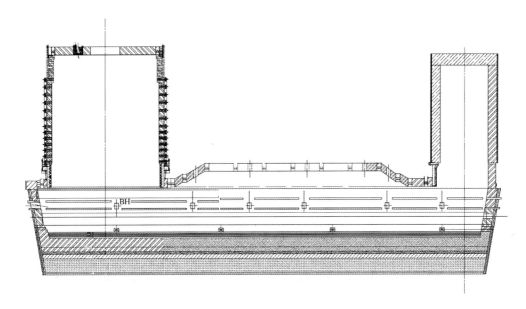

(a)

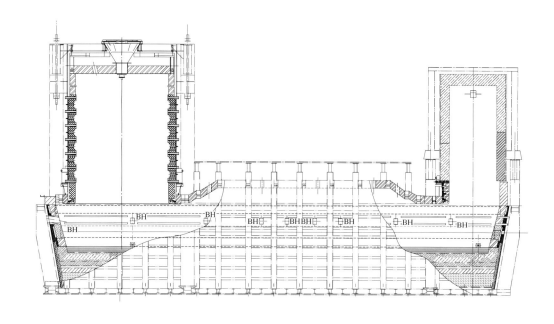

(b)

图 1-2　金隆公司闪速炉改造前后对比图

表 1-1　闪速炉改造前后对比

改造部位	改造前	改造后
反应塔	塔顶：平吊挂顶； 塔壁： （1）第一、二段在耐火砖外侧有5层铜管； （2）有7层水平铜水套，间隔均匀，间距为650mm，每段耐火砖的外侧有2层铜水管； （3）连接部：高度为1085mm，有6层、内外2圈共48根铜管； （4）直径为5.0m	塔顶：平吊挂顶； 塔壁： （1）第一、二段的5根铜管改成立式铜板水套； （2）有13层水平铜水套，上疏下密，上部间距为397mm，下部间距为296mm，取消铜水管； （3）连接部：高度为1275mm，有1圈46块立式锯齿形铜水套； （4）直径扩为5.53m
沉淀池	（1）反应塔下和渣口侧端墙烟气区有2层水平水套，其他区域无水平水套； （2）渣线区面积为142m²，熔池深度为650mm； （3）烟气区水平水套之间有2层铜管	（1）其他区域增设2层水平水套； （2）渣线区扩大到150m²，熔池深度为750mm； （3）取消铜管，在水平水套上方增设立式铜水套
上升烟道	（1）壁上无冷却，顶上5根水冷H形梁中有4根漏水关闭； （2）连接部有内外2根、7层水冷铜管	（1）在渣口侧垂直壁上增设3层水平铜水套，更换4根漏水的H形梁； （2）取消铜管，改成锯齿形铜水套，增设一根水冷H形梁

　　21万吨改造后，闪速炉干矿装入量由改造前的最高90t/h提高至最高120t/h。运行中发现，反应塔的冷却有很大的余量，应该能适应更高的生产能力，但是沉淀池的能力明显不足，主要变化有：

（1）侧墙和顶的挂渣较少，尤其是反应塔下侧墙和出口处很少有挂渣；

（2）反应塔下的沉淀池顶"三角区"挂渣很少，砖体温度较高；

（3）沉淀池底的温度升高，最高达到770℃，比控制值高约20℃；

（4）上升烟道下的沉淀池容易堆料造成排烟通道的堵塞。

基于以上出现的问题，金隆公司认为，在闪速炉冷修时，对沉淀池改造过于保守，未充分考虑投料量提高后热负荷对沉淀池的影响是造成以上问题的主要原因，因此，在投料量还未达到35万吨能力的情况下，炉体就出现无法满足热强度的要求。2006年3月，利用12天的大修时间，在热态下更换了反应塔下沉淀池顶"三角区"的吊挂砖，并创新性地在局部区域安装了吊挂铜水套，以加强冷却，促进挂渣的形成，保护H形梁；同时更换了沉淀池顶最前部的一段吊挂顶（该部位烧损最为严重）。经过改造后，沉淀池基本满足21万吨的生产要求。

1.2.2.4　第三次扩产改造

2006年1月开始为35万吨改造工程进行准备，2007年1月实施了35万吨改造的配套系统施工，主要包括增加蒸汽干燥系统、浓相输送系统、精矿计量改造为失重计量系统等，改造制氧系统，增加了一套制氧机，新增4号转炉、阳极炉，硫酸系统增加一套系统等一系列改造，使金隆公司在单台闪速炉条件下，具备了年处理矿产铜35万吨、40万吨阴极铜、107万吨硫酸的生产能力。但是由于国际市场原料的变化，原料S/Cu不断增加，杂质成分不断增加，尤其进入2009年情况更为严重，导致闪速炉反应热负荷急剧增加，大大超过设计指标，2009年9月S/Cu已达到1.26，热负荷在线运行数据为2302MJ/(h·m³)，达到金隆公司历史最高水平。这给生产带来一系列困难，特别是炉体损坏严重，精矿反应状况变差等。虽然经过参数的调整和设备的改进，2009年完成35万吨的生产目标，但是闪速炉炉体损坏严重，必须进行进一步的改造才能适应新市场环境下的35万吨矿产铜的要求。经过公司技术攻关与现场改造，分析闪速炉炉体损坏的原因，并针对性地提出炉体改造加参数控制的解决方案，最终使闪速炉投料量稳定在170t/h以上，标志着35万吨改造工作顺利完成，金隆公司历年干矿处理量及硫酸、电铜产量如图1-3所示，图中曲线分为3个比较明显的阶段。

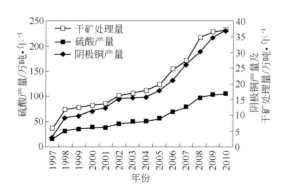

图1-3　金隆公司历年干矿处理量及硫酸、电铜产量趋势图

应对热负荷提高对闪速炉炉体影响的主要工作于2008年开始,主要包括损坏情况的调查分析、影响因素分析、应对方案的制定等,主要改造工作如下:

(1)炉体损坏情况分析。闪速炉冷修对反应塔进行较为彻底的改造,增加了冷却能力,但沉淀池冷却能力增加较少,侧墙和顶的挂渣较少,尤其是反应塔下侧墙和出口处很少有挂渣,在逐步增料过程中,发现炉体出现一系列问题,主要如下:

1)沉淀池南北两侧(反应塔下方)的大修挖补时新砌耐火砖已消耗得相当严重,薄处仅50mm左右,最薄处仅20mm,基本无砖,3层水平水套均裸露明显。

2)其下方至沉淀池第三层水平水套间的耐火砖下面的4层盖砖基本没有。

3)反应塔下的沉淀池顶"三角区"挂渣很少,砖体温度较高;反应塔与沉淀池连接部南侧发红严重,砖也已消耗殆尽。

4)沉淀池顶冷却元件损坏严重:H形梁已关闭铜管26根,占总数的45%,1根H形梁水槽漏水已作废。漏水区域集中于反应塔出口及南侧。

(2)炉体损坏主要原因分析:

1)2009年在闪速炉装入量为162t/h时,在反应塔下面第四层水平水套位置处开孔,对反应塔内烟气温度进行测量,测量温度为1658℃,大大高于预期值,明显高于设计值。而且随着闪速炉装入量提高,该处塔壁温度已经从平均100℃上升为160℃,炉内实际温度应该上升更多,从这一层往下的塔壁温度更高,炉体温度更高,因此生产实际热负荷超出设计值是炉体损坏主要原因。

2)改造后的反应塔加大后,将原来内圈H形梁取消,而沉淀池宽度未变,以致两者间距过小,反应塔下方是气流回旋区,高温烟气和熔体直接冲刷侧墙,等同于此处的沉淀池侧墙成为反应塔的一个部分。反应塔周围沉淀池及三角区承受的热负荷与烟气冲刷比冷修前大幅度上升,是该区域耐火砖损耗的主要原因。

3)为增加沉淀池的冰铜储存能力,将闪速炉渣口抬高100mm,这一方面减小了沉淀池烟气区空间,增加了烟气流速,烟气冲刷增加,H形梁挂渣难度增加。另一方面,熔体液面距H形梁底部表面距离减小,热辐射强度增大,是导致沉淀池顶耐火材料损坏及冷却元件漏水频繁的主要原因。

4)冷修改造期间,沉淀池顶大部分H形梁及炉体采取基本保留的方式,耐火材料未更换,有11根H形梁进行了保留,沉淀池侧墙增加了水平水套进行冷却,但烟气区未进行改动。

(3)主要应对措施有:

1)炉体改造:

① 2009年在反应塔壁钢壳上焊接钢板,做成水套,加强反应塔的冷却。

② 2010年大修期间,在热态下改造反应塔下部三角区及出口区域冷却元件,改为吊挂水套形式,同时对沉淀池侧墙倾斜水套进行更换,以增加沉淀池损坏最严重区域的冷却能力,保护炉体,同时在硫酸系统进一步改造后,为闪速炉进一步提高投料量创造条件。

2)增加冷料处理。根据需要,对渣包壳进行磨碎处理,由于渣包壳中含有较多的Fe_3O_4,在熔化过程和还原过程中会大量吸收热量,将有效降低炉体热负荷。同时增加渣精矿的处理量,降低炉体热负荷。

3）操作控制：

① 炉内温度的均匀控制，尤其应避免频繁停料，升降料严格控制幅度和间隔时间，绝对避免炉内温度的大起大落。保护好炉顶耐火砖，杜绝掉砖现象的发生。

② 稳定均衡生产，保持沉淀池热负荷的稳定，保持负压操作，加强炉体散热。

③ 精矿配料的均衡控制，避免出现急剧大幅度热负荷变化，长期计划与短期计划配合，动态跟踪原料采购计划，并根据配料月度计划情况提前进行炉体温度预警与控制。

1.3 金隆公司闪速炉课题攻关概述

金隆公司闪速炉的技术攻关始于1999年，在不断解决生产中遇到的问题的过程中，促使金隆公司的技术人员更深层次地对闪速炉冶金过程、炉体结构等基础冶金理论进一步研究，由此促成了金隆公司与中南大学多年的合作研究，从最初的寻找精矿喷嘴的优化操作条件，到降低渣含铜优化生产指标，然后到通过生产控制保护炉体，最后到对炉体的彻底改进。在新喷嘴应用后，在对奥托昆普精矿喷嘴的不断研究的基础上，逐步认识其喷嘴的设计机理与操作原则，同时随着技术的不断发展，该喷嘴已经无法适应高投料量、高物料密度条件下的风矿混口要求，并在此基础上提出了新的操作理论和新型结构的精矿反应装置，走出了一条引进、消化、吸收、再创新的典型的创新流程，使中国目前在闪速炉冶炼技术方面，不管是在基础理论、操作水平、技术装备水平还是经济技术指标各方面，都与世界一流水平相比肩。

1.3.1 使用双环型喷嘴期间闪速炉主要课题攻关项目

金隆公司对闪速炉的研究主要分为3个阶段进行，包括公司建设阶段，第一炉期使用双环型精矿喷嘴阶段和使用无级调速型中央喷嘴阶段。公司建设阶段，大胆采用新技术的同时，开始了具有金隆特色的闪速炉创新技术的应用，第一炉期由1999年至2005年，期间金隆公司使用的是双环型中央喷嘴，喷嘴设计投料量为56t/h，反应塔为7层水平水套，给料为刮板给料。该阶段所进行的主要课题攻关项目如下：

（1）闪速炉自动控制数模的研制与应用；

（2）铜闪速熔炼反应过程仿真研究；

（3）对双环型精矿喷嘴的数值仿真优化研究与炉体预警系统的建立；

（4）闪速炉反应塔顶改进；

（5）干矿流态化的治理；

（6）精矿下料管的改进；

（7）熔渣中铜赋存形态检验及贫化渣含铜统计分析；

（8）沉淀池熔体流场、温度场数字仿真及其操作制度优化方案。

1.3.2 无级调速型精矿喷嘴使用后闪速炉主要课题攻关项目

2005年闪速炉冷修以后，闪速炉反应塔改为13层水平水套，冷却能力增强。由于当时对于精矿喷嘴的研究还不足以达到自主设计精矿喷嘴的水平，还处于消化核心技术和局部创新阶段，因此精矿喷嘴仍然引进了奥托昆普公司的更大能力的无级调速型精矿喷嘴。

在配套系统能力达到35万吨矿铜水平以后，闪速炉在逐步增料过程中，发现新型的精矿喷嘴出现很多问题，主要有精矿有效反应空间不足导致闪速炉生料现象严重、精矿下料偏析问题、高投料量及高热负荷下炉体损坏严重的问题等。在此背景下，闪速炉继续进行以下的改造和攻关：

（1）高强度闪速熔炼操作制度仿真寻优实验；

（2）闪速炉炉体冷却元件及炉体结构的改进；

（3）闪速炉半热态检修方式的创新研究与实施；

（4）铜闪速熔炼炉余热锅炉烟尘黏结机理分析与抑制技术仿真研究；

（5）新型精矿给料系统的改进；

（6）新型精矿喷嘴研制与实验研究。

1.4 金隆公司闪速炉技术理念的总括与发展

金隆公司闪速炉技术创新理念涉及精矿喷嘴的操作、炉体结构的创新、精矿配料理念的创新等。具体有：

（1）"三集中"操作原则。"三集中"操作原则是在金隆闪速炉操作研究过程中逐步形成的一种操作理念，结合对日本"两粒子理论"的研究，该操作理念提出，精矿反应应该具备的条件是合理的温度、颗粒与氧气的充分混合、有利于反应颗粒碰撞凝聚的颗粒浓度，因此认为凡是有利于形成高温集中、氧量集中与精矿颗粒集中的操作条件，均有利于满足精矿粒子热分解、气粒界面传输与氧化过程强化的要求，有利于提高熔炼能力，减少燃料单耗，降低烟尘率，改善精矿喷嘴的性能。

（2）"氧势梯度熔炼"操作理念，控制渣含铜的损失。随着投料量的逐步增加，冰铜品位的逐年提高，闪速炉渣含铜迅速提高，尤其在2004年以后，渣含铜上升速度较快，因此为控制渣含铜损失，在"三集中"操作模式的基础上进行了进一步的研究和操作摸索，形成了"氧势梯度熔炼"的操作理念。"氧势梯度熔炼"主要是在"三集中"高效反应的基础上，通过合理控制渣成分和添加适当还原剂情况下，在闪速炉不同区域控制不同的氧化环境，在熔炼反应完全的条件下，在沉淀池形成合理的还原气氛，达到控制渣中合理的 Fe_3O_4 含量的目的，进而控制渣含铜，降低渣含铜损失。随着该操作理念的逐步实施，闪速炉渣含铜得到控制。金隆公司在35万吨改造中，未进行电炉的扩大改造，电炉渣含铜控制仍处于正常水平，节约投资近2000万元，同时电炉未进行扩大改造，每年运行电耗350万元，同时省投资1300万元。

（3）复杂矿处理理念。金隆公司根据矿种对冶炼生产适应情况进行分类，设专人根据来矿成分情况和炉况进行统计分析，控制低着火点精矿和高熔点成分，特别是严格控制锅炉易黏结物成分比例，并根据库存适时调整配料，以满足系统平衡稳定。每次在某矿种用完之前，新的配料计划变更单已到操作员工的手中，他们在登记各矿仓矿种和成分后根据干矿仓实际干矿存量情况，设定配料计算和反应塔风、油、氧变更时间，从而使配料这一生产源头得到最佳控制与优化。

在控制热负荷的前提下，提供反应高温区，根据计算结论，在高投料量下闪速炉的主要问题是精矿分散不充分，而且由于空气速度的加快，高温区存在下移现象，使精矿无法迅速充分反应，因此改善闪速炉反应的主要手段是加大精矿分散力度，同时将高温区提前，使精矿反应提前，充分利用反应塔空间，使精矿能充分反应，保持炉况稳定。

在实际生产中，2010年10月闪速炉增料172t/h以来，炉况一直不正常，制约闪速炉的主要问题是精矿反应不完全，生料严重，分析原因认为与计算结论相似，主要是反应区域下移导致的精矿反应时间短，精矿混合不均引起的反应不完全所致。

提高反应塔上部温度的最简单的办法就是将闪速炉氧油烧嘴投入，但闪速炉反应塔直径偏小，本身热负荷偏高，在如此高的投料量下继续投入氧油烧嘴，将进一步增加反应塔负担，存在很大的风险。经过研究认为，氧油烧嘴的投入不但直接提高了反应塔上部精矿喷嘴下方的温度，使精矿迅速达到反应温度，提前反应的进行，同时由于氧油烧嘴气流的扰动，加强了精矿与气流的混合强度，有利于反应的进行。在这种情况下，如果适当控制精矿S/Cu，或增加一些低热负荷原料的应用，使整个反应塔热负荷在增加了最低油量的情况下，控制在2200MJ/(h·m³)之内，是完全可行的，于是自2011年1月25日开始，闪速炉反应塔开始投入氧油烧嘴，至1月27日3只烧嘴全部投入，以100L/h最低油量烧，同时增加渣精矿等用量，以平衡整体热平衡，由于高温区明显上移并且集中于喷嘴下方区域，使精矿着火明显提前，炉况得以逐步改善，黏渣现象明显好转，生料现象基本消除。虽然增加了部分油量消耗，但在平衡热平衡过程中，增加了一些难处理精矿的处理量，因此经济效益反而有所增加。

2 闪速炉下料偏析度模拟实验

决定闪速炉熔炼强度（单位容积单位时间内的精矿处理量）大小与反应效率（反应完全程度、氧利用率、有价金属直收率）高低的第一个环节就是精矿喷嘴下料均匀度。炉料进入精矿喷嘴的均匀性对精矿喷嘴的反应性能起到关键的作用。

精矿喷嘴为多层套管形结构，精矿喷管中心有中央输氧管，精矿喷管与中央输氧管之间有4个翅片状分布器将空腔均匀分隔成4个隔室，两根下料管的进料口分别设在两个相对的分布器两侧，由每根下料管滑落下来的精矿经分布器分隔后分别进入相邻的两个隔室中。由于下料路程及角度的影响，精矿很难均匀分配至相应的分布器隔室中，并且精矿由下料管进入喷腔时，由于下料速度和角度的影响，容易在分布器附近区域集中，无法均匀分布在分布器隔室内，造成局部偏析现象，容易导致精矿多的区域反应不完全，形成生料，而精矿少的区域形成过反应，生产大量 Fe_3O_4。由于 Fe_3O_4 黏性大，密度处于冰铜和炉渣之间，导致闪速炉黏渣，会严重影响冰铜与炉渣的分离。

颗粒自料仓经下料系统至喷嘴下料管环形通道的过程中，发生颗粒分布不均匀问题可能出现的部位为：料仓→下料管→溜管→分布器通道。下料系统颗粒分布可控因素多，颗粒分布不正常现象与设计有关，进行技术改造的可能性大。下料系统颗粒分布影响因素有操作参数、几何结构参数、物性参数三大类。以金隆铜业公司闪速炉装置下料系统为例：

（1）操作参数，有投料量、Y字形接料管的两入口不均匀给料等。

（2）结构参数，有下料管高度、下料溜管进口角度、Y字形接料管的大小、圆变方的下料管的结构、截面逐渐缩小的下料溜管的结构、下料溜管宽度、分布器环缝宽度、下料溜管宽度与分布器环缝宽度之比、下料溜管与喷嘴分布器中间隔板的夹角等。

（3）物性参数，有颗粒密度、粒径、堆积角及含水量等。

本章主要针对现场下料系统（Y字形接料管→圆变方下料管→溜管→分布器通道）的颗粒分布进行模型研究。金属学中，合金各组成元素在结晶时分布不均匀的现象称为偏析，本章借助于该名词，将沿下料槽环形截面内的颗粒不均匀分布现象称为下料偏析。

下料偏析研究内容如下：

（1）建立下料系统模型装置。

（2）重现现场下料偏析现象。

（3）下料偏析规律实验研究：

1）对颗粒流过溜管→分布器通道进行高速摄影观察，在分布器通道底部分网格接粒称重计量；

2）就投料量、下料溜管与分布器通道隔板的夹角、颗粒种类三个因素按正交实验法组织实验，并进行相应的实验数据整理。

（4）对比分析切向下料和十字给料的优缺点，对十字进料进行综合评价。

现场装置的分布器颗粒通道里有垂直设置的4个隔板，4个隔板将分布器通道均匀分隔成4个扇形通道，每一个扇形通道对应由一台螺旋给料机供料。如图2-1所示，现场装置未改造之前，颗粒沿垂直于一个隔板、平行于相邻的另一个隔板流进分布器通道（颗粒垂直冲向一个隔板），相邻两个下料溜管靠在一起，下料溜管呈一字形布置，作者将这种进料方式称做切向进料。如图2-2所示，现场装置改造之后，颗粒沿相邻两隔板角平分线方向流进分布器通道（颗粒垂直冲向中央氧管），4个下料溜管位于相互垂直的两角平分线上，将这种进料方式称做十字进料。

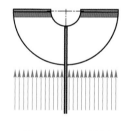

图 2-1 切向进料

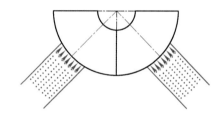

图 2-2 十字进料

2.1 下料偏析的类型及特征指标

2.1.1 下料偏析的类型

如图2-3所示，下料偏析可以分为四种类型：

（1）各室下料不均匀。如图2-3(a)所示，两个室的颗粒重量差超过了规定值（ΔG）。此类故障在进入Y字形接料管以前形成，故障发生部位是料仓。

（2）局部偏析。如图2-3(b)所示，垂直于颗粒流动方向的截面上某点明显地积聚了较多颗粒。

（3）周向偏析。如图2-3(c)所示，垂直于颗粒流动方向的截面上沿圆周方向上的颗粒分布不均匀现象。

（4）径向偏析。如图2-3(d)所示，垂直于颗粒流动方向的截面上沿半径方向上的颗粒分布不均匀现象。

显然，局部偏析、周向偏析和径向偏析之间的关系为：

（1）没有局部偏析，则没有周向偏析和径向偏析。

（2）没有周向偏析，但可能存在局部偏析或径向偏析。

（3）没有径向偏析，但可能存在局部偏析或周向偏析。

在颗粒通道底部进行网格接粒时，可确定局部偏析、周向偏析和径向偏析。

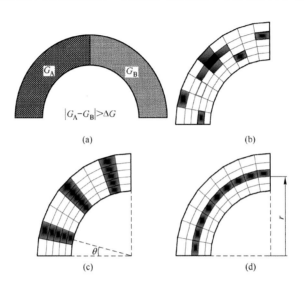

图 2-3　偏析类型

（a）各室下料不均匀；　（b）局部偏析；　（c）周向偏析；　（d）径向偏析

2.1.2　偏析度特征指标

在下料偏析定量研究中，需要找到定量表征偏析程度的特征指标。偏析度特征指标分为质量指标和粒径指标。

2.1.2.1　质量偏析特征指标

每一个接粒区都有一个质量分布密度 $\xi_{r,\theta}$。最大质量分布密度 ξ_{max}、最小质量分布密度 ξ_{min}、平均质量分布密度 $\overline{\xi}$、质量分布密度差值 $\Delta\xi$、质量偏析函数 px_m 等可以作为偏析度特征指标。

质量偏析函数 px_m 的定义式为：

$$px_m = \sqrt{\frac{1}{n}\sum_{i=1}^{n}\left(\xi_{r_i,\theta_i} - \overline{\xi}\right)^2}\Big/\overline{\xi}$$

其中　　　　　　　　　　$\xi_{r_i,\theta_i} = m_{r_i,\theta_i}\big/A_{r_i,\theta_i}$ ，　$\overline{\xi} = \sum_{i=1}^{n}m_{r_i,\theta_i}\Big/\sum_{i=1}^{n}A_{r_i,\theta_i}$

式中　　ξ_{r_i,θ_i} ——位于（r_i,θ_i）的接粒单元格颗粒密度，kg/m^2；

　　　　m_{r_i,θ_i} ——位于（r_i,θ_i）的接粒单元格所接颗粒质量，kg；

　　　　A_{r_i,θ_i} ——位于（r_i,θ_i）的接粒单元格面积，m^2；

r_i——接粒单元格所处的半径，m；

θ_i——接粒单元格所处的角度，(°)；

n——接粒单元格总数量。

$px_m = 0$ 表示质量均匀分布。质量偏析函数数值越大，则质量分布越不均匀。

2.1.2.2 粒径偏析特征指标

最大粒径 $d_{\max}$、最小粒径 $d_{\min}$、平均粒径 $\overline{d}$、粒径偏析函数 px_d 等可作为偏析度特征指标。

粒径偏析函数 px_d 的定义式为：

$$px_d = \sqrt{\frac{1}{n}\sum_{i=1}^{n}\left(\overline{d}_{r_i,\theta_i}-\overline{d}\right)^2}\bigg/\overline{d}$$

其中

$$\overline{d}_{r_i,\theta_i}=\sum_{j=20\text{目}}^{200\text{目}}\left(d_j\frac{m_j}{m_{r_i,\theta_i}}\right),\quad m_{r_i,\theta_i}=\sum_{j=20\text{目}}^{200\text{目}}m_j,\quad \overline{d}=\sum_{i=1}^{n}\left(\overline{d}_{r_i,\theta_i}m_{r_i,\theta_i}\bigg/\sum_{i=1}^{n}m_{r_i,\theta_i}\right)$$

式中 d_j——将位于(r_i,θ_i)的接粒单元格颗粒进行筛分，j 目颗粒粒径，m；

m_j——将位于(r_i,θ_i)的接粒单元格颗粒进行筛分，j 目颗粒质量，kg；

$\overline{d}_{r_i,\theta_i}$——位于($r_i,\theta_i$)的接粒单元格所接颗粒平均粒径，m；

$\overline{d}$——整个接粒区域的平均粒径，m。

对接粒进行筛分所用的标准筛为泰勒标准筛，有20目、40目、60目、80目、100目、120目、140目、160目、180目、200目。泰勒标准筛目数和粒径对应关系见表2-1。

表 2-1 泰勒标准筛规格

目数/目	40	60	80	100	115	120	140	150
粒径/μm	425	246	175	147	124	121	102	104
目数/目	160	170	180	200	230	250	270	300
粒径/μm	94	88	80	74	62	58	53	47

$px_d = 0$ 表示粒径均匀分布。粒径偏析函数数值越大，则粒径分布越不均匀。

计算周向偏析特征指标时用下标 θ 区分，径向偏析特征指标用下标 r 区分，下标没有 θ 和 r 则表示局部偏析特征指标。

2.2 下料系统模型装置设计

2.2.1 设计方案

　　冷模实验需要满足以下四个条件：模型与原型几何相似；保持气流运动状态进入第二自模化区；模型和原型流动动力学相似；进、出口气流平均速度比相等。考虑到本实验所研究的是颗粒运动，不涉及气体及化学反应，作者对上述四个原则简化为模型与原型几何相似、模型与原型下料溜管颗粒填充率相等两个原则。

　　下料系统模型装置如图2-4和图2-5所示，根据现场调研的闪速炉实际尺寸和金隆铜业有限公司提供的闪速炉结构尺寸图纸，下料系统模型装置设计方案为：

　　（1）系统组成：Y字形接料管→圆变方下料管→下料溜管→分布器通道。

　　（2）模型与原型几何相似，模型与原型几何尺寸比例为1:4，溜管倾角不变，由有机玻璃制作。

　　（3）如图2-6所示，圆管变方管里颗粒行程为S形拐弯。

　　（4）下料管偏离下料溜管中心100mm。考虑到左右两侧颗粒运动规律不同，把下料溜管中靠近Y字形接料管中心的一侧称为偏向侧，对应的另一侧称为偏离侧。

　　（5）由于两下料溜管紧凑布置且对称，取实际装置的一半作为研究。

　　（6）下料溜管里颗粒填充率约为30%。

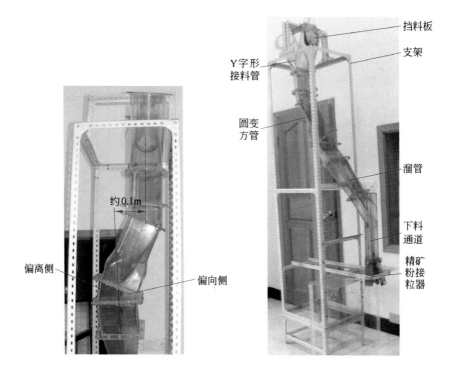

图 2-4　下料系统模型装置

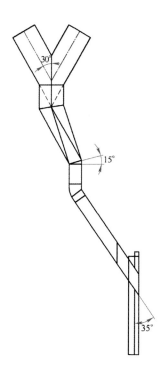

图 2-5　下料系统模型装置主视图

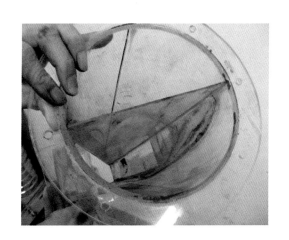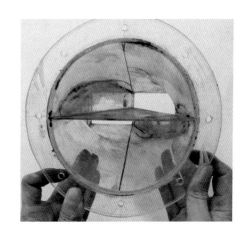

图 2-6　模型装置变形接头

　　现场的闪速炉上方使用4台螺旋给料机进行投料，即每台螺旋给料机对应一个接料管，投料速度由螺旋给料机装置控制，实现了自动给料，确保了每个接料管投料量相同。在模型实验中，为了避免人工操作的随机误差性，在Y字形接料管顶部设计了挡料板进行投料，其结构如图2-7和图2-8所示。

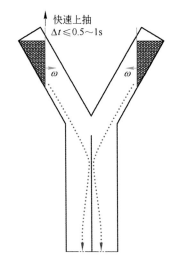

图 2-7　Y字形接料管及投料方法

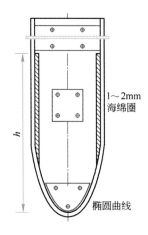

图 2-8　下料速度控制板

下料速度控制板设计特点是:

(1) 料能沿Y字形接料管凹槽最低位置下滑,颗粒路径固定。

(2) 颗粒碰撞中间隔板作用和效果固定。

(3) 投料速度取决于盛料量和挡板开启速度。

2.2.2　下料分布实验测定

下料系统模型装置如图2-9所示。

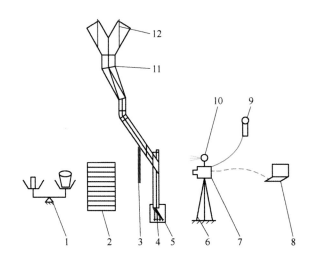

图 2-9　下料系统模型装置原理图

1—TP203-1电子天平；2—泰勒标准筛；3—遮光红布；4—接粒器；5—避尘罩；6—三角架；7—Motionpro X3高速
摄影仪；8—笔记本电脑；9—触发器；10—1kW无频闪灯；11—下料系统；12—下料速度控制板

颗粒经过下料速度控制板进入下料系统。在分布器通道上方，为了清楚地拍摄颗粒的运动情况，用红布遮光，分别从正面和侧面进行摄像，所得的图像存储在笔记本电脑里。在下料系统的下方，用接粒器进行接料，再用20~200目的标准筛进行筛分，所得各个目数的颗粒放在TP203-1电子天平进行称重。

此实验中采取定量和定性分析来确定偏析度。

定性偏析检测是在颗粒快速通过下料系统时，用Motionpro X3高速摄影仪从正面和侧面拍摄颗粒在溜管→分布器通道的流动情况。

定量偏析检测是通过在分布器下方布置接粒网格进行接料、筛分和称重来实现的。各网格编号如图2-10所示，取样装置周向方向分为等角度的6个分隔(两边对称，每边3个周向区域由里向外编号依次为4、5和6)，径向方向分为4个分隔(4个径向区域由外向里编号依次为A、B、C和D)，其中A环和B环之间的分隔线和分散锥底圆圆周位置相对应。图2-11为接料取样装置侧视图，图2-12为接料取样装置俯视图，图2-13为接料取样装置实物图。

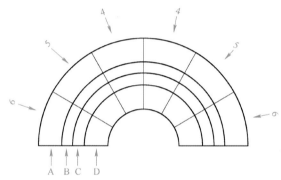

图 2-10　接粒网格编号和面积示意图

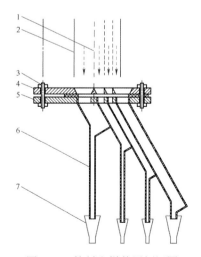

图 2-11　接料取样装置侧视图

1—虚拟分区线；2—分布器通道边界；3—螺栓；4—挫角分流板；

5—支撑板；6—导流槽；7—盛粒量杯

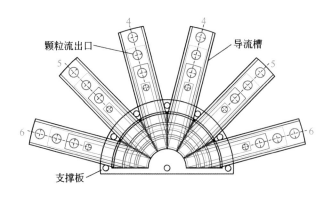

图 2-12　接料取样装置俯视图

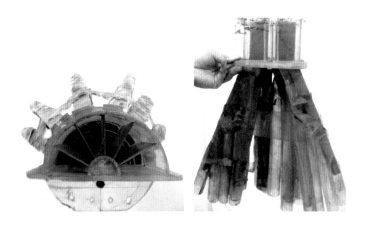

图 2-13　接料取样装置实物图

考虑到精矿粉吸水引起黏结，出现不规则的块状下料而堵塞接粒器通道等问题，在选用精矿粉进行投料时对精矿粉进行干燥处理，并简化接粒器结构，如图2-14所示。

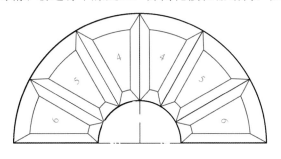

图 2-14　简化后的精矿粉接粒器俯视图

2.2.3　实验方案

实验方案如下：

（1）投料过程和现场相似，由下料速度控制板调节投料速度。

（2）摄影帧频设置为700，选用f1.465mm镜头；从分布器正面或侧面摄影。

（3）分布器底面接粒筛分称重：选用石英沙进行投料实验时，设计24个网格进行接粒、筛分和称重，选用精矿粉设计6个周向网格进行接粒称重。称重精度0.001g。

（4）从高速摄影照片记录中获取投料前后时刻，以计算投料速度。

（5）对偏向侧和偏离侧切向进料、偏向侧十字进料分别实验，变化颗粒类型(粗石英沙、细石英沙和精矿粉)和投料速度进行实验；用Matlab软件的pcolor函数整理实验数据。

2.3 切向进料颗粒分布实验

2.3.1 实验条件

选用切向进料方式，即改造前下料系统给料方式。切向给料时下料溜管与分布器通道连接如图2-15所示。

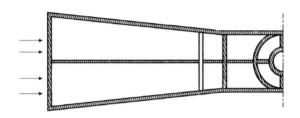

图 2-15 下料溜管与分布器通道连接示意图

选用精矿粉进行投料实验时先对精矿粉进行干燥处理，并采用图2-14所示的接粒取样装置进行接粒取样。

2.3.2 细白石英沙轨迹分析

选用细白石英沙进行投料实验时，侧面高速摄影如图2-16所示，正面摄影如图2-17所示。

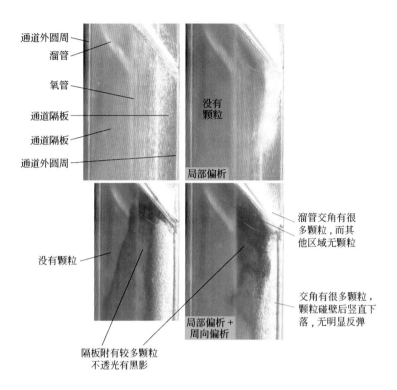

(a)

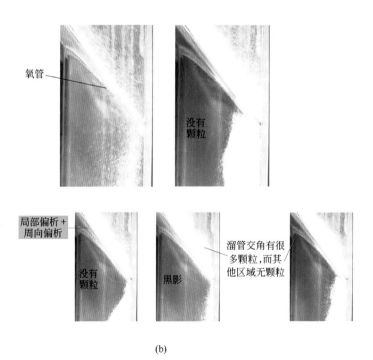

(b)

图 2-16　细白石英沙侧面摄影图

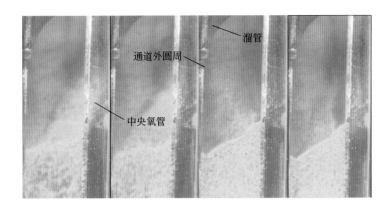

图 2-17　细白石英沙正面摄影图

从图2-16可以看出，存在明显的周向偏析：颗粒直冲与其流动方向垂直的分布器通道隔板，引起该隔板附近1/3周向区域积聚了大量颗粒，其余2/3周向区域几乎没有颗粒；与其流动方向垂直的隔板背后则由于颗粒密集地贴附而透不过光线，出现了明显黑影；颗粒碰壁后竖直下落，无明显反弹。

从图2-16还可以看出，存在明显的局部偏析：在分布器通道外圆周和垂直于颗粒流动方向的通道隔板相交的角落区域颗粒最多；颗粒离开下料溜管出口截面时，颗粒流动速度和局部填充率分布很不均匀，靠近在通道外圆周和垂直于颗粒流动方向的通道隔板相交的角落颗粒流动速度大，颗粒局部填充率高。

从图2-17可以看出，和侧面摄影规律一致，存在明显的周向偏析：与颗粒流动方向垂直的分布器通道隔板上积聚了大量颗粒，挡住了背景光线穿过该通道隔板。

不难看出，切向进料引起明显周向偏析，下料系统颗粒路径S形改变引起明显局部偏析。

2.3.3　粗石英沙分布

2.3.3.1　偏离侧颗粒分布

变化投料量，整理筛分称重数据，得到的部分特征指标见表2-2。

表 2-2　粗石英沙偏离侧数据结果统计

工况序号	$G/\text{t·h}^{-1}$	px_d	px_m	$px_{m,\theta}$	$px_{m,r}$
1	2.4497	0.0495	1.1922	0.3424	1.0820
2	2.5229	0.0271	1.2240	0.4251	1.0418
3	3.5148	0.0649	1.2927	0.5653	0.9907
4	3.5975	0.0412	1.2939	0.5020	1.0672
5	3.8976	0.0406	1.3002	0.5317	1.0237

工况序号	$G/\text{t·h}^{-1}$	px_d	px_m	$px_{m,\theta}$	$px_{m,r}$
6	4.2976	0.0162	1.3003	0.5176	1.0412
7	4.5148	0.0680	1.3019	0.5585	0.7949
8	4.8317	0.0486	1.3601	0.5543	1.0388
9	5.1317	0.0336	1.4156	0.5715	1.0715
10	5.2098	0.0755	1.4541	0.6140	1.0579
11	5.5522	0.0614	1.4966	0.6953	1.0341
12	6.4837	0.0332	1.6368	0.7681	1.0815
13	7.1211	0.0576	2.3172	1.2974	1.0775
14	7.3943	0.0318	2.5588	1.2733	1.2478
15	7.4762	0.0575	2.5962	1.2811	1.2935

注：G为投料速度，t/h；px_d为粒径局部偏析函数；px_m为质量局部偏析函数；$px_{m,\theta}$为质量周向偏析函数；$px_{m,r}$为质量径向偏析函数；偏析函数均为无量纲变量。

从表2-2可以看出，存在明显的局部偏析、周向偏析和径向偏析；随着投料量的增大，周向和局部偏析增大，径向偏析和粒径偏析的变化不明显。

为了更直观地观察，选取5组数据用Matlab的伪彩色图函数整理成质量分布云图，如图2-18所示。在绘制云图时，实验装置中的扇形截面均被简化成梯形截面（以下云图表达方式相同）。图中质量分布密度为网格接粒质量除以该扇形网格面积，单位为g/mm²。图中各网格的填充颜色对应于质量分布密度，而填充颜色所对应的质量分布密度大小见最右边的色标。接粒网格位置对应于图2-10。

分析图2-18可知，5个实验工况颗粒质量分布规律基本一致，下面以图2-18(a)为例说明颗粒质量分布规律。

由图2-18(a)可知，64.18%为靠近通道器外周圆的径向区域所得的料量占总的料量的百分比，23.85%为12个接料区域中占总料量的最大百分比，+20.32%为靠近隔板周向区域所得料量与33.33%的差值百分比，0.34%为中间周向区域所得料量与33.33%的差值百分比，−20.66%为剩下的1/3的周向区域所得料量与33.33%的差值百分比。

从图2-18(a)还可知，在6A位置（即下料溜管与分布器外周圆相交的角落区域）所得的料最多，这与高速摄影分析结果一致。这是由下料溜管与分布器通道的连接是切向连接决定的，颗粒进入分布器通道后，由于惯性作用，直冲分布器通道中间隔板，碰撞后竖直落下，无明显反弹作用，使得隔板附近区域得到较多料，引起周向偏析。

5组实验工况对应的粒径分布图如图2-19所示。分析图2-19可知，5种实验工况的平均粒径为250~270μm，没有粒径偏析。实验中没有发现粒径偏析现象，可能是由于模型装置小的缘故。

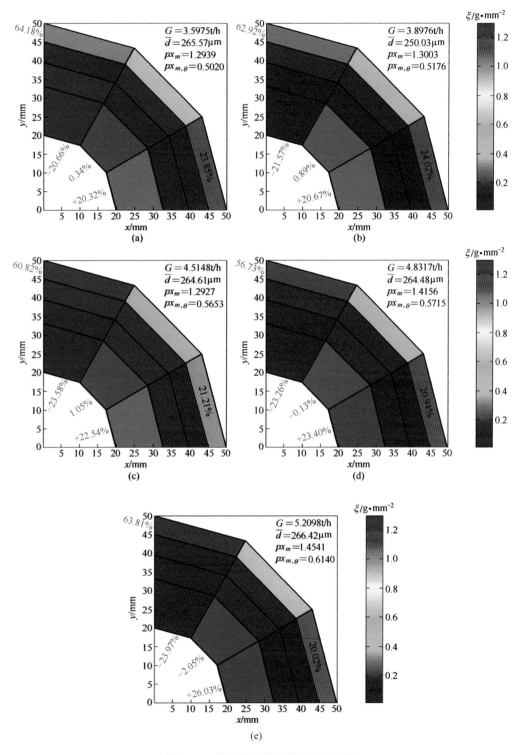

图 2-18 粗石英沙偏离侧质量分布图

（a）工况4；（b）工况6；（c）工况3；（d）工况9；（e）工况10

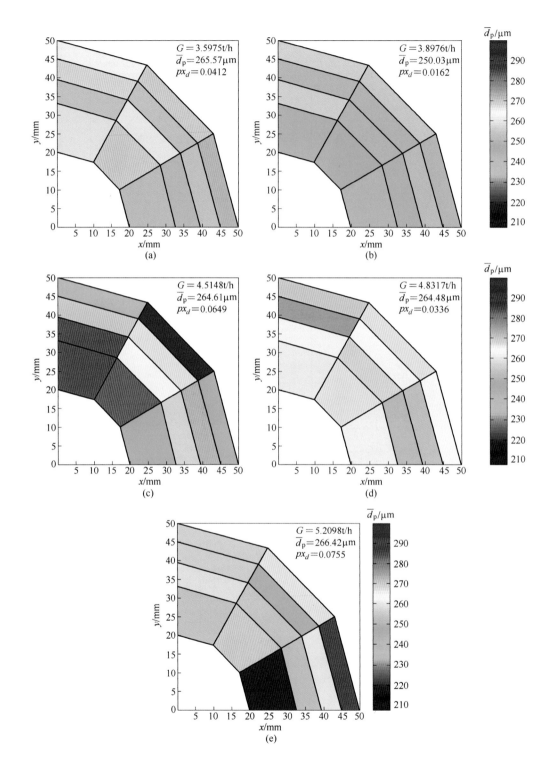

图 2-19 粗石英沙偏离侧粒径分布图

（a）工况4； （b）工况6； （c）工况3； （d）工况9； （e）工况10

2.3.3.2 偏向侧颗粒分布

变化投料量，整理出筛分称重数据，得到的部分特征指标见表2-3。

表 2-3 粗石英沙偏向侧实验结果

工况序号	$G/t·h^{-1}$	px_d	px_m	$px_{m,\theta}$	$px_{m,r}$
1	1.1215	0.0000	0.7991	0.1095	0.7806
2	1.7830	0.1706	1.0503	0.2733	0.9730
3	1.9343	0.0863	1.0496	0.4009	0.8485
4	2.2440	0.0000	1.1970	0.4747	0.9022
5	2.2183	0.0000	1.2091	0.4872	0.9593
6	2.7570	0.0661	1.2257	0.5014	0.8806
7	3.2472	0.0323	1.2631	0.5828	0.7261
8	3.4789	0.0305	1.3908	0.6887	0.9390
9	4.8358	0.0772	1.5081	0.7204	0.9963
10	4.9743	0.0839	2.3008	0.8968	1.1291
11	5.1196	0.0000	2.0213	0.9834	1.1916
12	5.1892	0.0494	3.0782	1.3037	1.5915
13	7.5343	0.0712	3.2212	1.3224	1.6782
14	7.6556	0.0681	3.0739	1.3289	1.5794

为了直观，将实验筛分称重数据整理出6个实验工况质量分布图，如图2-20所示。

分析表2-3和图2-20可以发现，偏向侧与偏离侧偏析的分布规律相同，即存在明显的局部偏析、周向偏析和径向偏析，且在6A位置所得的料最多，随着投料量的增大，局部偏析和周向偏析越明显。由于实验装置较小，当投料量增大到一定程度时，接粒器部位出现堵料现象，偏析程度减弱，接粒数据真实性变差，如图2-20(d)~(f)所示。与图2-20对应的粒径分布如图2-21所示。

分析图2-21可知，偏向侧的粒径分布规律与偏离侧相同，没有粒径偏析，粗石英沙最大粒径大于300μm，最小粒径小于200μm，颗粒平均粒径在240~260μm之间。

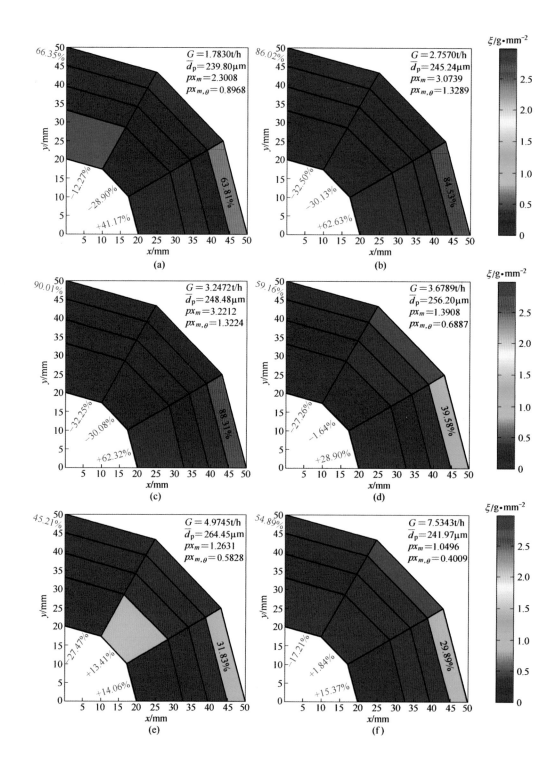

图 2-20　粗石英沙偏向侧质量分布图

（a）工况10；　（b）工况14；　（c）工况13；　（d）工况8；　（e）工况7；　（f）工况3

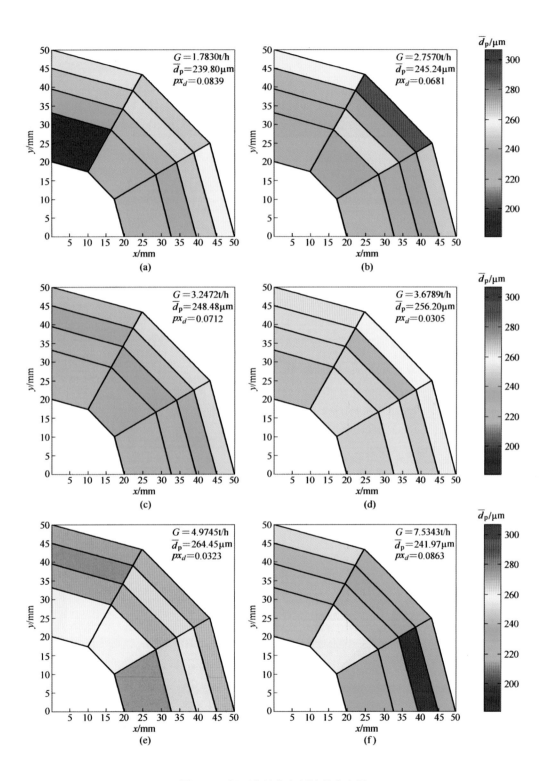

图 2-21　粗石英沙偏向侧粒径分布图

（a）工况10；（b）工况14；（c）工况13；（d）工况8；（e）工况7；（f）工况3

2.3.4 细白石英沙分布

2.3.4.1 偏离侧颗粒分布

变化投料量，整理出筛分称重数据，得到的部分特征指标见表2-4。

表 2-4 细白石英沙偏离侧实验结果

工况序号	$G/t \cdot h^{-1}$	px_d	px_m	$px_{m,\theta}$	$px_{m,r}$
1	3.5340	0.0794	1.3664	0.5825	1.0383
2	3.9417	0.1040	1.5847	1.0031	0.7251
3	4.2987	0.1006	1.6330	1.0286	0.8547
4	4.3682	0.1092	1.6312	1.1969	0.7018
5	4.5499	0.2054	1.8501	1.2062	0.8284

表2-4中的4个实验工况的质量分布如图2-22所示。

分析图2-22可知，细白石英沙和粗石英沙的偏析规律一致，存在明显的局部偏析、周向偏析和径向偏析；随着投料量的增大，周向偏析和局部偏析程度增大，径向偏析变化不明显。

与图2-22相对应的粒径分布如图2-23所示。

分析图2-23可知，细白石英沙的粒径偏析程度大于粗石英沙，因为细白石英沙的流动性比粗石英沙好，细颗粒和粗颗粒容易分开，细白石英沙的平均粒径集中在220~240μm之间，比粗石英沙小20μm左右。

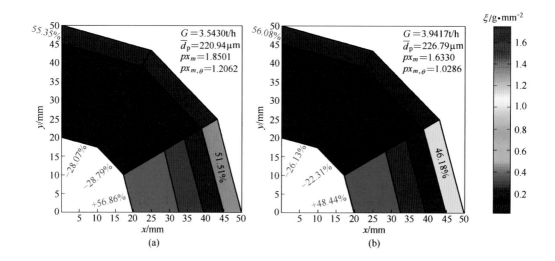

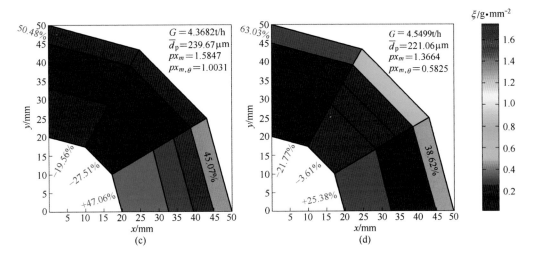

图 2-22　细白石英沙偏离侧质量分布图

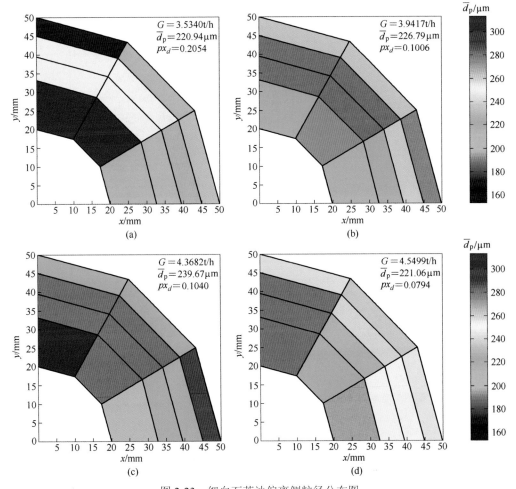

图 2-23　细白石英沙偏离侧粒径分布图

（a）工况5；　（b）工况3；　（c）工况2；　（d）工况1

2.3.4.2 偏向侧颗粒分布

变化投料量，整理出筛分称重数据，整理出的部分特征指标见表2-5。

表 2-5 细白石英沙偏向侧数据结果统计

工况序号	$G/t \cdot h^{-1}$	px_d	px_m	$px_{m,\theta}$	$px_{m,r}$
1	2.5245	0.0372	0.9336	0.1581	0.8792
2	3.3167	0.0600	1.3292	0.6307	0.9534
3	4.7484	0.0212	1.5206	0.6703	1.0183
4	5.0349	0.0378	1.4915	0.6854	1.0763
5	6.7350	0.0342	2.6519	1.1324	1.4738

表2-5中的4个实验工况的质量分布如图2-24所示。

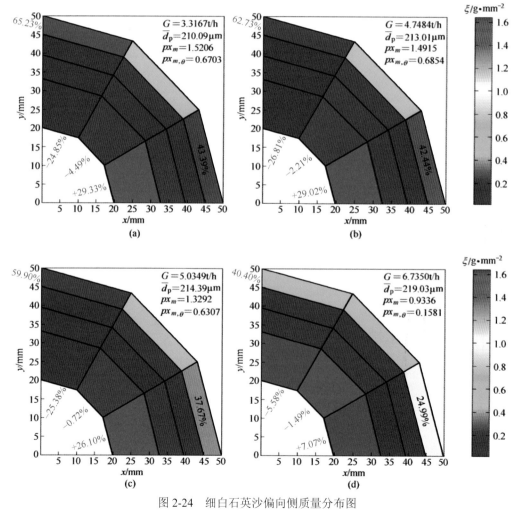

图 2-24 细白石英沙偏向侧质量分布图
（a）工况3；（b）工况4；（c）工况2；（d）工况1

分析图2-24可知，随着投料量的增大，局部偏析、周向偏析增大，径向偏析不明显。在投料量接近的情况下，细白石英沙的偏向侧的偏析程度大于偏离侧。

与图2-24相对应的粒径分布如图2-25所示。

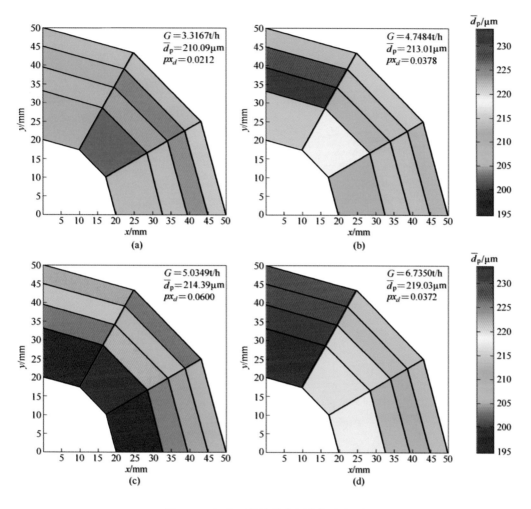

图 2-25   细白石英沙偏向侧粒径分布图

（a）工况3；　（b）工况4；　（c）工况2；　（d）工况1

分析图2-25可知，粒径偏析情况不明显，平均粒径集中在220μm左右。

2.3.5 精矿粉分布

由于精矿粉的流动性很差，且易吸水黏结，容易堵塞接粒器，因此实验过程中采用图2-14所示的取样装置进行周向接粒取样。

变化投料量，整理出偏离侧称重数据和周向质量偏析函数，见表2-6。变化投料量，整理出偏向侧称重数据和周向质量偏析函数，见表2-7。表中位置标号4、5和6与图2-14一致。

表 2-6　精矿粉偏离侧实验结果

工况序号	接粒位置称重/g			$px_{m,\theta}$
	6	5	4	
1	438.712	54.214	57.885	0.4319
2	453.237	40.729	52.007	0.4916
3	449.849	42.114	57.97	0.5149
4	465.265	34.023	44.578	0.5275
5	450.555	53.725	106.946	0.5540

表 2-7　精矿粉偏向侧实验结果

工况序号	接粒位置称重/g			$px_{m,\theta}$
	6	5	4	
1	448.483	122.247	53.883	0.4124
2	507.38	83.36	24.141	0.4139
3	435.388	123.782	49.597	0.4350
4	447.49	126.277	36.092	0.5072
5	487.758	98.305	19.161	0.5257

分析表2-6和表2-7可知，选用精矿粉进行投料实验时发现明显的周向偏析现象，在位置6（下料溜管与分布器中间隔板相交的外侧）料量最多，随着投料速度的增大，周向偏析越明显。偏离侧的偏析比偏向侧严重，这与前面粗石英沙和细白石英沙的接粒分布规律一致，只是偏析的程度不相同，精矿粉的偏析程度最大。

2.3.6　实验小结

综合偏向侧和偏离侧的粗石英沙、细白石英沙和精矿粉投料实验可知：

（1）切向进料存在明显的局部偏析、周向偏析和径向偏析，证实了和重现了现场下料偏析现象。切向进料是明显周向偏析的主要原因，下料系统颗粒路径S形改变是明显局部偏析的主要原因。

（2）粗石英沙、细白石英沙的下料存在明显的周向偏析、径向偏析和局部偏析；偏离侧的偏析程度大于偏向侧；随着投料量的增大，周向偏析和局部偏析增大，径向偏析变化不明显。

（3）使用精矿粉时，存在明显的周向偏析；偏离侧周向偏析比偏向侧更明显；投料速度越快，周向偏析越明显。

（4）因实验装置太小，未发现明显的粒径偏析现象。

2.4 减小下料偏析的优化方案设计

投料量增大，切向进料的局部偏析、周向偏析和径向偏析程度加剧，不利于高强度闪速熔炼的正常生产。从危害性大小来看，局部偏析和周向偏析比径向偏析更值得关注，本节将探寻合适的局部偏析和周向偏析的解决方案。

2.4.1 基本原则

减小下料偏析的优化方案的基本原则有：

（1）改变入口颗粒速度方向，变垂直冲击为斜向冲击。

（2）改变流通面积或小颗粒密度大的局部面积。

（3）将局部填充率大区域的颗粒导引到中心区域，进行第二次分配。

2.4.2 下料系统结构优化方案实验

2.4.2.1 加装局部挡板

在下料溜管中加局部挡板，所加的挡板可以调节，最多调节至一半的区域面积，如图2-26(a)所示；或者在分布器通道与下料溜管相交的部位加挡板，最多调节至与中央氧管中心连线成45°，如图2-26(b)所示。

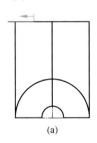
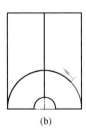

图 2-26 加装局部挡板示意图

（a）在下料溜管中加局部挡板；（b）在分布器通道与下料溜管相交部位加挡板

经实验发现，在图2-26所示的改造方法中，颗粒碰撞中间隔板，无明显反弹现象，颗粒在隔板附近的区域明显很多，分布器外周圆与隔板相交的部位颗粒最多，随着挡板的调节长度的增大，碰撞隔板的颗粒减少，集中在中央氧管附近，存在局部偏析、周向偏析和径向偏析，周向偏析现象没有得到有效改善。

2.4.2.2 加装导流片

在下料溜管下部加较长的导流片,导流板放置方式有直障、斜障、底障三种,如图2-27所示。

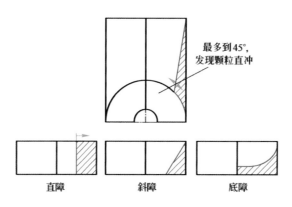

图 2-27 加装导流板示意图

经实验发现,颗粒直冲中央氧管,无明显反弹现象,存在明显的周向偏析。

2.4.2.3 改变进料方向

在下料溜管下部加两块导流片,使料进入分布器通道方向与圆中心成45°,两块导流片的位置可调节,见图2-28中的*A*点和*B*点的位置移动。

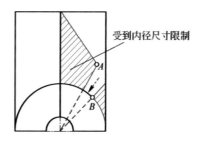

图 2-28 切向加料示意图

根据测试数据和实验过程,发现料受内径尺寸限制,*A*点和*B*点位置相隔较近时,空间窄小,不便布置,导流行程短,料粒能碰撞到的氧管长度短,引起局部偏析或周向偏析,即中间30°区域颗粒多;*A*点和*B*点位置相隔较远时,存在周向偏析和局部偏析,周向偏析没有得到有效改善。

2.4.2.4 隔板加装导流片

在分布器通道的隔板上加导流片,导流片与分布器外周圆的夹角可以改变,最多调节至30°，如图2-29所示。

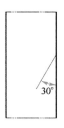

图 2-29　隔板加装导流片示意图

根据实验测试，这种改造存在安装不方便的缺点，且下料偏析没有明显改善。

2.4.2.5　选用十字进料

下料溜管下部分由分布器通道切向进料（见图2-1）改为十字进料（见图2-2），即保证溜管倾角不变（与垂直方向夹角35°），只改变下料溜管与分布器颗粒通道的夹角，从90°改变到45°。

与切向进料相比较，十字进料具有以下特点：溜管中心线与通道两隔板角平分线重合，溜管底端圆弧长度和中央氧管圆弧长度大致相等，精矿粉沿溜管底端圆弧尽量均匀散开后十字冲向中央氧管。

实验发现，不存在集中于一个夹角区域的现象，局部偏析和周向偏析有明显的改善，径向偏析比未改造前稍微改善。

结合现场允许的条件，并和现场技术人员讨论，认为十字进料方式最具优势。

2.4.2.6　实验小结

众多周向偏析优化方案实验研究表明：

（1）加装局部挡板时，颗粒集中在中央氧管附近，局部偏析和周向偏析并没有得到有效改善，且在现场中难于确定挡板的长度。

（2）加装导流片时，在6A位置所得的料大大减少，局部偏析得到改善，但是颗粒集中在中间区域，周向偏析没有得到改善。

（3）改变进料方向和中间隔板上加装导流片时，再调节到合适的位置上，偏析得到改善，但在实际生产中，操作困难。

（4）改切向进料为十字给料时，不存在集中于一个夹角区域的现象，局部偏析和周向偏析有明显的改善，径向偏析比未改造前稍微改善。

2.4.3　减小下料偏析的优化方案

如图2-30所示，喷管1包括下料管2、气浮管3、中央氧管5和分布器6。喷管1与中央氧管5之间有4个翅片状分布器6，将喷管与中央氧管5之间的空腔均匀分隔成4个隔室8。喷管

1外设有4根下料管2，每根下料管2的进料口7设在相邻两个分布器6中间的喷管1壁上。进料口7上方的下料管2内设有水平设置的用来送风的逆向气浮管3。逆向气浮管3的出风口4设在下料管2下料的反方向上。在下料管内的逆向气浮管3向下料管2内输送工艺风，可以增加进料口7处下料均匀度，同时消除下料初速度分布不均匀造成的影响，形成悬浮给料模式，使得精矿进入隔室8时分布更加均匀，并且精矿由隔室8中间部位进入，向四周分散较为均匀。

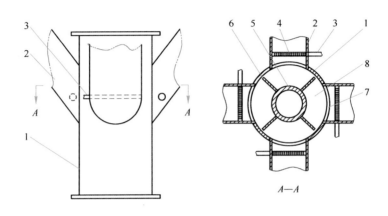

图 2-30　现场切向给料技改方案

1—喷管；2—下料管；3—气浮管；4—出风口；5—中央氧管；6—分布器；7—进料口；8—隔室

十字进料技术的关键是：

（1）使得颗粒进入下料管后运动轨迹延长相交于喷管1中心轴线上，颗粒流通面积越来越小，将精矿粉先集中到中央氧管附近区域，在中央氧管附近区域形成颗粒密实填充区域，然后在中央氧管外壁面反射作用下再沿中央氧管半径方向呈辐射状较均匀地分散。

（2）悬浮给料消除进料口边缘截面上因颗粒局部填充率、颗粒初速度大小和方向分布不均匀引起的精矿粉分布不均匀问题。

（3）下料径向偏析问题可能会继续存在。

2.5　十字进料颗粒分布实验

为验证2.4.3节所述的下料偏析技改方案的正确性，并和切向进料颗粒分布进行对比分析，本节对切向进料模型装置进行改进，设计和完成了十字进料颗粒分布实验。实验研究中未考虑逆向气浮管的作用。

2.5.1　实验条件

如图2-31所示，采用十字进料方式：下料溜管与分布器颗粒通道隔板相交45°；下料溜管与垂直方向夹角35°；下料溜管中线与下料通道两隔板角平分线重合；只考虑偏向侧。

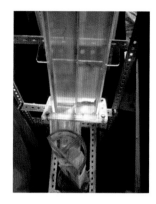

图2-31 十字进料实物对照图

选用精矿粉时，每次将250~350mL粉末散开后放到YHW-1024远红外干燥箱加热到90℃，再恒温通风干燥5h，装瓶封口即实验，避免吸水变黏而影响流动性能。采用图2-11和图2-14所示的接粒取样装置进行接粒取样。

2.5.2 石英沙高速摄影分析

从分布器正面高速拍摄到的粗石英沙和细白石英沙流动如图2-32和图2-33所示。

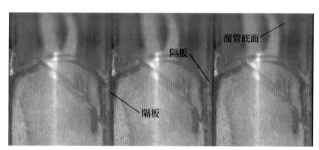

图2-32 粗石英沙流动照片

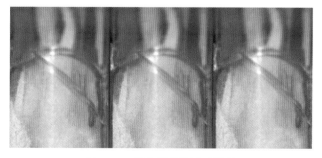

图2-33 细白石英沙流动照片

从图2-32和图2-33可以发现，选用粗石英沙和细白石英沙做实验时，颗粒流动和分布规律基本一致；颗粒直冲中央氧管壁面后在90°范围内较均匀沿径向散开，局部偏析和周向偏析不明显，左边1/3区域颗粒略多于右边1/3区域。

切向进料和十字进料模型实验中颗粒行程（Y字形接料管→圆变方下料管→下料溜管）是相同的，即颗粒离开下料溜管出口面的速度和局部填充率有相似性，都是右侧颗粒速度大，局部填充率大，导致流向右侧1/3区域的颗粒多一些。

图2-16和图2-17说明切向进料引起明显周向偏析，下料系统颗粒路径S形改变引起明显局部偏析。图2-32和图2-33证实十字进料改善了周向偏析程度，颗粒路径S形改变引起局部偏析的问题继续存在。改善现场下料分布均匀性能，要求改造下料系统，包括改切向进料为十字进料和去除下料系统颗粒路径S形改变设计两个基本要求。

2.5.3 粗石英沙投料实验

变化投料量，整理出接粒筛分称重原始数据，得到的部分特征指标见表2-8。

表2-8 粗石英沙投料实验结果

工况序号	$G/t·h^{-1}$	px_d	px_m	$px_{m,\theta}$	$px_{m,r}$
1	1.6506	0.0405	0.8650	0.4108	0.5044
2	2.3410	0.0223	0.8665	0.3670	0.4298
3	2.3652	0.0610	0.9886	0.1404	0.8393
4	2.3652	0.0610	0.9886	0.1404	0.8393
5	2.5107	0.0408	0.8200	0.0880	0.7996
6	2.5167	0.0470	0.7836	0.1671	0.6233
7	3.7928	0.0722	0.7803	0.1628	0.7150
8	4.1415	0.0535	0.8320	0.0617	0.8102
9	4.9606	0.0376	0.8569	0.3968	0.3621
10	5.2129	0.0236	0.8721	0.1740	0.8406
11	5.5740	0.0488	0.9420	0.2545	0.8888
12	6.5018	0.0601	0.8089	0.1706	0.7824
13	7.0399	0.0679	0.7694	0.0683	0.7564
14	8.9178	0.0545	0.8477	0.0885	0.8075

表2-8中6个典型实验工况的颗粒分布如图2-34所示，对应的粒径分布如图2-35所示。

分析图2-34可知，和切向进料相比，相近投料量条件十字进料的局部偏析和周向偏析得到明显改善。改造后选用粗石英沙进行投料实验时，周向偏析和局部偏析比改造前明显减弱，颗粒量最多的位置已经由改造前的6A位置变化到4A或5A位置，径向偏析仍然比较明显。变化投料速度，十字进料局部偏析和周向偏析变化较小。分析图2-35可知，平均粒径变化范围大，但还是没有发现粒径偏析现象。

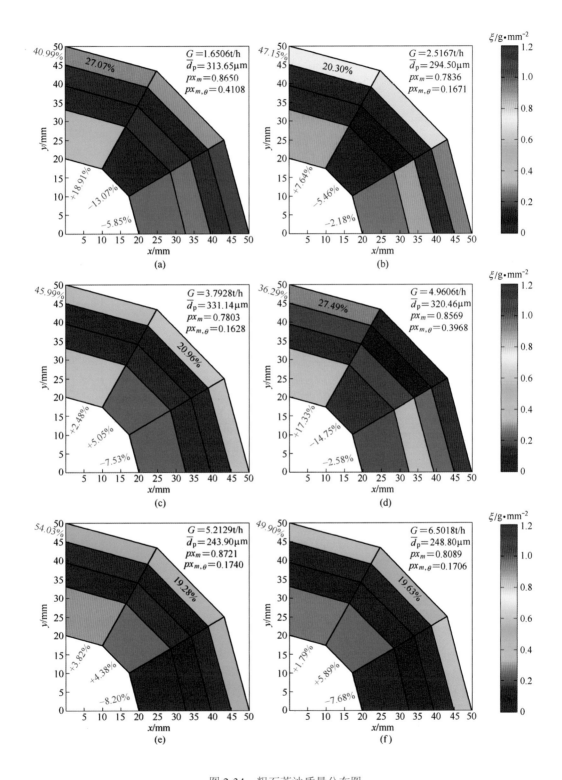

图 2-34　粗石英沙质量分布图

（a）工况1；（b）工况6；（c）工况7；（d）工况9；（e）工况10；（f）工况12

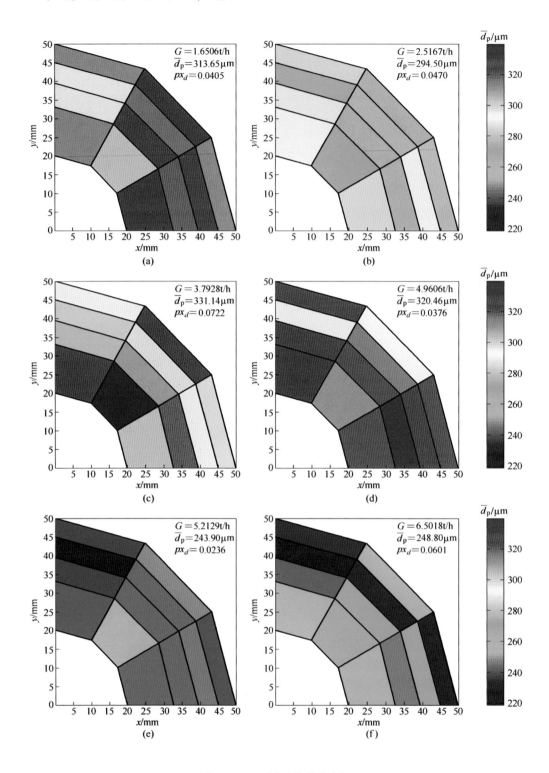

图 2-35　粗石英沙粒径分布图

（a）工况1；（b）工况6；（c）工况7；（d）工况9；（e）工况10；（f）工况12

2.5.4 细白石英沙投料实验

变化投料量，整理出接粒筛分称重原始数据，得到的部分特征指标见表2-9。

表 2-9 细白石英沙投料实验结果

工况序号	$G/\text{t·h}^{-1}$	px_d	px_m	$px_{m,\theta}$	$px_{m,r}$
1	2.4789	0.0284	0.9934	0.2962	0.8342
2	3.5801	0.0355	0.8404	0.4127	0.6572
3	3.7724	0.0176	0.9375	0.4093	0.7996
4	6.3533	0.0133	0.7771	0.1079	0.7597
5	7.5938	0.0152	0.8123	0.1829	0.7617
6	7.3048	0.1390	0.7754	0.0459	0.7573
7	8.4197	0.0368	0.7953	0.0450	0.7769

整理表2-9中4个典型实验工况的颗粒分布，如图2-36所示，对应的粒径分布如图2-37所示。

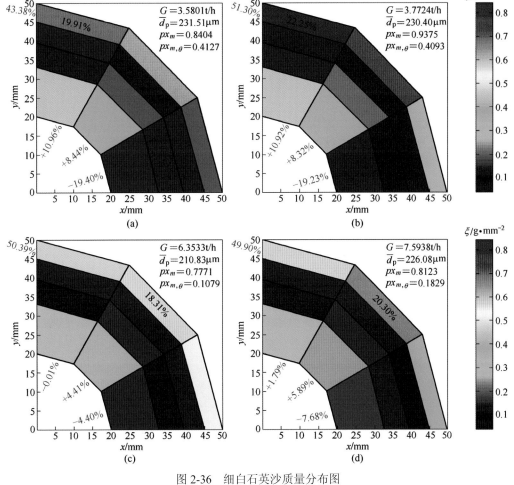

图 2-36 细白石英沙质量分布图

（a）工况2；（b）工况3；（c）工况4；（d）工况5

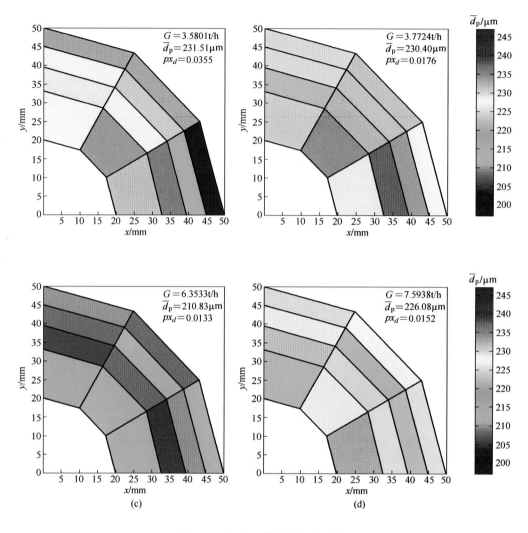

图 2-37　细白石英沙粒径分布图

（a）工况2；　（b）工况3；　（c）工况4；　（d）工况5

分析图2-36可知，改造后相近投料量条件局部偏析和周向偏析得到明显改善。改造后的细白石英沙的偏析规律和粗石英沙一致。改造后选用细白石英沙进行投料实验时，周向偏析和局部偏析比改造前明显减弱，径向偏析仍然比较明显。变化投料量，十字进料局部偏析和周向偏析变化较小。分析图2-37可知，没有粒径偏析现象，平均粒径为210~230μm。

2.5.5　精矿粉投料实验

变化投料量，整理出周向接粒称重原始数据和周向质量偏析函数，见表2-10。考虑到和切向进料精矿粉投料实验数据相对比，这里只列出周向接粒数据。

表 2-10 精矿粉投料实验结果

$G/\text{t}\cdot\text{h}^{-1}$	接粒位置称重/%			$px_{m,\theta}$
	6	5	4	
2.6718	25.36	27.31	47.32	0.1489
2.2549	37.04	24.05	38.89	0.0990
2.5310	34.27	19.98	45.74	0.1581
2.2205	33.51	22.65	43.84	0.1298
2.0603	33.87	22.34	43.97	0.1315
3.0352	28.81	30.19	41.00	0.1635
3.9668	35.00	25.33	39.67	0.1792

表2-10中最后2个典型实验工况的质量分布如图2-38所示。

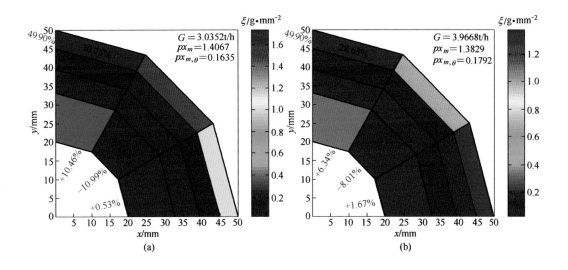

图 2-38 精矿粉质量分布图

分析表2-10和图2-38可知，十字进料精矿粉周向偏析和局部偏析得到明显改善；精矿粉局部偏析程度大于粗石英沙和细白石英沙。

2.5.6 实验小结

十字进料实验研究表明：

（1）十字进料对消除或减轻局部偏析和周向偏析行之有效。

（2）和切向进料相比，局部偏析函数从切向进料的1~2降低到十字进料的0.5~1，十字进料局部偏析不明显,不存在集中于夹角区域的现象。

(3)和切向进料相比,选用石英沙周向偏析函数从切向进料的0.5~1降低到十字进料的0.1~0.4,选用精矿粉周向质量偏析函数从切向进料的约0.5降低到十字进料的约0.1。十字进料时颗粒均匀地分布于2/3以上区域。

(4)变化投料速度对偏析影响较小,精矿粉流动和分布规律稳定。

(5)因模型装置尺寸小,实验未发现粒径偏析现象。

2.6 下料偏析度模拟实验综合评价

选用粗石英沙、细白石英沙和精矿粉投料,变化投料速度,偏向侧和偏离侧、切向进料和十字进料的模型实验研究表明:

(1)实验综合规律为:切向进料存在明显的局部偏析和周向偏析,偏离侧的偏析程度大于偏向侧;因模型装置尺寸小,未发现明显粒径偏析现象。和切向进料相比较,十字进料能有效地消除局部偏析和周向偏析。改切向进料为十字进料且去除下料系统颗粒路径S形改变的下料系统改造,能有效地改善现场下料分布均匀状况。

(2)十字进料设计要求为:

1)溜管中心线与通道两隔板间夹角角平分线重合。

2)精矿粉沿溜管底端圆弧均匀散开后十字形径向冲击中央氧管。

3)溜管底端圆弧长度和中央氧管(环形溜管的内柱面)圆弧长度大致相等。

4)入口截面颗粒平均速度不能太小,颗粒能冲撞并集中于中央氧管附近区域,不至于直接掉落到中央喷嘴分散锥锥面上。

5)下料溜管出口截面面积不宜过小,避免堵塞现象发生。在料仓里加筛网并配合定期清理,以便及时消除石块和麻袋等异物颗粒流动的干扰。

6)沿入口截面底边方向的颗粒局部填充要求尽可能均匀。

(3)十字进料优缺点为:

1)综合改变入口截面大小和形状、颗粒局部填充率和颗粒速度,使得颗粒集中到中央氧管附近区域。在中央氧管附近区域,颗粒填充率相等(自然填充率100%),颗粒初速度大致相等,从而相同角度料量大致相等。

2)在分布器颗粒通道里颗粒自然填充区域边界随料量多少能自动调整,增强了对大粒径石块和棉絮片、麻袋片和杂草等异物的适应性,实现无需人工干涉的自适应调节。

3)有效地消除了入口截面大小和形状、填充率的影响。

4)无需维修和保养。

5)存在明显径向偏析,加大了颗粒冲刷反应塔壁的可能性。

3 闪速炉喷嘴气粒混合均匀度模型实验

进入反应塔时气粒两相混合均匀与否，是评价精矿喷嘴技术性能的关键性指标之一。闪速炉系统庞大，反应塔内热态数据获取困难，为了研究闪速炉工作时反应塔内气粒混合情况，需设计一个缩小的闪速炉模型，通过此模型来认识真实闪速炉反应塔内颗粒分布和运动与初始参数（操作参数、几何参数）的关系，并优化初始参数。

相似设计要求模型和原型两个流动系所有对应点的对应物理量之比相等。具体来说，就是要求几何相似、动力相似和运动相似。三个相似中几何相似是最基本的，动力相似是运动相似的主导因素，只有动力相似才能保证运动相似。要使这些物理现象都相似，较好的方法就是模型尽可能和原型大小接近，甚至是现场冷态调试。而在相似实验中，往往只能保证两个主要准则相似，所有物理量都相似则难以保证。

微粒形状一般都是不规则的，在气流中流动时将产生旋转运动，会消耗一部分能量，旋转运动也将影响附近气流的运动。固体微粒在高速气流中运动的过程中，由于小颗粒获得气流曳力产生的加速度大，小颗粒对大颗粒前进有推动作用（粒子群效应），浓度越大，此现象越为明显。微粒浓度较大时，微粒的存在将明显影响气流阻力特性、速度及压力分布规律。实验表明，固体微粒的存在会减弱气流的紊乱程度。可见，固体微粒在气流中运动的规律相当复杂。因此严格相似难以实现，只能进行近似模化。即：

（1）在不明显影响精度的条件下，改变描述现象的方程式；不考虑反应塔内气-粒反应，近似为恒温场稳态流动。

（2）局部（精矿喷嘴附近）模化，气-粒两相流动宏观相似。

在热力、化工等设备中，需要研究固体微粒在气流中运动规律的对象很多，例如，除尘设备、煤粉制备设备、煤粉燃烧设备等，可作为研究闪速炉的参考。闪速炉反应塔内气体和粉料按化学当量配比，质量在同一个数量级，根据实际情况，做如下分析：

（1）塔内为气-粒两相流，不呈现单一气流行为或单一粒子流行为。

（2）不同于以粒子流为辅、气流为主的除尘器，塔内粒子浓度远大于分离器粒子浓度，离开喷嘴时气粒两相速度差别明显。

（3）气-粒两相流动方向相同，是同向射流。

（4）存在多股气流相互交叉混合现象。

3.1 喷嘴气粒混合相似条件

3.1.1 特征数的推导与选取

在闪速炉原型中，工艺风和分散风速度大，对颗粒作用力明显。工艺风和分散风射流进入反应塔后速度迅速减小，而颗粒由一定高度下落后再经工艺风和分散风射流及重力作用加速；与此同时颗粒受到气体阻力，最后达到加速力（重力+气流曳力）与气流阻力平衡，并以下落终端速度加同向气流速度做稳态的向下运动。

从理论上讲，反应塔内颗粒受力有重力、浮力、气动阻力、压强梯度力、附加质量力、Basset力、Saffman力、Magnus力等。重力和气动阻力为同一数量级，相对重力来说，其他力太小可忽略。

对喷嘴附近颗粒运用牛顿第二定理有：

$$m_s g + \frac{c}{Re_d^n} f_s \rho_g \frac{u_{g\text{-}s}^2}{2} = m_s a \qquad (3\text{-}1)$$

$$m_s = \frac{\rho_s \pi d^3}{6} \quad , \quad Re_d = u_{g\text{-}s} d / \upsilon_g \quad , \quad f_s = \frac{\pi d^2}{4} \quad , \quad u_{g\text{-}s} = u_g - u_s \quad , \quad \upsilon_g = \frac{u_g}{\rho_g}$$

式中　Re_d——绕流雷诺数；

　　　ρ_g——气相密度，kg/m³；

　　　f_s——迎风面粒子横截面积，m²；

　　　$u_{g\text{-}s}$——气粒间的相对速度，即气体绕流速度，m/s；

　　　c, n——绕流阻力系数中的实验常数；

　　　m_s——颗粒质量，kg；

　　　a——颗粒加速度，m/s²；

　　　d——塔内平均粒径，m；

　　　υ_g——塔内气相运动黏度，m²/s；

　　　μ_g——按工艺风出口面积计算的工艺风气流速度，m/s。

将式（3-1）左边第一、二项相比并整理得：

$$\frac{g d^3 \rho_s}{\upsilon_g^2 \rho_g} = \frac{3}{4} \frac{c}{Re_d^{n-2}}$$

$$Re_d^{n-2} \cdot Ar = \frac{3}{4} c$$

因此，c和n不变(Re_d不变)时，气粒两相中的粒子行为取决于Ar。

式（3-1）忽略实际存在的其他作用力，并不影响特征数的推导。考虑实际存在的其他作用力，只会导致更多更全面的特征数出现，以至于模型装置设计时需考虑的特征数更多，最终导致相似装置设计和研究难于实现。

研究表明，粒子周围气流状态及作用按Re_d分区间自模化，具体规律如下：

（1）$Re_d < 1$，则 $c = 24, n = 1$ ；

（2）$Re_d \in (1, 50)$，则 $c = 23.4, n = 0.725$ ；

（3）$Re_d \in (50, 700)$，则 $c = 7.8, n = 0.425$ ；

（4）$Re_d \in (700, 2 \times 10^5)$，则 $c = 0.48, n = 0$ ；

（5）$Re_d > 2 \times 10^5$，则 $c = 0.18, n = 0$ 。

根据相似理论及以上推导，忽略影响不大的定性准则，并结合气-粒两相混合流动经验公式，选取3个主要特征数（绕流雷诺数、阿基米得数、修正弗劳德数）和1个无因次特征指数（颗粒与分散风质量流量比）进行相似实验研究。各个特征数定义及物理意义说明如下：

（1）绕流雷诺数。绕流雷诺数反映粒子周围气流状态，其物理意义为绕流气体的惯性力与黏性力之比，计算式为：

$$Re_d = u_{g-s} d / \upsilon_g \qquad (3-2)$$

式中　u_{g-s}——$u_{g-s} = u_g - u_s$，喷嘴出口附近区域两个速度值u_g和u_s可能有明显差别，实验中u_s按自由落体公式$u_s = \sqrt{2gh_仓}$计算（$h_仓$为下料管垂直高度），工艺风速度u_g按实验条件确定；

　　d——粒径，m；

　　υ_g——气相运动黏度，m²/s。

式（3-2）中气相属性参数取塔内气相参数；$Re_d \in (50, 700)$，满足Re_d分区间自模化规律；原型塔内高温，气体体积膨胀，按喷嘴出口附近区域气体平均温度修正，结合闪速熔炼数值仿真与优化和经验分析，取喷嘴出口附近区域气体平均温度为200℃。

从式（3-2）可以看出，Re_d与粒径d和工艺风流量有关。

（2）阿基米得数。阿基米得数Ar为(浮力×惯性力) / (黏性力×黏性力)，其计算式为：

$$Ar = \frac{gd^3}{\upsilon_g^2} \cdot \frac{\rho_s - \rho_g}{\rho_g} \approx \frac{gd^3}{\upsilon_g^2} \cdot \frac{\rho_s}{\rho_g} \qquad (3-3)$$

式中　d——平均颗粒粒径，m；

　　ρ_s——粒子密度，kg/m³；

　　ρ_g——塔内气相密度，kg/m³；

　　υ_g——塔内气体运动黏度，m²/s。

Ar反映气-粒两相之间浮力、惯性力和黏性力的综合作用效果。Ar涉及的气体属性参数，取喷嘴出口附近气体属性参数，定性温度取喷嘴附近区域气体平均温度。

从式（3-3）中可以看出，Ar与颗粒直径、颗粒密度、气体密度、气体黏度有关，气体黏度又与气体成分和温度有关。温度影响到气体黏度和气体密度取值。在颗粒粒径相差不大的条件下，原型实验温度越高，模型实验颗粒密度越小（即模型实验颗粒越轻），模型实验接粒难度越大，模型实验测试误差越大。

（3）气粒两相作用力相关特征数。为方便表达，定义下标：pro表示工艺风，dis表示分散风，s表示粒子流。

粒子流（离散相）行为不同于气流（连续相）行为，为了反映粒子流与连续流相互作用和影响，定义两个无量纲特征数：

1）修正弗劳德数Fr'。Fr'反映分散风惯性力和粒子流重力之比，其计算式为：

$$Fr' = \frac{\rho_g u_{dis}^2}{\rho_s u_s^2} = \frac{\rho_g u_{dis}^2}{\rho_s \alpha g h_{仓}} = \frac{1}{\alpha} \cdot \frac{u_{dis}^2}{g h_{仓}} \cdot \frac{\rho_g}{\rho_s} \quad (3\text{-}4)$$

式中　ρ——密度，kg/m^3；

u——初速度，m/s；

α——考虑下料系统管道中颗粒动能损失后的颗粒重力势能转化（动能）系数，$\alpha < 2$。

Fr'反映气–粒两相之间浮力、惯性力和黏性力的综合作用效果。Ar涉及的气体属性参数，取喷嘴出口附近气体属性参数，定性温度取喷嘴附近区域气体平均温度。

2）颗粒与分散风质量流量比m_{dis}/m_s。由单位时间流出的分散风和颗粒质量之比相等可计算模型投料速度。分散风流量或投料速度改变时，m_{dis}/m_s也随之改变。

（4）工艺风、中央氧和分散风之间相互混合相关特征数。粒子同时受到多股气流作用时，一般还应考虑两气流分别作用力的相对影响（混合特征数H）。考虑到中央氧相对作用较小，分析时以工艺风与分散风相互混合为主。

工艺风和分散风同时作用相似要求，即要求原型与模型中的工艺风与分散风混合特征数 $H_{pro\text{-}dis} = \left(\rho_{pro} \cdot u_{pro}^2\right) / \left(\rho_a \cdot u_{dis}^2\right)$ 相等，同时工艺风和分散风混合角度相等。原型和模型几何相似能满足工艺风和分散风混合角度相等的要求。$H_{pro\text{-}dis}$和工艺风流量及分散风流量有关。考虑到绕流雷诺数Re_d中已考虑了工艺风流量作用，修正弗劳德数Fr'中已考虑了分散风流量作用，即Re_d和Fr'决定了$H_{pro\text{-}dis}$，故特征数不另行考虑$H_{pro\text{-}dis}$。

可见要保持实验与原型物理相似，要求三个特征数Re_d、Ar及Fr'和一个无因次量m_{dis}/m_s一一相等，其中涉及操作参数主要有：工艺风流量、分散风流量、投料速度和颗粒粒径等，其中工艺风流量、分散风流量、投料速度均可调节。相似实验研究中气体密度和黏度为固定值，相似实验目的是变化工艺风流量、分散风流量、投料速度或颗粒粒径，即变化Re_d、Ar、Fr'或m_{dis}/m_s，研究质量偏析函数px和喷嘴正下方中心区域颗粒质量分数x_{cent}的变化规律，具体研究内容为：

（1）固定颗粒种类和平均粒径、投料速度、分散风流量（即Ar、Fr'、m_{dis}/m_s不变）时，变化工艺风流量，则Re_d会发生改变，研究：

$$px = f(Re_d), \quad x_{cent} = f(Re_d)$$

（2）固定颗粒种类和平均粒径、投料速度、工艺风流量（即Ar和Re_d不变）时，变化分散风流量，则Fr'和m_{dis}/m_s会变化，但Fr'和m_{dis}/m_s的变化一一对应，研究：

$$px = f(Fr'), \quad x_{cent} = f(Fr')$$

（3）固定颗粒种类和平均粒径、工艺风和分散风流量（即Ar、Fr'、Re_d不变）时，变化投料速度，m_{dis}/m_s会发生改变，研究：

$$px = f(m_{dis}/m_s), \quad x_{cent} = f(m_{dis}/m_s)$$

实验采用粗、细、粗细混合型三种石英沙，密度相同。进行中央扩散式精矿喷嘴气粒混合动力学特性研究时，选用粗石英沙；研究粒径分散规律时，选用粗细混合型石英沙；进行闪速熔炼精矿喷嘴气粒混合相似实验时，选用细石英沙。

3.1.2 相似设计计算条件

3.1.2.1 原型气相属性参数

相似实验采用常温（20℃）空气，而原型闪速炉喷嘴出口附近气体温度和成分均有变化，其密度和黏度需进行计算，参考表3-1。

表 3-1 空气与氧气密度和黏度表

$t/℃$	空气物性参数		氧气物性参数	
	$\rho/kg·m^{-3}$	$\upsilon/m^2·s^{-1}$	$\rho/kg·m^{-3}$	$\upsilon/m^2·s^{-1}$
0	1.293	$13.3×10^{-6}$	1.429	$13.5×10^{-6}$
100	0.946	$23.2×10^{-6}$	1.05	$23.1×10^{-6}$
200	0.747	$34.9×10^{-6}$	0.826	$34.6×10^{-6}$
300	0.616	$48.3×10^{-6}$	0.682	$47.8×10^{-6}$
400	0.524	$63.1×10^{-6}$	0.508	$62.8×10^{-6}$
500	0.456	$79.2×10^{-6}$	0.504	$79.6×10^{-6}$
600	0.404	$96.8×10^{-6}$	0.447	$97.8×10^{-6}$
700	0.363	$115.0×10^{-6}$	0.402	$117×10^{-6}$
800	0.328	$135.0×10^{-6}$	0.363	$138×10^{-6}$
900	0.301	$155.2×10^{-6}$	0.333	$161×10^{-6}$
1000	0.276	$176.7×10^{-6}$	0.306	$184×10^{-6}$

原型工艺风（空气和氧气混合物）密度和黏度计算公式如下：

$$\rho = x_a \rho_a + (1 - x_a)\rho_{O_2} \tag{3-5}$$

$$\upsilon \approx \frac{x_a \upsilon_a M_a + (1 - x_a)\upsilon_{O_2} M_{O_2}}{x_a M_a + (1 - x_a)M_{O_2}} \tag{3-6}$$

式中　x——质量分数，%；

　　　M——摩尔质量，g/mol。

入炉工艺风和分散风气体为常温气体，入炉后会升温至1200℃以上（根据测试和仿真计算结果）。本章研究对象是喷嘴出口附近区域的气体，该区域气体温度低，建立相似模型时定性温度取为喷嘴出口附近区域气体的平均温度。

3.1.2.2 原型颗粒参数

原精矿基础数据见表3-2，质量平均粒径计算见表3-3。

表 3-2 原精矿基础数据

矿　名	库　号	产　地	$d(V,0.9)/\mu m$	配比/%	备　注
ZJK	2	金口岭	100.32	3	（1）实测得原精矿堆积密度为 4.1t/m³；（2）$d(V,0.9)$ 含义为占总体积90%的颗粒的等效粒径最大值
CER	5	秘鲁	78.92	16	
CER	5	秘鲁	68.42	16	
DGS	7	安庆	44.29	7	
HVC	8	加拿大	56.17	10	
PHU	6	老挝	54.35	16	
LOS	3，4	智利	69.02	10	
MUR	8，9	土耳其	68.54	12	
LOS	3，4	智利	37.49	10	

表 3-3 原型精矿粉粒度分布

粒径$d_i/\mu m$	7.8	11	16	22	31
质量分数x_i/%	3.18	2.53	1.38	9.2	5.86
粒径$d_i/\mu m$	44	62	88	125	176
质量分数x_i/%	13.11	17.42	13.1	13.11	4.1

入炉料组成为烟尘（47μm，5%）＋精矿粉（83%）＋石英沙（500μm，12%），平

均质量粒径为：

$$d = \sum m_i d_i / \sum m_i = 47 \times 5\% + 95 \times 83\% + 500 \times 12\% \approx 141 \ (\mu m)$$

3.1.2.3　原型操作参数

原型操作参数见表3-4。

表 3-4　原型操作参数汇总

项 目	流 量	压力/kPa
工艺风空气	6000~20000 m³/h	5~20
中央氧	0~1650 m³/h	25~30
分散风	0~2200 m³/h	250
工艺风氧气	30000 m³/h	5~20
精矿粉	190t/h	—

注：数据来源于金隆公司检测数据。

　　考虑到工艺风、氧气和分散风流量为一个变化范围，相似实验相应地变化工艺风和分散风，设计正交实验工况表，系统地研究分散风和工艺风流量变化对喷嘴气粒两相混合的影响。

　　为进一步增强相似实验对现场喷嘴操作参数调控的理论指导作用，特别考虑1个原型工况的喷嘴气粒混合效果。原型工况条件为：

　　（1）工艺风空气流量（标态）为20000m³/h；

　　（2）中央氧流量（标态）为1650m³/h；

　　（3）分散风流量（标态）为2200m³/h；

　　（4）工艺风氧气流量（标态）为30000m³/h；

　　（5）精矿粉为190t/h。

3.1.2.4　冷模实验设计指导思想

　　相似实验限制条件为：

　　（1）绕流雷诺数Re_d处于相同自模化范围；

　　（2）阿基米得数Ar大小相近；

　　（3）修正弗劳德数Fr'大小相近；

　　（4）颗粒与分散风质量流量比m_{dis}/m_s大小相近；

（5）颗粒入口质量分布近似相似（采用原型的十字对角给料方式）。

以上条件归结为3个特征数和1个无因次比近似相等，颗粒初始条件相似。

相似设计计算任务为：

（1）确定几何倍数C_L，达到和原型几何相似（喷嘴尺寸和反应塔内腔尺寸，除料仓高度和空气腔高度尺寸外）；

（2）确定流量倍数C_Q，达到和原型绕流雷诺数Re_d在同一自模化区间；

（3）确定粒子种类与平均质量直径，达到和原型阿基米得数Ar相近；

（4）确定投料量G大小，达到和原型修正弗劳德数Fr'相近。

考虑到相似正交实验的需要，模型几何参数和操作参数设计为：

（1）原型和模型几何相似比为1:5；

（2）颗粒类型为石英沙，真实密度为2700kg/m³；

（3）最大投料速度为3.68t/h；

（4）最大工艺风流量（标态）为1600m³/h；

（5）中央风流量（标态）为60m³/h；

（6）额定分散风流量（标态）为140m³/h；

（7）反应塔内腔尺寸为ϕ110mm×h778mm（高度减半）；

（8）料仓高出反应塔内腔顶面尺寸为3681mm（高度可调）。

3.2　喷嘴气粒混合冷模装置设计

3.2.1　模型设计及仪器选择

根据前面实验设计结果，对实验装置设计及制作有以下要求：

（1）取几何尺寸相似比为1:5，反应塔高度减半，其出口与接粒器相连；

（2）考虑工艺风、分散风和中央氧连续供给，用涡街流量计测量其体积流量；

（3）采用自制的刮板给料机连续下料；

（4）分散锥用钢制作，空气腔、调风锥、反应塔采用厚度为5~20mm无色透明有机玻璃制作，空气腔和反应塔之间用螺栓连接；

（5）设计支架支撑空气腔、喷嘴、反应塔、给料系统、下料管等。

为了测试风向、风速、颗粒轨迹、颗粒分布、给料速度、提供一定压力空气、收集颗粒等，实验系统设计如图3-1所示。实验系统选用51k60AC减速电机（220V,AC,60W）4只，9-16-4.5A高压鼓风机（流量为2281~2504m³/h，全压4297~4112Pa）1台，15kW/20HP台湾捷豹空压机（流量为1.7~2.5m³/min）1台。实验系统的分散风可以来自空压机，也可以取自车间压缩空气总管。

图3-1中模型各部分尺寸（除空气腔和料仓高度外）几何相似比为1:5，由于塔中上部360°区域气粒两相混合行为最具代表性，可以近似模化来进行研究，因此只研究此区域的现象。同时模型中空气腔尺寸加大，形成静压室，料仓高度、电机转速和接粒高度也可变化。

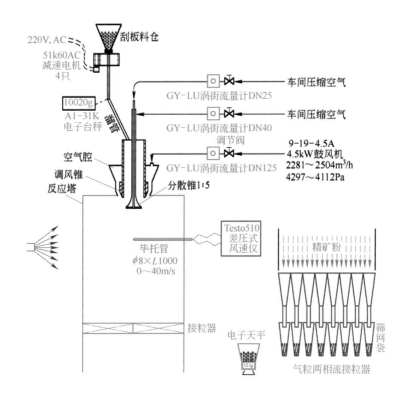

图 3-1　相似模型系统总图

实验所用的计量仪器见表3-5。

表 3-5　实验仪器仪表汇总

序　号	名　称	量　程	型　号	精　度	数　量
1	涡街流量计	23~230m³/h	GY-LU-40	±1% 0.5~1级	1
2	涡街流量计	10~100m³/h	GY-LU-25	±1% 0.5~1级	1
3	涡街流量计	220~2200m³/h	GY-LU-125	±1% 0.5~1级	1
4	电子台秤	30kg	A1-31K, 连电脑	±2g	1
5	测速仪	0~10kPa 0~40m/s	Testo 510 ϕ8mm×1m—L型毕托管 3m软管		1
6	泰勒筛	149~44μm	100~325目		各1
7	高速摄影仪		MotionPro X-3		1

3.2.2　接粒器设计

接粒器（见图3-2和图3-3）由接粒引流装置、筛网和支架组成。接粒引流装置包括呈网格状布置的扇形接粒区和垂直引流管两部分。接粒区顶面扇形网格向下延伸300mm，形成一个较大的空间来缓冲气流，使接粒装置对反应塔内气流影响大为减小。扇形格底部为平板，其中心开一个直径为40mm的圆孔，孔下面接内径为50mm、长为100mm的引流管，引流管穿过筛网伸入量杯一定距离，筛网封住杯口。取样位置为塔上部水平面 $h=650$mm。

图 3-2　气粒两相流接粒器示意图

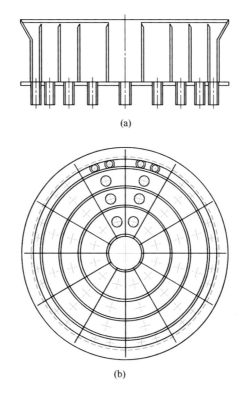

图 3-3　接粒器结构

（a）接粒器侧剖图；（b）接粒器俯视图

接粒区域划分：圆形1个、30°梯扇形48个，共49个。

3.2.3 下料系统设计

给料机与原型一样，实现连续均匀给料，给料速度在实验前先进行标定。给料系统主要部件有：减速电机、等速旋转刮板、调速器。根据投料量设置电机转速，并做不同大小投料量的对比实验。

给料系统所选电机参数为：型号51k60AC减速电机，转速为3r/min，电源220V交流电源，转速比1:500，数量4只。

根据部分已选定参数，经过计算得出刮板参数为：刮板转动速度为4.0r/min，料盒内腔高度为25mm，料盒角度30°，料盒内边$r_M=80$mm，料盒外边$R_M=151$mm，方形倒锥状料仓$h=300$mm。

如图3-4所示，刮板顺时针旋转，颗粒从上板30°扇形开口漏入转盘30°扇形格子空间，转30°后，从下板开口漏出，这样就完成了连续均匀给料。由于刮板扇形格子空间为30°，上板开口左侧应有30°以上遮挡板，以防止进料时从左侧漏料，料入口和出口间留设30°以上的空间，以防止进料时有颗粒料直接漏出。刮板扇形格子设定为20°、15°或更小，这样给料会更均匀。

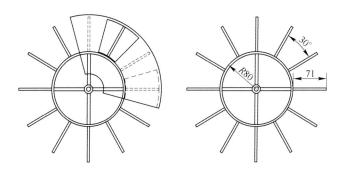

图3-4 刮板给料器

3.2.4 模型安装与调试

模型主要设备和主要部件购买及加工完成以后，需进行模型搭建。由于模型高度有两层楼高，还附有大功率用电设备，经讨论决定，将模型建于闪速炉车间第4、5层。

在模型搭建过程中，发现并改善了几处实验设计，以提高实验测试精度。具体介绍如下：

（1）校正投料速度。刮板给料器按设计应结构紧凑，给料速度可以计算得出，而实际制作时为人工焊接，且有一定变形，导致精度不够，这样结构也适当放松了些，给料速度需实际测量。给料系统整体采用钢管及钢板支撑，相当坚固，经过调试给料方式确实可行。

（2）校正喷嘴中心轴线位置和垂直度。空气腔盖板上焊接了两个内径为100mm的圆管，用作工艺风通道。焊接时，盖板发生了变形，导致调风锥歪向一边。调风锥所在圆柱上方有一与此圆柱垂直的法兰，此法兰与空气腔盖板连接。起初，为了对正调风锥的位置，采用在法兰处垫密封垫片的方式，欲将其垫平，但仍无法将调风锥对正到较好的程度。后来只好在反应塔入口处从互相垂直的四个方向用薄铁片定位支撑，采用薄铁片是为了尽量减小铁片对工艺风的影响。这样支撑以后，工艺风就均匀了。

（3）提高流量计测量精度。为减少振动，分散风管和中央氧管都用软管连接到喷嘴。

涡街流量计需安装在直管段，且对上下游长度有要求。由于涡街流量计对振动、灰尘、磁场、电场敏感，需根据现场情况进行校正。

为减少振动，没有使用空压机提供分散风。分散风取自3楼的生产用压缩空气总管。

（4）校正工艺风流量。进行工艺风管道布置时，起初所选用管道较细，管路拐弯4次，阻力损失大，风机风量达不到设计值。经检测后重新布置管道，采用大风管，且尽量避免拐弯（2次），减少阻力损失，风量便达到设计流量。

（5）解决气粒两相流接粒问题。利用气体能穿过筛网，颗粒不能穿过筛网的原理，用筛网制作接粒袋，把颗粒留在筛网中。

考虑到实验用颗粒粒径没有超过180目，选用$5m^2$350目标准泰勒筛网制作了49个透气接粒袋。接粒器引流管伸入接粒袋的进口段，用松紧带将接粒袋进口段紧紧固定在引流管上，避免接粒袋在气粒两相流作用下下落、下滑。每次实验后依次取下接粒袋进行称重筛分。

考虑到颗粒粒径小，在气流作用下易飞扬，实验时用布袋块料捂住反应塔和接粒器之间的空隙，避免气粒两相从反应塔和接粒器之间的空隙逸出。

整个装置紧凑、造价低，气粒分离效果好，接粒准确，精度高，运行费用低，不影响接粒口附近的气-粒两相流动和混合。

3.2.5 气粒两相混合研究方案

相似实验主要研究喷嘴操作参数对反应塔内气粒两相混合均匀度的影响，即：变化投料量-工艺风-分散风匹配条件下，进行以下研究工作：

（1）定量研究喷嘴正下方水平截面上颗粒质量分布；

（2）观察颗粒流行为：料幕，喷嘴正下方颗粒聚集程度；

（3）观察工艺风射流行为：调风锥调控能力、射流速度方向和穿透能力；

（4）观察气粒混合行为：工艺风射流和颗粒流平行、发散或相交（交点位置）；

（5）定量研究喷嘴正下方水平截面上颗粒粒径分布（2个工况）。

在不改变模型结构和实验颗粒的条件下，固定投料量和分散风流量，只改变工艺风流量时，Re_d发生改变，此时研究颗粒分布与Re_d的关系；固定投料量和工艺风流量，变化分散风流量时，Fr'和m_{dis}/m_s会变化，此时研究颗粒分布与Fr'和m_{dis}/m_s的关系；固定工艺风和分散风流量，只变化投料速度时，m_{dis}/m_s发生改变，此时研究颗粒分布与m_{dis}/m_s的关系。

反应塔内实验条件和原型条件有一定差距，只能进行近似相似实验研究。闪速炉原型中工艺风含氧约70%，中央氧含氧98%，在反应塔内氧气分子扩散对流易均匀。由于引风机抽吸烟气加上正压鼓风,反应塔内有一定的压力梯度;而实验中均使用常温空气,且自然排风,塔内没有明显压力梯度。拟以测试反应塔内喷嘴出口附近区域颗粒分布为重点。

3.3 实验数据整理方法

对实验数据无量纲化处理,用Matlab线图和云图表达实验规律:

（1）塔上部水平面颗粒质量分布:偏析函数,质量分数,表格,云图;

（2）塔上部水平面颗粒质量分布与各相似准则的关系:偏析函数和质量分数与相似准则的关系图;

（3）塔上部水平面2个工况颗粒粒径分布:偏析函数,表格,云图。

3.4 喷嘴粗颗粒分散和气粒混合实验研究

3.4.1 实验条件

为研究精矿粉、工艺风及分散风在反应塔内的混合行为,实验时通过调节一个参数而不改变其他参数（单参数实验）来获取单参数对颗粒分布的影响。采用精矿粉颗粒做实验时,由于精矿粉太细,不易收集,且有风存在时便四处飞舞,使实验结果误差较大。为方便观察颗粒运动情况和收集颗粒,实验颗粒采用筛分过的河沙。实验时,工艺风量、分散风量和给料速度均可调。

实验条件为:

（1）每次投料4kg;

（2）分散风环开孔67个,分散风孔孔径为1.5mm;

（3）颗粒为粗石英沙,颗粒真实密度为2700kg/m^3,颗粒质量平均粒径为240μm,阿基米得数为1620。粗石英沙筛分结果见表3-6。

表 3-6 粗石英沙筛分结果

目数/目	40	60	100	115	140	170
质量/g	997	1325	1478	45	21	56

3.4.2 气流速度分布

在有颗粒存在时,颗粒易堵塞毕托管的取样孔,气流速度不便测量,在此给出没有颗粒存在时测得的气流速度分布。在接粒器引流口出口测速获得的速度分布数据整理成图3-5所示的云图。

分析图3-5可知:

（1）在工艺风流量（标态）为1530m^3/h、分散风流量（标态）为140m^3/h的条件下,在喷嘴正下方中心区域存在一个有力的圆环柱状风幕;

（2）工艺风风幕外有低速的圆环区域；

（3）分散风射流能穿透工艺风风幕，以至于在反应塔内壁附近能检测到明显的向下流动空气流，反应塔内壁附近区域的空气流速要略高于反应塔内壁与工艺风风幕之间区域的空气速度。

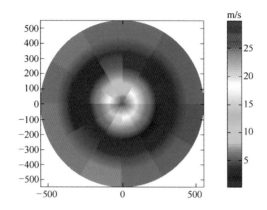

图 3-5　反应塔气流速度分布云图

（实验条件：无颗粒作用，工艺风流量（标态）为1530m³/h，分散风流量（标态）为140m³/h，出口为自由边界）

3.4.3　分散锥曲面对颗粒分散的影响

实验条件为：同一个分散锥曲面，分别选用现场精矿粉和粗石英沙，投料速度为3.64t/h。精矿粉密度大，给料电机转速相应调低。无工艺风、分散风和中央氧。

颗粒质量分布用颗粒质量分数（无量纲）表示：

$$颗粒质量分数 = \frac{接粒区质量（g）}{所有接粒区颗粒质量总和（g）} \bigg/ \frac{接粒区面积（mm^2）}{所有接粒区面积总和（mm^2）}$$

颗粒质量分布数据整理成如图3-6所示的云图。

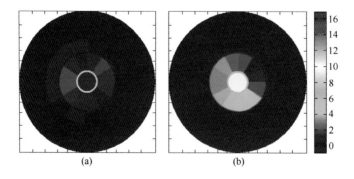

图 3-6　颗粒质量分布云图

（a）精矿粉；（b）石英沙

分析图3-6可知，两组工况下反应塔中间位置颗粒都较多，中心$R \leq 90mm$区域颗粒质量分数分别为49.73%和30.58%，偏析函数分别为2.5921和2.3219。显然，经过分散锥的作用，石英沙比精矿粉分散效果要好，这反映了分散锥对粗颗粒作用明显，经锥面作用后，其水平速度较大；细颗粒经过分散锥后，能量损失大，水平速度小，分散效果不明显。

综合实验结果可知：

（1）颗粒流出分散锥曲面时水平分速度很小。P.T.L.Koh等人指出，细石英沙流出分散锥曲面时水平分速度只有4.54m/s，由纳维-斯托克斯偏微分方程组解得的结果更小，仅为0.029m/s。

（2）在本实验条件下，分散锥曲面产生的颗粒沿水平方向运动的推动力很小，几乎可以忽略，即分散锥曲面形状和底圆直径大小变化不能明显调控颗粒分散状况。

3.4.4 工艺风对颗粒分散的影响

在认识了分散锥对气粒混合作用效果之后，针对工艺风的作用效果进行了大量实验，取其中两组工况进行了分析。

3.4.4.1 工艺风流量对颗粒质量分布的影响

投料速度为3.64t/h时，停止供应分散风，变化工艺风流量，整理接粒数据，如图3-7所示。

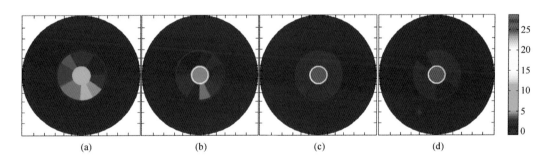

图3-7　停止供应分散风时变化工艺风流量时的颗粒质量分布云图

（a）工艺风流量（标态）为0；（b）工艺风流量（标态）为810m³/h；

（c）工艺风流量（标态）为1172m³/h；（d）工艺风流量（标态）为1592m³/h

分析图3-7可知，工艺风流量（标态）从零依次变化到810m³/h、1172m³/h和1592m³/h时，中心$R \leq 90mm$区域颗粒质量分数从30.58%依次增大到65.55%、79.45%和79.86%，$R \leq 240mm$区域内颗粒质量分数从94.64%依次减少到98.58%、98.12%和96.71%，颗粒几乎全部集中在这一区域，偏析函数从2.3219依次增大到3.5402、4.1954和4.2027。肉眼观察可知，颗粒分布区边界（按物理本质）可用正态分布的钟形曲线来描述，方差值随工艺风流量大小而变。随工艺风由小变大，钟形曲线高度越来越小（即方差值变大）。在固定投料量且不供应分散风条件下，随着工艺风的增加，颗粒越来越集中到喷嘴正下方中心区域，中间颗粒质量分数增加，颗粒分散变差，气粒混合均匀性变差。可见工艺风的作用是使颗粒运动向喷嘴正下方中心区域靠拢。

分散风流量（标态）为90m³/h时，变化工艺风流量时的接粒称重数据整理后如图3-8所示。

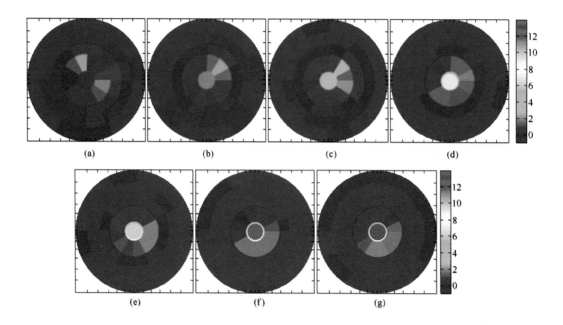

图 3-8 分散风流量（标态）为90m³/h时变化工艺风流量的颗粒质量分布云图

（a）工艺风流量（标态）为0；（b）工艺风流量（标态）为579m³/h；（c）工艺风流量（标态）为810m³/h；

（d）工艺风流量（标态）为955m³/h；（e）工艺风流量（标态）为1172m³/h；

（f）工艺风流量（标态）为1425m³/h；（g）工艺风流量（标态）为1592m³/h

分析图3-8可知，固定投料量和加分散风的条件下，工艺风流量（标态）从零依次增大到579m³/h、810m³/h、955m³/h、1172m³/h、1425m³/h和1592m³/h时，中间$R \leqslant 90$mm区域颗粒质量分数增加，其值从3.58%依次增大到7.80%、10.72%、21.97%、28.54%、35.17%和39.54%，质量偏析函数从0.6506依次增大到0.6508、0.8384、1.2823、1.5732、1.9123和2.1309，这说明工艺风的作用是使颗粒运动向喷嘴正下方中心区域集中。

综合实验结果可知，工艺风的作用是使颗粒运动向喷嘴正下方中心区域靠拢；增大工艺风流量会使颗粒分散和气粒混合均匀性变差。

3.4.4.2 绕流雷诺数对颗粒质量分布的影响

将图3-7和图3-8对应的操作参数整理成特征数，可获得如图3-9所示的质量偏析函数和喷嘴正下方区域颗粒质量分数随绕流雷诺数Re_d变化而变化的定量规律。

分析图3-9可知，Re_d增加（即工艺风增加）时，px和x_{cent}值均增加；px和x_{cent}在Fr'（即分散风）为零时的值均大于Fr'为1.09时的值；在Re_d小和Fr'大时，px和x_{cent}较小。

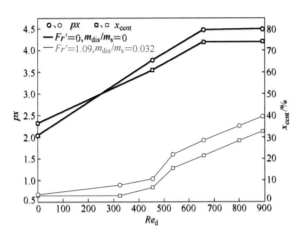

图3-9　Re_d 与 px 和 x_{cent} 的关系

（实验条件：$Ar=1620$）

3.4.5　分散风对颗粒分散的影响

从前面实验结果得知，工艺风使颗粒聚集在反应塔喷嘴正下方中间区域。而设置分散风的目的是使颗粒分散，其作用效果究竟如何，为此设置了以下实验。

3.4.5.1　分散风流量对颗粒质量分布的影响

A　投料速度为3.64t/h时的影响

停止供应工艺风，变化分散风流量时接粒称重数据整理成如图3-10所示的云图。分析图3-10可知，在固定投料量、无工艺风作用下，分散风流量（标态）从零依次增加到65m³/h、90m³/h和140m³/h时，喷嘴正下方 $R\leqslant90$mm中心区域颗粒明显减少，颗粒质量分数从30.58%依次减少到4.20%、3.58%和2.48%，远离喷嘴正下方区域的颗粒质量逐渐增加，颗粒逐渐运动到更远区域，以至于颗粒过度分散，偏析函数从2.3219依次减少到1.0584、0.6506和0.4278。

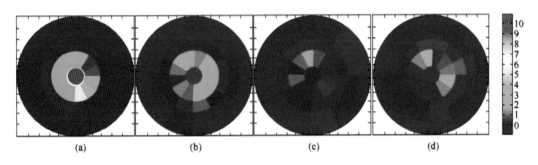

图 3-10　停止供应工艺风时变化分散风流量的颗粒质量分布云图

（a）分散风流量（标态）为0；（b）分散风流量（标态）为65m³/h；

（c）分散风流量（标态）为90m³/h；　（d）分散风流量（标态）为140m³/h

为研究工艺风与分散风相互影响的效果，鉴于在图3-10的实验工况下分散风作用下，采用相同投料速度但小工艺风流量做了一系列实验。当工艺风流量（标态）为810m³/h时，变化分散风流量，整理分析接粒称重数据可知：分散风流量（标态）从零依次增大到60m³/h、65m³/h、80m³/h、90m³/h、100m³/h、120m³/h和140m³/h时，偏析函数从3.5402依次减少到1.7053、1.3957、1.0538、0.8384、0.8130、0.5053和0.2822，中心区（$R \leqslant 90$mm）颗粒质量分数从65.55%依次减少到27.47%、21.75%、15.85%、10.72%、10.27%、10.00%和2.17%。从现象和变化趋势看，在本实验条件下，即在相同投料量、小工艺风条件下，分散风作用较为明显，颗粒较易分散，分散风太大则出现颗粒过度分散；分散风能将实验物料颗粒吹散，图3-10(b)工况就已达到颗粒分散效果，图3-10(d)工况则已经过度分散，同时颗粒分布越来越分散。

工艺风流量（标态）为1592m³/h时，变化分散风流量，整理分析接粒称重数据可知：分散风流量（标态）从零依次增大到60m³/h、65m³/h、80m³/h、90m³/h、100m³/h、120m³/h和140m³/h时，偏析函数从4.2027依次减少到3.2039、2.9769、2.3482、2.1309、1.9911、1.5745和1.2528，中间$R \leqslant 90$mm区域颗粒质量分数从79.86%依次减少到59.82%、55.47%、43.81%、39.54%、37.11%、27.60%和18.85%。此组实验采用与原型工况相对应的工艺风流量与投料速度。从现象和变化趋势看，在本实验条件下，分散风流量（标态）从零逐步增大到140m³/h，中心区颗粒逐渐减少，颗粒分散效果逐步改善，但仍未达到理想分散效果，继续加大分散风流量可以使颗粒分散和气粒混合均匀性变好。

B 投料速度为2.12t/h时的影响

工艺风流量（标态）为810m³/h时，变化分散风流量，整理分析接粒称重数据可知：分散风流量（标态）从60m³/h依次增大到65m³/h、80m³/h、90m³/h、100m³/h、120m³/h和140m³/h时，偏析函数从1.6172依次减少到1.2912、1.0845、0.8621、0.7670、0.1797和0.1553，喷嘴正下方中间$R \leqslant 90$mm区域颗粒质量分数从26.88%依次变化到20.66%、17.24%、10.76%、9.39%、2.17%和2.55%。此组工况下，颗粒分散程度变化规律和前一组大投料量工况基本相同，其差别在于小投料量时，料层薄，更易吹散，分散风流量（标态）为120m³/h时颗粒就已经过度分散了。从现象和变化趋势看，在相同投料量、小工艺风条件下，分散风作用较为明显，颗粒较易分散，分散风太大则出现过度分散。

综合实验结果可知：分散风的作用是使颗粒向远离喷嘴中心运动；增大分散风流量，颗粒分散效果变好，但分散风流量增大到一定程度后，会出现喷嘴正下方区域颗粒过少，即颗粒过度分散、颗粒分散效果变差等问题；颗粒集中于分散锥下方和充分分散均有可能。

3.4.5.2 修正弗劳德数对颗粒质量分布的影响

将3.4.5.1节中对应的操作参数整理成特征数，可获得如图3-11和图3-12所示的质量偏析函数和喷嘴正下方区域颗粒质量分数随修正弗劳德数Fr'变化而变化的定量规律。

分析图3-11可知，Fr'增加时，px和x_{cent}值均减小；Re_d从零变化到454和892时，px和x_{cent}均变大；Fr'小时，px和x_{cent}变化明显，Re_d小且Fr'大时，px和x_{cent}变化已不明显。

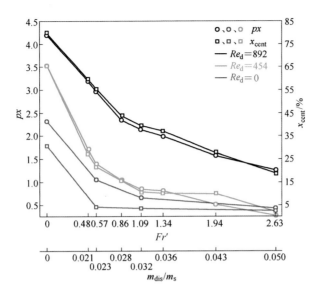

图 3-11　$Ar=1620$时Fr'与px和x_{cent}的关系

分析图3-12可知，Fr'增加时，px和x_{cent}值均减小；投料量从2.12t/h变化到3.64t/h时，px和x_{cent}均无明显变化；Fr'大时，px和x_{cent}均有一定差距，说明分散风相对较大时，颗粒运动规律变得复杂。

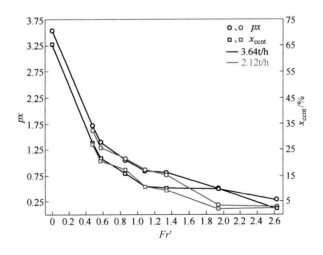

图 3-12　$Re_d=454$，$Ar=1620$时Fr'与px和x_{cent}的关系

3.4.6　投料速度对颗粒分散的影响

将工艺风和分散风流量调为中等大小，变化投料速度研究投料速度对颗粒分散的影响。

3.4.6.1 投料速度对颗粒质量分布的影响

实验条件为：工艺风流量（标态）为1172m³/h，分散风流量（标态）为90m³/h。

变化投料速度，整理分析接粒称重数据可知：投料速度从1.21t/h依次增大到1.52t/h、1.82t/h、2.43t/h、2.73t/h、3.03t/h和3.64t/h时，偏析函数从1.5824依次变化到1.5735、1.6875、1.6541、1.8033、1.7214和1.5732，喷嘴正下方中心区（$R \leqslant 90$mm）颗粒质量分数从29.03%依次变化到28.67%、30.47%、30.45%、33.05%、31.27%和28.35%。颗粒均主要集中在喷嘴正下方中间$R \leqslant 90$mm区域，外面两环（$R > 90$mm）区域颗粒很少。

不难看出，在给定工艺风流量和分散风流量的条件下，投料速度增大，对颗粒分散和气粒混合均匀性无明显影响。

3.4.6.2 颗粒与分散风质量流量比对颗粒质量分布的影响

将3.4.6.1节对应的操作参数整理成特征数，可获如图3-13所示的质量偏析函数和喷嘴正下方中心区颗粒质量分数随颗粒与分散风质量流量比m_{dis}/m_s变化而变化的定量规律。

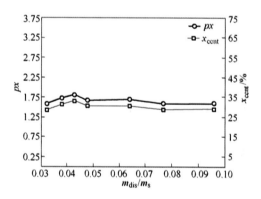

图 3-13 m_{dis}/m_s与px和x_{cent}的关系

（实验条件：$Re_d = 657$，$Fr' = 1.06$，$Ar = 1620$）

分析图3-13可知，m_{dis}/m_s增加（即投料量减小），px和x_{cent}均变化不大，px值在1.6左右，x_{cent}值在31%左右，且px和x_{cent}变化规律一致。

3.4.7 主要特征数对颗粒分散的影响

实验发现，分散锥曲面对颗粒分散和气粒混合均匀性的作用不明显，工艺风的作用是使颗粒向中心聚集，分散风的作用正好与之相反，因此工艺风流量和分散风流量如何配比，才能达到理想的颗粒分散和气粒混合效果成为需要重点探讨的问题。

整理变化工艺风和分散风流量时的接粒称重数据，可得如图3-14所示的颗粒分布云图。

图3-14所示各工况的喷嘴正下方中心区（$R \leqslant 90$mm）颗粒质量分数变化整理成表3-7

和图3-15，偏析函数变化整理成表3-8和图3-16。

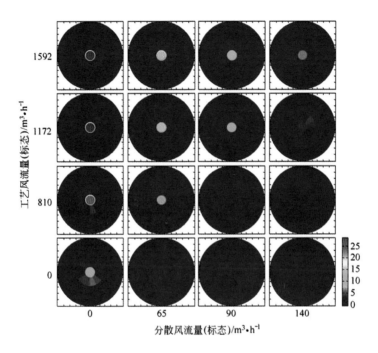

图 3-14 颗粒质量分布云图

（操作条件：粗石英沙(241μm，真实密度为2.7t/m³)，投料速度为3.64t/h，分散风风孔 φ1.5mm76个）

表 3-7 喷嘴正下方中心区($R\leqslant 90mm$)颗粒质量分数变化

颗粒质量分数/%		分散风流量（标态）/m³·h⁻¹			
		0	65	90	140
工艺风流量（标态）/m³·h⁻¹	1592	79.86	55.47	39.54	18.85
	1172	79.45	42.40	28.35	12.14
	810	65.55	21.75	10.72	2.17
	0	30.58	4.20	3.58	2.48

表 3-8 偏析函数变化

偏析函数		分散风流量（标态）/m³·h⁻¹			
		0	65	90	140
工艺风流量（标态）/m³·h⁻¹	1592	4.20	2.98	2.13	1.25
	1172	4.20	2.31	1.57	1.13
	810	3.54	1.40	0.84	0.28
	0	2.32	1.06	0.65	0.43

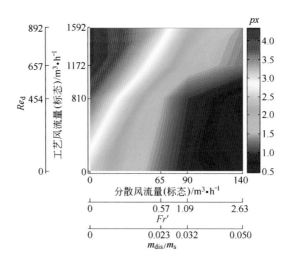

图 3-15 喷嘴正下方中间区域（$R \leqslant 90$mm）颗粒质量分数分布云图

（实验条件：$Ar = 1620$）

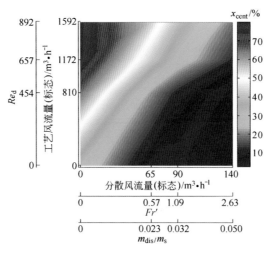

图 3-16 偏析函数分布云图

（实验条件：$Ar = 1620$）

　　分析图3-14～图3-16和表3-7、表3-8可知：

　　（1）分散风流量与下料量（Fr'）不变时，工艺风（Re_d）流量减小，喷嘴正下方中心区（$R \leqslant 90$mm）颗粒质量分数减少，偏析函数减少，即可以使颗粒分散效果变好，即图3-14、表3-7和表3-8的每一列所示。固定分散风流量为零时，工艺风流量（标态）从1592m³/h减小到零，喷嘴正下方中心区（$R \leqslant 90$mm）颗粒质量分数从79.86%减少到30.58%，偏析函数从4.20减少到2.32；固定分散风流量（标态）为65m³/h时，中心区（$R \leqslant 90$mm）颗粒质量分数从55.47%减少到4.20%，偏析函数从2.98减少到1.06；固定分散风流量（标态）为90m³/h时，中心区（$R \leqslant 90$mm）颗粒质量分数从39.54%减少到3.58%，偏析函数从2.13减少到0.65；固定分散风流量（标态）为140m³/h时，中心区（$R \leqslant 90$mm）颗粒质量分数从18.85%减少到2.48%，偏析函数从1.25减少到0.43。

（2）工艺风流量（Re_d）不变，分散风流量（Fr'）变大，喷嘴正下方中心区（$R \leqslant 90$mm）颗粒质量分数减少，偏析函数减少，即可以使颗粒分散效果变好，即图3-14、表3-7和表3-8的每一行所示。固定工艺风流量（标态）为1592m³/h时，分散风流量从零增加到140m³/h，喷嘴正下方中心区（$R \leqslant 90$mm）颗粒质量分数从79.86%减少到18.85%，偏析函数从4.20减少到1.25；固定工艺风流量（标态）为1172m³/h时，中心区（$R \leqslant 90$mm）颗粒质量分数从79.45%减少到12.14%，偏析函数从4.20减少到1.13；固定工艺风流量（标态）为810m³/h时，中心区（$R \leqslant 90$mm）颗粒质量分数从65.55%减少到2.17%，偏析函数从3.54减少到0.28；固定工艺风流量为零时，中心区（$R \leqslant 90$mm）颗粒质量分数从30.58%减少到2.48%，偏析函数从2.32减少到0.43。

（3）从工艺风流量（标态）为1592m³/h、分散风流量为零变化到工艺风流量为零、分散风流量（标态）为140m³/h，喷嘴正下方中间$R \leqslant 90$mm区域颗粒质量分数从79.86%减少到2.48%，偏析函数从4.20减少到0.43。在分散风流量（标态）为140m³/h时，颗粒分散所对应的最佳工艺风流量要小于1592m³/h；在工艺风流量（标态）为1592m³/h时，颗粒分散所对应的最佳分散风流量要大于140m³/h。当工况的工艺风和分散风流量均为零时，表示只有分散锥曲面的分散作用，此时中间$R \leqslant 90$mm区域颗粒质量分数为30.58%，偏析函数为2.32，颗粒分散效果差。当工艺风流量（标态）为1592m³/h、分散风流量为零时，可认为只有工艺风作用，中间$R \leqslant 90$mm区域颗粒质量分数为79.86%，偏析函数为4.20，颗粒更集中于喷嘴正下方中间区域，分散效果更差。当工艺风流量为零、分散风流量（标态）为140m³/h时，可认为只有分散风作用，中间$R \leqslant 90$mm区域颗粒质量分数为2.48%，偏析函数为0.43，喷嘴正下方中间区域接近于没有颗粒，说明颗粒已经过度分散。当工艺风流量（标态）为1592m³/h、分散风流量（标态）为140m³/h时，工艺风和分散风作用趋近于相当，$R \leqslant 90$mm区域颗粒质量分数为18.85%，偏析函数为1.25，颗粒分散效果较好。

（4）工艺风流量（标态）为0、810m³/h、1172m³/h、1592m³/h对应Re_d分别为0、454、657、892，分散风流量（标态）为0、65m³/h、90m³/h、140m³/h对应Fr'分别为0、0.57、1.09、2.63。图3-15和图3-16的右下角区域颜色为蓝色，Fr'起主要作用，左上角区域颜色为红色，Re_d起主要作用；左边颜色偏红，而右边颜色偏蓝；从左向右越往上，红颜色区域越宽；从下向上越往左，红颜色区域越宽。

不难看出：

（1）沿图3-14～图3-16和表3-7、表3-8的左下角—右上角的对角线方向调整喷嘴操作参数有利于颗粒适度分散。

（2）工艺风流量过大或分散风流量过少，颗粒越来越集中于喷嘴正下方中心区域，颗粒分散效果变差。

（3）工艺风流量过小或分散风流量过大，颗粒越来越远离喷嘴中心区域，出现颗粒分散效果变差、颗粒过度分散现象。

3.4.8 颗粒粒径分布

为研究粒径分布规律，对以下两组实验工况的接粒数据进行了筛分和称重。

（1）投料速度为2.12t/h，工艺风流量（标态）为810m³/h，分散风流量（标态）为140m³/h。投料用颗粒的筛分数据见表3-6。实验接粒称重数据整理后如图3-17所示，粒径分布数据如图3-18所示。

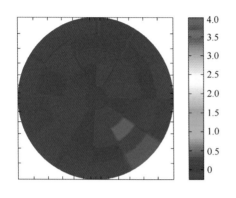 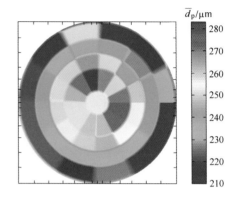

图 3-17　颗粒质量分布云图　　　　　图 3-18　颗粒平均质量粒径分布云图

由图3-17可知，喷嘴正下方中间$R \leqslant 90mm$区域颗粒质量分数为2.55%，偏析函数值为0.1553，颗粒已经过度分散。由图3-18可知，粗颗粒在内圈，细颗粒在外圈；中心圆内颗粒平均粒径为254μm，第一环到第四环颗粒平均粒径分别为266μm、256μm、238μm、223μm，而颗粒平均粒径为241μm，第三环粒径与之接近，更细颗粒的则被吹到外环，越粗的颗粒则越难被吹动，而中心圆颗粒粒径略低却高于平均粒径，说明工艺风使部分细颗粒留在了中间。此工况工艺风小，粒径为220μm左右的颗粒被吹到外圈，分散风对较粗的颗粒作用不明显。另外，实验时可以看到有部分较粗的颗粒出现在最外环，这是因为落在分散锥上面的粗颗粒弹跳所致。

（2）投料速度为3.64t/h，工艺风流量（标态）为1530m³/h，分散风流量（标态）为140m³/h。颗粒筛分数据见表3-9。

表 3-9　混合石英沙筛分数据

目数/目	40	60	80	100	120	140	160
质量/g	588	836	686	840	320	196	128

根据表3-9进行计算，得出平均粒径为210μm。

实验接粒称重数据整理后如图3-19所示，粒径分布数据整理后如图3-20所示。

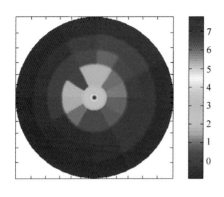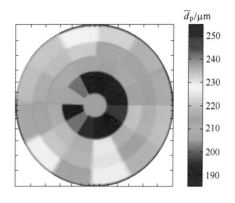

图 3-19 颗粒质量分布云图   图 3-20 颗粒平均质量粒径分布云图

由图3-19可知，喷嘴正下方中间$R\leqslant90mm$区域颗粒质量分数为14.77%，偏析函数值为1.4333，颗粒集中于喷嘴正下方中心区域，颗粒分散效果还未达到最佳。由图3-20可知，细颗粒在内圈，粗颗粒在外圈；中心圆和中心环内颗粒平均粒径分别为196μm、213μm，第一环到第四环颗粒平均粒径分别为201μm、216μm、216μm、221μm，而颗粒平均粒径为210μm，只有中心圆、第一环和第四环颗粒粒径与之相差较大，中间是细颗粒，外面粗颗粒。这个工况工艺风作用较大，颗粒没有分散开，分散风吹散细颗粒效果没有体现出来，但还是能看到粗颗粒受分散锥曲面弹跳作用和相应效果。

综合图3-18和图3-20的相似实验结果可知：

（1）在分散锥曲面弹跳作用下，粗颗粒能运动到远离喷嘴正下方中心的区域。

（2）在颗粒分散（分散风作用≥工艺风作用）时，细颗粒能借助分散风射流作用被吹散到远离喷嘴中心区；在颗粒没有分散（工艺风作用>>分散风作用）时，分散风输送颗粒作用发挥不出来，细颗粒集中于喷嘴正下方中心区域。

3.4.9 颗粒运动轨迹

作者尝试了用高速摄像仪记录颗粒分散情况，但由于反应塔有机玻璃壁面的反光作用，现场补光困难；反应塔涉及360°空间区域，存在明显的背景干扰；颗粒离开分散锥曲面后即出现白沙雾等原因，导致现场调试使用高速摄影仪十分困难。

作者又尝试了用530万像素普通相机抓拍反应塔内颗粒运动轨迹，拍照结果如图3-21所示。分析图3-21可知，照片很不清晰，但能看到伞状颗粒流，颗粒轨迹有一个扩张角。比较两张照片可知，在工艺风射流作用力不够强的条件下，分散风射流能吹开环状颗粒圈，形成较好的颗粒分散效果。

3.4.10 实验小结

在本实验取值范围（Re_d为0~900、Fr'为0~2.63、m_{dis}/m_s为0~0.1和$Ar=1620$）内，显示出如下规律：

（1）中央扩散式喷嘴分散锥曲面对颗粒分散无明显作用，工艺风流量增大能使颗粒更加集中于喷嘴正下方中心区域，分散风流量增大能使颗粒更加远离于喷嘴中心区域运动。

（2）在工艺风和分散风综合作用下，工艺风流量大时要求分散风流量大，工艺风流量小时要求分散风流量小，即两股风的综合作用效果差不多，才能实现良好的颗粒分散效果。大投料量时颗粒适度分散所要求的工艺风流量和分散风流量大，小投料量时颗粒适度分散所要求的工艺风流量和分散风流量小。

（3）改善颗粒分散效果需要增大分散风流量或减少工艺风流量。

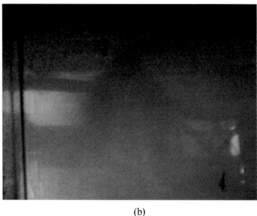

(a)   (b)

图 3-21　普通相机抓拍到的颗粒运动轨迹

（a）细沙(1.82t/h，工艺风流量（标态）为1410m³/h，分散风流量（标态）为76m³/h)；
（b）细沙(3.64t/h，工艺风流量（标态）为1530m³/h，分散风流量（标态）为140m³/h)

3.5　喷嘴细颗粒分散和气粒混合实验研究

3.5.1　实验条件

实验条件为：

（1）原型操作参数变化范围（由金隆公司提供）为：工艺风空气流量为6000~20000m³/h、5~20kPa；中央氧流量为0~1650m³/h、25~30kPa；分散风流量为0~2200m³/h、250kPa；工艺风氧气流量为30000m³/h、5~20kPa；精矿粉190t/h，真实密度4100kg/m³。

（2）料仓装满颗粒连续投料。

（3）分散风风孔140个，孔径0.9mm，模型分散风孔数和原型分散风孔数相同，模型分散孔孔径和原型分散风孔径之比为1:5。

实验颗粒为细石英沙，颗粒真实密度为2700kg/m³，颗粒质量平均粒径为132μm，阿基米得数为266。细石英沙颗粒筛分结果见表3-10。

表 3-10　细石英沙筛分结果

目数/目	60	80	100	120	140	160	180	200
质量/g	8.89	23.24	85.18	68.55	53.96	14.95	4.67	13.96

3.5.2　工艺风对颗粒分散的影响

根据粗沙实验的经验，分别变化工艺风流量、分散风流量和投料速度进行正交实验。实验操作时，选取5组工艺风（标态下，1530m³/h、1410m³/h、1290m³/h、1035m³/h和800m³/h），6组分散风（标态下，60m³/h、76m³/h、92m³/h、108m³/h、124m³/h和140m³/h）和两个投料速度（1.82t/h和3.64t/h）。

3.5.2.1　工艺风流量对颗粒质量分布的影响

A　投料速度为1.82t/h时的影响

分散风流量为60m³/h时，变化工艺风流量，整理分析接粒称重数据可知：此组实验所选取分散风流量较小（60m³/h），从云图和偏析函数可看出颗粒分散效果差，但颗粒分散变化规律十分明显。工艺风流量从1530m³/h依次减少到1410m³/h、1290m³/h、1035m³/h和800m³/h，喷嘴中心区（$R \leq 90mm$）颗粒质量分数从72.70%依次减少到48.11%、48.28%、33.34%和33.76%，偏析函数从6.386依次减小到5.0843、4.6429、3.6125和3.3216。这说明，随着工艺风流量的减小，中心颗粒呈递减趋势，但数量仍然较多；偏析函数呈递减趋势，但整体水平远超过零，说明颗粒越来越分散，但颗粒分散程度还远不够。

分散风流量为76m³/h时，变化工艺风流量，整理分析接粒称重数据可知：工艺风流量从1530m³/h依次减少到1410m³/h、1290m³/h、1035m³/h和800m³/h，喷嘴中心区（$R \leq 90mm$）颗粒质量分数从47.46%依次减少到32.70%、30.93%、20.89%和20.88%，偏析函数从5.6902依次减少到3.6983、3.4178、2.1634和1.9779。这说明，随工艺风流量的减小，中心颗粒数量逐渐减少，偏析函数值逐渐减小，颗粒分散趋向均匀，但整体水平远超过零，颗粒分散程度还远不够。

分散风流量为92m³/h时，变化工艺风流量，整理分析接粒称重数据可知：工艺风流量从1530m³/h依次减少到1410m³/h、1290m³/h、1035m³/h和800m³/h，喷嘴中心区（$R \leq 90mm$）颗粒质量分数从30.78%依次减少到29.20%、23.80%、12.89%和11.18%，偏析函数从3.612依次减小到3.1612、2.4383、1.2102和1.0619。这说明，随工艺风流量的减小，中间颗粒量减少，颗粒分散效果变好。

分散风流量为108m³/h时，变化工艺风流量，整理分析接粒称重数据可知：工艺风流量从1530m³/h依次减少到1410m³/h、1290m³/h、1035m³/h和800m³/h，喷嘴中心区

（$R \leqslant 90mm$）颗粒质量分数从25.52%依次减少到22.84%、16.90%、6.94%和4.81%，偏析函数从2.5489依次减少到2.579、1.7177、0.7722和0.5641。这说明，随着工艺风流量的减小，颗粒分散逐渐变得均匀；中间颗粒量逐渐减少。

分散风流量为124m³/h时，变化工艺风流量，整理分析接粒称重数据可知：工艺风流量从1530m³/h依次减少到1410m³/h、1290m³/h、1035m³/h和800m³/h，喷嘴中心区（$R \leqslant 90mm$）颗粒质量分数从18.60%依次减少到18.44%、9.80%、6.30%和3.80%，偏析函数从1.9988依次减少到1.9308、1.0244、0.6935和0.4887。这说明，随着工艺风流量的减小，偏析函数值逐渐减少，中间颗粒逐渐减少，颗粒越来越分散。

分散风流量为140m³/h时，变化工艺风流量，整理分析接粒称重数据可知：工艺风流量从1530m³/h依次减少到1410m³/h、1290m³/h、1035m³/h和800m³/h，喷嘴中心区（$R \leqslant 90mm$）颗粒质量分数从16.29%依次变化到14.01%、7.69%、1.50%和3.79%，偏析函数从1.8145依次减少到1.4543、0.7823、0.7205和0.5726。这说明，随着工艺风流量的减小，偏析函数值逐渐减少，中间颗粒逐渐减少，颗粒越来越分散。

B 投料速度为3.64t/h时的影响

分散风流量为60m³/h时，变化工艺风流量，整理分析接粒称重数据可知：工艺风流量从1530m³/h依次减少到1410m³/h、1290m³/h、1035m³/h和800m³/h，喷嘴中心区（$R \leqslant 90mm$）颗粒质量分数从68.21%依次减少到55.28%、54.54%、32.81%和28.77%，偏析函数从9.3208依次减少到6.194、5.9113、3.2341和2.5936。这说明，随着工艺风流量的减小，中心颗粒数量逐渐减少，颗粒逐渐向远离喷嘴正下方中心区域方向运动，颗粒分散效果变好，但整体水平远超过零，颗粒分散程度还远不够。

分散风流量为76m³/h时，变化工艺风流量，整理分析接粒称重数据可知：工艺风流量从1530m³/h依次减少到1410m³/h、1290m³/h、1035m³/h和800m³/h，喷嘴中心区（$R \leqslant 90mm$）颗粒质量分数从44.80%依次减少到43.47%、35.61%、20.63%和14.26%，偏析函数从4.7651依次变化到4.9117、3.8673、2.0488和1.4437。这说明，随工艺风流量的减小，中间颗粒分布逐渐减少，但仍然偏多；颗粒分散趋向均匀，但整体水平远超过零，颗粒分散程度还远不够。

分散风流量为92m³/h时，变化工艺风流量，整理分析接粒称重数据可知：工艺风流量从1530m³/h依次减少到1410m³/h、1290m³/h、1035m³/h和800m³/h，喷嘴中心区（$R \leqslant 90mm$）质量分数从31.69%依次减少到32.71%、25.23%、15.60%和12.29%，偏析函数从3.4316依次减少到3.699、2.6626、1.441和1.1715。这说明，颗粒分散效果随工艺风流量的减小而逐步改善，中间颗粒量逐渐减少。

分散风流量为108m³/h时，变化工艺风流量，整理分析接粒称重数据可知：工艺风流量从1530m³/h依次减少到1410m³/h、1290m³/h、1035m³/h和800m³/h，喷嘴中心区（$R \leqslant 90mm$）颗粒质量分数从24.64%依次减少到26.39%、20.67%、9.28%和5.45%，偏析函数从2.5062依次减少到2.8863、2.1006、0.8262和0.7089。这说明，随着工艺风流量的减小，颗粒分散逐渐变得均匀，中间颗粒量逐渐减少。

分散风流量为124m³/h时，变化工艺风流量，整理分析接粒称重数据可知：工艺风流量从1530m³/h依次减少到1410m³/h、1290m³/h、1035m³/h和800m³/h，喷嘴中心区（$R \leqslant 90$mm）颗粒质量分数从20.81%依次减少到21.66%、13.33%、6.25%和2.83%，偏析函数从2.0552依次减少到2.3684、1.3039、0.5642和0.4813。这说明，随着工艺风流量的减小，偏析函数值逐渐减少，中间颗粒逐渐减少，颗粒越来越分散。

分散风流量为140m³/h时，变化工艺风流量，整理分析接粒称重数据可知：工艺风流量从1530m³/h依次减少到1410m³/h、1290m³/h、1035m³/h和800m³/h，喷嘴中心区（$R \leqslant 90$mm）颗粒质量分数从14.30%依次变化到16.87%、9.43%、0.69%和2.17%，偏析函数从1.4333依次减少到1.7516、1.013、0.7478和0.4402。这说明，随着工艺风流量的减小，偏析函数值逐渐减少，中间颗粒逐渐减少，颗粒越来越分散。

综合上述实验结果可知，工艺风的作用是使颗粒运动向喷嘴中心区（$R \leqslant 90$mm）收拢；增大工艺风流量会使颗粒分散和气粒混合均匀性变差。

3.5.2.2 绕流雷诺数对颗粒质量分布的影响

将3.5.2.1节中对应的操作参数整理成特征数，可获得如图3-22和图3-23所示的质量偏析函数随绕流雷诺数Re_d变化而变化的定量规律，如图3-24和图3-25所示的喷嘴中心区颗粒质量分数随绕流雷诺数Re_d变化而变化的定量规律。

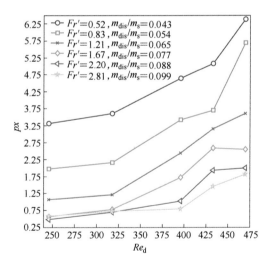

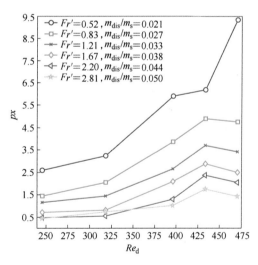

图3-22　Ar=266时Re_d与px的关系（一）　　　图3-23　Ar=266时Re_d与px的关系（二）

分析图3-22和图3-23可知：随着Re_d增加，px增加，在Re_d较大时出现规律不一致，在m_{dis}/m_s较小时更为明显，说明大工艺风和大投料量条件下，气粒两相流动规律发生了变化；Fr'变大时，px明显变小，在Fr'较大、Re_d较小时，变化规律已不明显，说明在大分散风、小工艺风条件下，气粒两相流动规律也发生了变化。比较两图可知，Fr'相同时，m_{dis}/m_s较小时的px值普遍大于m_{dis}/m_s较大时的px值，在Re_d较大或较小时不遵循此规律，说明分散风一定时，大投料量时颗粒难分散，工艺风较大或较小时，两相流动规律与中等工艺风时的不同；与前面粗沙实验结果相比，可知细沙与气流相互影响较大。

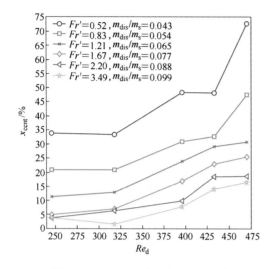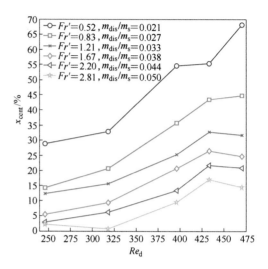

图 3-24　$Ar=266$时Re_d与x_{cent}的关系（一）　　图 3-25　$Ar=266$时Re_d与x_{cent}的关系（二）

分析图3-24和图3-25可知：随着Re_d增加，x_{cent}增加，在Re_d较大时出现规律不一致，在m_{dis}/m_s较小时更为明显，说明大工艺风和大投料量条件下，气粒两相流动规律发生了变化；Fr'变大时，x_{cent}明显变小，Fr'较大时，x_{cent}变化幅度较小，说明分散风增加到一定程度后，对颗粒分布无明显影响。比较两图可知，Fr'相同时，m_{dis}/m_s较小时的x_{cent}值普遍大于m_{dis}/m_s较大时的x_{cent}值，在Re_d较大或较小、Fr'较大或较小时不遵循此规律，说明分散风一定时，大投料量时颗粒难分散，工艺风较大或较小、分散风较大或较小时，两相流动规律与中等工艺风和分散风时的不同；与前面粗沙实验结果相比，可知细沙与气流相互影响较大。

3.5.3　分散风对颗粒分散的影响

前面通过固定分散风来分析工艺风流量变化对颗粒分散的影响，已得到一些结论，下面通过固定工艺风，变化分散风来分析分散风对颗粒分散的影响。

分别变化工艺风流量、分散风流量和投料速度进行正交近似相似实验。实验操作时，选取5组工艺风流量（标态下，1530m³/h、1410m³/h、1290m³/h、1035m³/h和800m³/h），6组分散风流量（标态下，60m³/h、76m³/h、92m³/h、108m³/h、124m³/h和140m³/h）和两个投料速度（1.82t/h和3.64t/h）。

3.5.3.1　分散风流量对颗粒质量分布的影响

A　投料速度为1.82t/h时的影响

工艺风流量为800m³/h时，变化分散风流量，整理分析接粒称重数据可知：分散风流量从60m³/h依次增大到76m³/h、92m³/h、108m³/h、124m³/h和140m³/h，偏析函数从3.3216依次变化到1.9779、1.0619、0.5641、0.4887和0.5726，偏析函数值先减小，到最后又有所增加，说明随着分散风增加，颗粒先分散均匀，再变得不均匀，这是因为分散风过大时，颗粒多数被吹到外环，造成外环颗粒较多。喷嘴中心区（$R \leqslant 90mm$）颗粒质量分数从33.76%依次降低到20.88%、11.18%、4.81%、3.80%和3.79%，说明喷嘴正下方中心颗粒质量递减，颗粒逐渐向远离喷嘴正下方区域运动。工艺风流量较小，分散风流量在92~108m³/h之间可以达到最佳分散效果。

工艺风流量为1035m³/h时，变化分散风流量，整理分析接粒称重数据可知：分散风流量从60m³/h依次增大到76m³/h、92m³/h、108m³/h、124m³/h和140m³/h，偏析函数从3.6125依次变化到2.1634、1.2102、0.7722、0.6935和0.7205，说明颗粒随着分散风的加大变得越来越分散，分散风过大时则出现过度分散。喷嘴中心区（$R \leqslant 90mm$）颗粒质量分数从33.34%依次降低到20.89%、12.89%、6.94%、6.30%和1.50%，说明中心颗粒量递减，但到分散风流量为140m³/h时出现喷嘴正下方颗粒质量过少、颗粒分散效果变差的现象。

工艺风流量为1290m³/h时，变化分散风流量，整理分析接粒称重数据可知：分散风流量从60m³/h依次增大到76m³/h、92m³/h、108m³/h、124m³/h和140m³/h，偏析函数从4.6429依次降低到3.4178、2.4383、1.7177、1.0244和0.7823，说明颗粒随着分散风流量的加大变得越来越分散。喷嘴中心区（$R \leqslant 90mm$）颗粒质量分数从48.28%依次减少到30.93%、23.80%、16.90%、9.80%和7.69%，说明中心颗粒量递减，颗粒分散效果变好。

工艺风流量为1410m³/h时，变化分散风流量，整理分析接粒称重数据可知：分散风流量从60m³/h依次增大到76m³/h、92m³/h、108m³/h、124m³/h和140m³/h，偏析函数从5.0843依次降低到3.6983、3.1612、2.5790、1.9308和1.4543，说明颗粒随着分散风流量的加大变得越来越分散，但颗粒分散的整体效果偏差。喷嘴中心区（$R \leqslant 90mm$）颗粒质量分数从48.11%依次减少到32.70%、29.20%、22.84%、18.44%和14.01%，说明中心颗粒量递减，颗粒分散效果变好。

工艺风流量为1530m³/h时，变化分散风流量，整理分析接粒称重数据可知：分散风流量从60m³/h依次增大到76m³/h、92m³/h、108m³/h、124m³/h和140m³/h，偏析函数从6.3860依次降低到5.6902、3.6120、2.5489、1.9988和1.8145，说明颗粒随着分散风的加大变得越来越分散，但颗粒分散的整体效果偏差。喷嘴中心区（$R \leqslant 90mm$）颗粒质量分数从72.70%依次降低到47.46%、30.78%、25.52%、18.60%和16.29%，说明中心颗粒量递减，颗粒分散效果变好。

B　投料速度为3.64t/h时的影响

工艺风流量为800m³/h时，变化分散风流量，整理分析接粒称重数据可知：分散风流量从60m³/h依次增大到76m³/h、92m³/h、108m³/h、124m³/h和140m³/h，偏析函数从2.5936依次降低到1.4437、1.1715、0.7089、0.4813和0.4402，说明颗粒随着分散风流量的加大变得越来越分散。喷嘴中心区（$R \leqslant 90mm$）颗粒质量分数从28.77%依次降低到14.26%、12.29%、5.45%、2.83%和2.17%，说明中心颗粒量递减，颗粒分散效果变好。

工艺风流量为1035m³/h时，变化分散风流量，整理分析接粒称重数据可知：分散风流量从60m³/h依次增大到76m³/h、92m³/h、108m³/h、124m³/h和140m³/h，偏析函数从3.2341依次变化到2.0488、1.4410、0.8262、0.5642和0.7478，说明颗粒随着分散风流量的加大变得越来越分散，在大分散风时出现颗粒过度分散现象。喷嘴中心区（$R \leq 90$mm）颗粒质量分数从32.81%依次降低到20.63%、15.60%、9.28%、6.25%和0.69%，说明中心颗粒量递减，但在分散风流量为140m³/h时，喷嘴正下方出现颗粒质量过少，颗粒分散效果变差的现象。

工艺风流量为1290m³/h时，变化分散风流量，整理分析接粒称重数据可知：分散风流量从60m³/h依次增大到76m³/h、92m³/h、108m³/h、124m³/h和140m³/h，偏析函数从5.9113依次降低到3.8673、2.6626、2.1006、1.3039和1.0130，说明颗粒随着分散风流量的加大变得越来越分散。喷嘴中心区（$R \leq 90$mm）颗粒质量分数从54.54%依次减少到35.61%、25.23%、20.67%、13.33%、9.43%，说明中心颗粒量递减，颗粒分散效果变好。

工艺风流量为1410m³/h时，变化分散风流量，整理分析接粒称重数据可知：分散风流量从60m³/h依次增大到76m³/h、92m³/h、108m³/h、124m³/h和140m³/h，偏析函数从6.1940依次降低到4.9117、3.6990、2.8863、2.3684和1.7516，说明颗粒随着分散风流量的加大变得越来越分散。喷嘴中心区（$R \leq 90$mm）颗粒质量分数从55.28%依次减少到43.47%、32.71%、26.39%、21.66%和16.87%，说明中心颗粒量递减，颗粒分散效果变好。

工艺风流量为1530m³/h时，变化分散风流量，整理分析接粒称重数据可知：分散风流量从60m³/h依次增大到76m³/h、92m³/h、108m³/h、124m³/h和140m³/h，偏析函数从9.3218依次降低到4.7651、3.4316、2.5062、2.0552、1.4333和1.1005，说明颗粒随着分散风流量的加大变得越来越分散。喷嘴中心区（$R \leq 90$mm）颗粒质量分数从68.21%依次减少到44.80%、31.69%、24.64%、20.81%、14.30%和10.32%，说明中心颗粒量递减，颗粒分散效果变好。

综合上述实验结果可知，分散风的作用是使颗粒向远离喷嘴中心运动；增大分散风流量，会使颗粒分散效果变好，但分散风流量增大到一定程度后，会出现喷嘴正下方区域颗粒过少，即颗粒过度分散、颗粒分散效果变差等问题。

3.5.3.2 修正弗劳德数对颗粒质量分布的影响

将3.5.3.2节中对应的操作参数整理成特征数，可获得如图3-26和图3-27所示的质量偏析函数随修正弗劳德数Fr'变化而变化的定量规律，如图3-28和图3-29所示的喷嘴正下方中心区域颗粒质量分数随修正弗劳德数Fr'变化而变化的定量规律。

分析图3-26和图3-27可知：Fr'增加，px减小；Re_d增加时，px增加，但在大Re_d且m_{dis}/m_s较小时出现规律不一致，说明大工艺风和大投料量条件下，气粒两相流动规律发生了变化；在Fr'较大、Re_d较小时，px变化不明显，说明在大分散风、小工艺风条件下，气粒两相流动规律也发生了变化。比较两图，其规律和图3-11一致。

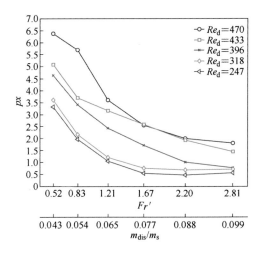

图 3-26　$Ar=266$ 时 Fr' 与 px 的关系（一）

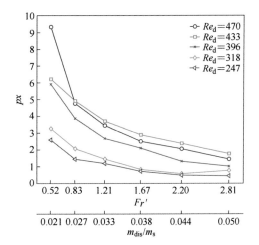

图 3-27　$Ar=266$ 时 Fr' 与 px 的关系（二）

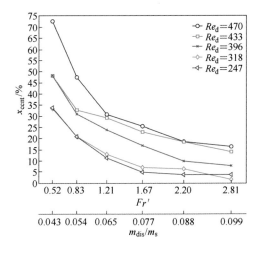

图 3-28　$Ar=266$ 时 Fr' 与 x_{cent} 的关系（一）

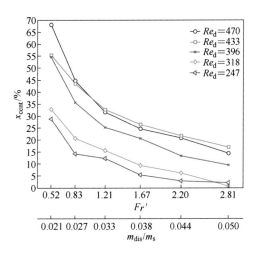

图 3-29　$Ar=266$ 时 Fr' 与 x_{cent} 的关系（二）

分析图3-28和图3-29可知：Fr' 增加，x_{cent} 减小；Re_d 增加时，x_{cent} 增加，但在大 Re_d 且 m_{dis}/m_s 较小时出现规律不一致，说明大工艺风和大投料量条件下，气粒两相流动规律发生了变化；在 Fr' 较大、Re_d 较小时，x_{cent} 变化不明显，说明在大分散风、小工艺风条件下，气粒两相流动规律也发生了变化。比较两图，其规律和图3-12一致。

3.5.4　主要特征数对颗粒分散的影响

3.5.4.1　小投料速度时的影响

整理小投料速度时变化工艺风流量和分散风流量时的正交实验接粒称重数据，可得到如图3-30所示的颗粒质量分布云图。

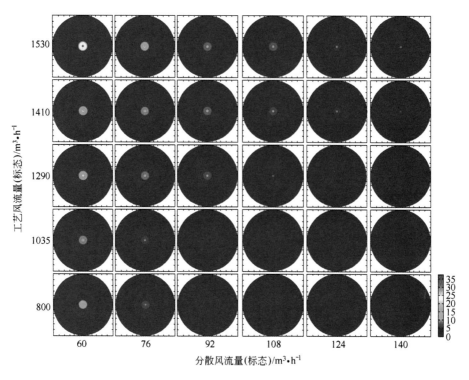

图 3-30 颗粒质量分布云图

（操作条件：细石英沙（132μm，真实密度为2.7t/m³），投料速度1.82t/h，分散风风孔ϕ0.9mm140个）

图3-30中各工况的喷嘴中心区（$R\leqslant 90mm$）颗粒质量分数变化整理成表3-11和图3-31，偏析函数变化整理成表3-12和图3-32。

表 3-11　喷嘴正下方中间区域（$R\leqslant 90mm$）颗粒质量分数变化

质量分数/%		分散风流量（标态）/m³·h⁻¹					
		60	76	92	108	124	140
工艺风流量（标态）/m³·h⁻¹	1530	72.70	47.46	30.78	25.52	18.60	16.29
	1410	48.11	32.70	29.20	22.84	18.44	14.01
	1290	48.28	30.93	23.80	16.90	9.80	7.69
	1035	33.34	20.89	12.89	6.94	6.30	4.50
	800	33.76	20.88	11.18	4.81	3.80	3.79

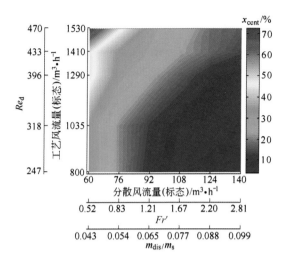

图 3-31 喷嘴正下方中间区域（$R \leqslant 90mm$）颗粒质量分数分布云图

（实验条件：$Ar = 266$）

表 3-12 偏析函数变化

偏析函数		分散风流量（标态）/m³·h⁻¹					
		60	76	92	108	124	140
工艺风流量（标态）/m³·h⁻¹	1530	6.39	5.69	3.61	2.55	2.00	1.81
	1410	5.08	3.70	3.16	2.58	1.93	1.45
	1290	4.64	3.42	2.44	1.72	1.02	0.78
	1035	3.61	2.16	1.21	0.77	0.69	0.72
	800	3.32	1.98	1.06	0.56	0.49	0.57

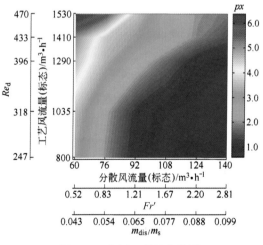

图 3-32 偏析函数等值线图

（实验条件：$Ar = 266$）

分析图3-30～图3-32和表3-11、表3-12可知：

（1）分散风不变时，工艺风流量减小，喷嘴正下方中间$R \leqslant 90$mm区域颗粒质量分数减少，偏析函数减少，即可以使颗粒分散效果变好，即图3-30、表3-11和表3-12的每一列所示。固定分散风流量（标态）为60m³/h时，工艺风流量（标态）从1530m³/h减小到800m³/h，喷嘴正下方中间$R \leqslant 90$mm区域颗粒质量分数从72.70%减少到33.76%，偏析函数从6.39减少到3.32，显然分散风作用相对工艺风作用来说太小。固定分散风流量（标态）为140m³/h时，中间$R \leqslant 90$mm区域颗粒质量分数从16.29%减少到3.79%，偏析函数从1.81减少到0.57。

（2）工艺风不变，分散风流量变大，喷嘴正下方中间$R \leqslant 90$mm区域颗粒质量分数减少，偏析函数减少，即可以使颗粒分散效果变好，即图3-30、表3-11和表3-12的每一行所示。固定工艺风流量（标态）为1530m³/h时，分散风流量（标态）从60m³/h增加到140m³/h，喷嘴正下方中间$R \leqslant 90$mm区域颗粒质量分数从72.70%减少到16.29%，偏析函数从6.39减少到1.81，对应此工艺风作用，分散风作用仍然偏小。固定工艺风流量（标态）为800m³/h时，中间$R \leqslant 90$mm区域颗粒质量分数从33.76%减少到3.79%，偏析函数从3.32减少到0.57，分散风流量（标态）为140m³/h时，中间颗粒量不偏少，分散风可在60～140m³/h间取到最佳值。

（3）从工艺风流量（标态）为1530m³/h、分散风流量（标态）为60m³/h变化到工艺风流量（标态）为800m³/h、分散风流量（标态）为140m³/h，喷嘴正下方中间$R \leqslant 90$mm区域颗粒质量分数从72.70%减少到3.79%，偏析函数从6.39减少到0.57。在分散风流量（标态）为140m³/h时，颗粒分散所对应的最佳工艺风流量（标态）要小于1530m³/h；在工艺风流量（标态）为1530m³/h时，颗粒分散所对应的最佳分散风流量（标态）要大于140m³/h。图3-30、表3-11和图3-31的左下角工况，颗粒分散效果差；左上角工况的工艺风流量（标态）为1530m³/h、分散风流量（标态）为60m³/h，颗粒更集中于喷嘴正下方中间区域，分散效果更差；右下角工况，喷嘴正下方中间区域接近于没有颗粒，说明颗粒已过度分散；右上角工况的工艺风流量（标态）为1530m³/h、分散风流量（标态）为140m³/h，工艺风和分散风作用趋近于相当，中间$R \leqslant 90$mm区域颗粒质量分数为16.29%，偏析函数为1.81，颗粒分散效果较好，但是没有到最好。

（4）工艺风流量（标态）为800m³/h、1035m³/h、1290m³/h、1410m³/h、1530m³/h，对应Re_d分别为247、318、396、433、470；分散风流量（标态）为60m³/h、76m³/h、92m³/h、108m³/h、124m³/h、140m³/h；分别对应Fr'为0.52、0.83、1.21、1.67、2.2、2.81。工艺风对应Re_d，分散风对应Fr'，这两个特征数对颗粒分散的影响与工艺风和分散风对颗粒分布的影响一致。

不难看出，与粗石英沙实验结果一致：

（1）沿图3-30～图3-32和表3-11、表3-12的左下角—右上角的主对角线方向调整喷嘴操作参数，工艺风和分散风综合作用效果相当，有利于颗粒适度分散。

（2）工艺风流量过大或分散风流量过小，颗粒越来越集中于喷嘴正下方区域，颗粒分散效果变差。

（3）工艺风流量过小或分散风流量过大，颗粒越来越远离喷嘴中心区域，出现颗粒分散效果变差、颗粒过度分散现象。

3.5.4.2　大投料速度时的影响

整理大投料速度时变化工艺风流量和分散风流量时的正交实验接粒称重数据，可得到图3-33所示的颗粒分布云图。

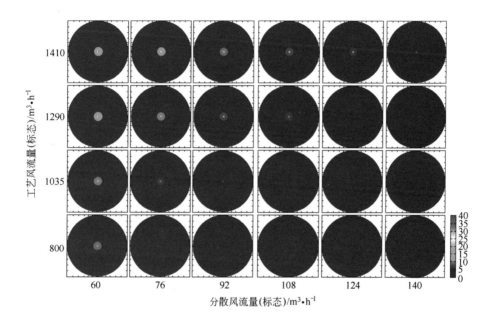

图 3-33　颗粒质量分布云图

（操作条件：细石英沙（132μm，真实密度为2.7t/m³），投料速度为3.64t/h，分散风风孔φ0.9mm140个）

图3-33中各工况的喷嘴正下方中间区域（$R \leqslant 90mm$）颗粒质量分数变化整理成表3-13和图3-34，偏析函数变化整理成表3-14和图3-35。

表 3-13　喷嘴中心区（$R \leqslant 90mm$）颗粒质量分数变化

颗粒质量分数/%		分散风流量（标态）/m³·h⁻¹					
		60	76	92	108	124	140
工艺风流量（标态）/m³·h⁻¹	1410	55.28	43.47	32.71	26.39	21.66	16.87
	1290	54.54	35.61	25.23	20.67	13.33	9.43
	1035	32.81	20.63	15.60	9.28	6.25	4.69
	800	28.77	14.26	12.29	5.45	2.83	2.17

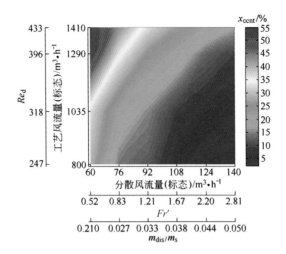

图 3-34 喷嘴中心区（$R\leqslant 90mm$）颗粒质量分数分布云图

（实验条件：$Ar=266$）

表 3-14 偏析函数变化

偏析函数		分散风流量（标态）/m³·h⁻¹					
		60	76	92	108	124	140
工艺风流量（标态）/m³·h⁻¹	1410	6.19	4.91	3.70	2.89	2.37	1.75
	1290	5.91	3.87	2.66	2.10	1.30	1.01
	1035	3.23	2.05	1.44	0.83	0.56	0.75
	800	2.59	1.44	1.17	0.71	0.48	0.44

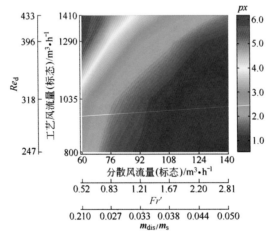

图 3-35 偏析函数等值线图

（实验条件：$Ar=266$）

分析图3-33～图3-35和表3-13、表3-14可知：

（1）分散风不变时，工艺风流量减小，喷嘴正下方中间$R \leqslant 90mm$区域颗粒质量分数减少，偏析函数减少，即可以使颗粒分散效果变好，即图3-33、表3-13和表3-14的每一列所示。固定分散风流量（标态）为60m³/h时，工艺风流量（标态）从1410m³/h减小到800m³/h，喷嘴正下方中间$R \leqslant 90mm$区域颗粒质量分数从55.28%减少到28.77%，偏析函数从6.19减少到2.59，显然分散风作用相对工艺风作用来说太小。固定分散风流量（标态）为140m³/h时，中间$R \leqslant 90mm$区域颗粒质量分数从16.87%减少到2.17%，偏析函数从1.75减少到0.44，中间颗粒量已经过少，可知在分散风流量（标态）为140m³/h时，工艺风流量（标态）可在800~1410m³/h中取到最佳值。

（2）工艺风不变，分散风流量变大，喷嘴正下方中间$R \leqslant 90mm$区域颗粒质量分数减少，偏析函数减少，即可以使颗粒分散效果变好，即图3-33、表3-13和表3-14的每一行所示。固定工艺风流量（标态）为1410m³/h时，分散风流量（标态）从60m³/h增加到140m³/h，喷嘴正下方中间$R \leqslant 90mm$区域颗粒质量分数从55.28%减少到16.87%，偏析函数从6.19减少到1.75，对应此工艺风作用，分散风作用仍然偏小。固定工艺风流量（标态）为800m³/h时，中间$R \leqslant 90mm$区域颗粒质量分数从28.77%减少到2.17%，偏析函数从2.59减少到0.44，分散风流量（标态）为140m³/h时，中间颗粒量不偏少，分散风流量（标态）可在60~140m³/h间取到最佳值。

（3）从工艺风流量（标态）为1410m³/h、分散风流量（标态）为60m³/h变化到工艺风流量（标态）为800m³/h、分散风流量（标态）为140m³/h，喷嘴正下方中间$R \leqslant 90mm$区域颗粒质量分数从55.28%减少到2.17%，偏析函数从6.19减少到0.44。在分散风流量（标态）为140m³/h时，颗粒分散所对应的最佳工艺风流量（标态）要小于1410m³/h；在工艺风流量（标态）为1410m³/h时，颗粒分散所对应的最佳分散风流量（标态）要大于140m³/h。左下角工况的颗粒分散效果差；左上角工况的颗粒更集中于喷嘴正下方中间区域，分散效果更差；右下角工况，喷嘴正下方中间区域接近于没有颗粒，说明颗粒已过度分散；右上角工况的工艺风和分散风作用趋近于相当，$R \leqslant 90mm$区域颗粒质量分数为16.87%，偏析函数为1.75，颗粒分散效果较好。

（4）工艺风对应Re_d，分散风对应Fr'，这两个特征数对颗粒分散的影响与工艺风和分散风对颗粒分布的影响一致。

不难看出，与粗石英沙实验、细石英沙大投料速度时实验结果一致：沿图3-33～图3-35和表3-13、表3-14的左下角—右上角的主对角线方向调整喷嘴操作参数，工艺风和分散风综合作用效果相当，有利于颗粒适度分散。

综合图3-30和图3-33的相似实验结果可知：

（1）对于中央扩散式精矿喷嘴，在工艺风和分散风综合作用下，工艺风流量大时要求分散风流量大，工艺风流量小时要求分散风流量小，即两股风的综合作用效果差不多，才能实现良好的颗粒分散效果。

（2）投料速度为1.82t/h时颗粒适度分散所要求的工艺风流量和分散风流量要明显小于投料速度为3.64t/h时颗粒分散所要求的工艺风流量和分散分流量。

（3）工艺风流量（标态）为1410~1592m³/h、分散风流量（标态）为140m³/h时，工艺风和分散风作用基本均衡，颗粒分散效果较好。进一步改善颗粒分散效果需要增大分散风流量或减少工艺风流量。

3.6 原型近似相似实验

3.6.1 主要特征数比对

3.6.1.1 原型主要特征数

原型参数为：工艺风空气流量（标态）为20000m³/h；中央氧流量（标态）为1650m³/h；分散风流量（标态）为2200m³/h；工艺风氧气流量（标态）为30000m³/h；精矿粉190t/h，真实密度为4100kg/m³。

颗粒离开喷嘴分散锥曲面后即与从喷嘴分散风孔喷出的分散风射流混合，此过程温度低，可近似认为是分散风射流进口温度，主要考虑原型和模型的修正弗劳德数大小相等或相近。颗粒和分散风混合后在分散风射流载流作用下水平外移，最后和垂直向下流动的工艺风射流混合，此过程忽略分散风作用（分散风流量小，约为工艺风流量5%），只考虑颗粒散体和工艺风射流的相互作用，要求原型和模型的绕流雷诺数和阿基米得数大小对应相等或相近。考虑到燃烧反应发生在颗粒和工艺风射流混合之后，加上喷嘴分散风出口离炉顶很近（约为250mm），工艺风射流速度大，近似认为工艺风射流从入炉到和颗粒混合过程中温度升高不多，工艺风射流温度为65~200℃。

工艺风属性参数主要影响绕流雷诺数和阿基米得数。定性温度不同，则绕流雷诺数和阿基米得数不同。计算时取65℃、100℃、200℃分析。查找相应的空气物性参数后，三个主要特征数计算如下：

$$Ar\big|_{65℃} = \frac{gd^3}{\upsilon_g^2} \cdot \frac{\rho_s - \rho_g}{\rho_g} \approx \frac{gd^3}{\upsilon_g^2} \cdot \frac{\rho_s}{\rho_g} = \frac{9.8 \times (141 \times 10^{-6})^3}{(19.737 \times 10^{-6})^2} \times \frac{4100}{1.1135} = 259.7$$

$$Ar\big|_{100℃} = \frac{gd^3}{\upsilon_g^2} \cdot \frac{\rho_s - \rho_g}{\rho_g} \approx \frac{gd^3}{\upsilon_g^2} \cdot \frac{\rho_s}{\rho_g} = \frac{9.8 \times (141 \times 10^{-6})^3}{(23.1576 \times 10^{-6})^2} \times \frac{4100}{0.9876} = 212.7$$

$$Ar\big|_{200℃} = \frac{gd^3}{\upsilon_g^2} \cdot \frac{\rho_s - \rho_g}{\rho_g} \approx \frac{gd^3}{\upsilon_g^2} \cdot \frac{\rho_s}{\rho_g} = \frac{9.8 \times (141 \times 10^{-6})^3}{(34.7728 \times 10^{-6})^2} \times \frac{4100}{0.7786} = 119.6$$

显然，阿基米得数变化范围近似为120~260。

料仓垂直高度$h_仓$=6.449m，颗粒从料仓到离开分散锥曲面过程中为无阻力自由落体运动，颗粒离开分散锥曲面边缘时的速度为：

$$u_s = g\sqrt{2h_仓/g} = 9.8 \times \sqrt{2 \times 6.449/9.8} = 11.243 \quad (m/s)$$

$$u_g\Big|_{65℃} = \frac{50000 \times 4 \times 338}{3600 \times 3.14 \times (732^2 - 520^2) \times 10^{-6} \times 273} = 82.5 \text{（m/s）}$$

$$Re_d\Big|_{65℃} = \frac{u_{g-s}d}{\upsilon_g} = \frac{(u_g - u_s)d}{\upsilon_g} = \frac{(82.5 - 11.243) \times 141 \times 10^{-6}}{19.737 \times 10^{-6}} = 411.6$$

$$u_g\Big|_{100℃} = \frac{50000 \times 4 \times 373}{3600 \times 3.14 \times (732^2 - 520^2) \times 10^{-6} \times 273} = 91.0 \text{（m/s）}$$

$$Re_d\Big|_{100℃} = \frac{u_{g-s}d}{\upsilon_g} = \frac{(u_g - u_s)d}{\upsilon_g} = \frac{(91 - 11.243) \times 141 \times 10^{-6}}{23.1567 \times 10^{-6}} = 392.6$$

$$u_g\Big|_{200℃} = \frac{50000 \times 4 \times 473}{3600 \times 3.14 \times (732^2 - 520^2) \times 10^{-6} \times 273} = 115 \text{（m/s）}$$

$$Re_d\Big|_{200℃} = \frac{u_{g-s}d}{\upsilon_g} = \frac{(u_g - u_s)d}{\upsilon_g} = \frac{(115 - 11.243) \times 141 \times 10^{-6}}{34.7728 \times 10^{-6}} = 340.2$$

显然，绕流雷诺数为340.2~411.6，变化不大，处于相同自模化范围(50, 700)。

分散风属性参数直接影响修正弗劳德数Fr'的大小。考虑到分散风和颗粒汇合位置靠近分散风出口，温度低，接近于分散风进口温度，计算时取65℃分析。

$$u_{dis}\Big|_{65℃} = \frac{2200 \times 4 \times 338}{3600 \times 3.14 \times 2.25^2 \times 10^{-6} \times 150 \times 273} = 317.3 \text{（m/s）}$$

$$Fr'\Big|_{65℃} = \frac{\rho_g u_{dis}^2}{\rho_s u_s^2} = \frac{1}{\alpha} \cdot \frac{u_{dis}^2}{gh_仓} \cdot \frac{\rho_g}{\rho_s} = \frac{1}{2} \times \frac{317.3^2}{9.8 \times 1} \times \frac{1.17155}{4100} = 2.94$$

3.6.1.2　模型主要相似准则数

模型参数为：选用表3-10所示的细石英沙，投料速度为3.64t/h，工艺风流量（标态）为1530m³/h，分散风流量（标态）为140m³/h，颗粒真实密度为2700kg/m³，颗粒平均质量直径为132μm。

三个主要特征数计算如下：

$$Ar = \frac{gd^3}{\upsilon_g^2} \cdot \frac{\rho_s - \rho_g}{\rho_g} \approx \frac{gd^3}{\upsilon_g^2} \cdot \frac{\rho_s}{\rho_g} = \frac{9.8 \times (132 \times 10^{-6})^3}{(13.3 \times 10^{-6})^2} \times \frac{2700}{1.29} = 267$$

料仓垂直高度$h_仓$=3.681m，颗粒从料仓到离开分散锥曲面过程中为无阻力自由落体运动，颗粒离开分散锥曲面边缘时速度为：

$$u_s = g\sqrt{2h_仓/g} = 9.8 \times \sqrt{2 \times 3.681/9.8} = 8.494 \text{（m/s）}$$

$$u_g = \frac{1530 \times 4}{3600 \times 3.14 \times (146.4^2 - 100^2) \times 10^{-6}} = 47.4 \ (\text{m/s})$$

$$Re_d = \frac{u_{g-s}d}{\upsilon_g} = \frac{(u_g - u_s)d}{\upsilon_g} = \frac{(47.4 - 8.494) \times 132 \times 10^{-6}}{13.3 \times 10^{-6}} = 386.1$$

$$u_{dis}\big|_{\text{理论}} = \frac{140 \times 4}{3600 \times 3.14 \times 0.9^2 \times 10^{-6} \times 140} = 437 \ (\text{m/s}) \ , \ u_{dis}\big|_{\text{实测}} \approx 240 \ (\text{m/s})$$

$$Fr' = \frac{\rho_g u_{dis}^2}{\rho_s u_s^2} = \frac{\rho_g u_{dis}^2}{\rho_s \alpha gh_{仓}} = \frac{1}{\alpha} \cdot \frac{u_{dis}^2}{gh_{仓}} \cdot \frac{\rho_g}{\rho_s} = \frac{1}{2} \times \frac{240^2}{9.8 \times 1} \times \frac{1.29}{2700} = 2.81$$

3.6.1.3 对比结果

通过以上计算可以看出，三个主要特征数满足相似实验的基本要求：

（1）原型绕流雷诺数Re_d为（340.2，411.6），模型绕流雷诺数Re_d为386.1，处于同一自模化区间（50，700）。

（2）原型阿基米得数Ar为（120，260），模型阿基米得数Ar为267，两者大小基本相近。原型喷嘴附近低温区越大，相似实验结果可信度越高。

（3）原型修正弗劳德数Fr'为2.94，模型修正弗劳德数Fr'为2.81，两者大小相近。

3.6.2 原型颗粒分散近似分析

进行相似实验时，取分散风流量（标态）为124m³/h、140m³/h和156m³/h及粗、细石英沙做对比。为减小相似实验操作误差，将3个工况进行了重复实验。

选用132μm细沙和241μm粗沙的接粒称重数据整理成表3-15和图3-36。

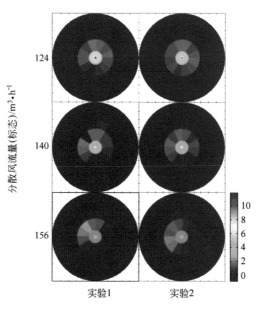

图 3-36 颗粒质量分布云图

表 3-15　颗粒质量分布

分散风流量（标态）/m³·h⁻¹	位　置	实验1（细沙132μm）		实验2（粗沙241μm）	
		百分比/%	累积百分比/%	百分比/%	累积百分比/%
124	中心圆	5.56	5.56	5.07	5.07
	中心环	15.25	20.81	14.10	19.17
	第一环	38.19	59	38.23	57.4
	第二环	15.66	74.66	16.52	73.92
	第三环	15.51	90.17	15.06	88.98
	第四环	9.83	100	11.02	100
140	中心圆	3.81	3.81	4.02	4.02
	中心环	10.49	14.3	11.95	15.97
	第一环	34.51	48.81	35.60	51.57
	第二环	19.12	67.93	17.60	69.17
	第三环	18.64	86.57	18.17	87.34
	第四环	13.43	100	12.66	100
156	中心圆	2.55	2.55	2.43	2.43
	中心环	7.76	10.31	7.60	10.03
	第一环	34.18	44.49	34.40	44.43
	第二环	20.36	64.85	20.56	64.99
	第三环	20.51	85.36	20.17	85.16
	第四环	14.63	100	14.84	100

分析表3-15和图3-36可知：

（1）分散风流量增加，颗粒分散效果改善，但分散风流量有待于进一步加大。

（2）分散风流量（标态）为124m³/h时，喷嘴正下方中间$R \leqslant 90$mm区域颗粒质量分数为20.81%，而此区域面积为反应塔横截面积的2.68%，故喷嘴正下方中心区域颗粒数量偏多，积聚了较多的颗粒。分散风流量（标态）为140m³/h时，喷嘴正下方中间$R \leqslant 90$mm区域颗粒质量分数为14.3%，故喷嘴正下方中心区域颗粒数量偏多，积聚了较多的颗粒。将分散风流量（标态）增加到156m³/h后，喷嘴正下方中间$R \leqslant 90$mm区域颗粒质量分数减少到10.31%，颗粒分散状况有所改善。在投料速度为3.64t/h，工艺风流量（标态）为1530m³/h时，在分散风流量（标态）为140m³/h的基础上进一步增加分散风流量，可以使颗粒分散状况变得更好。

（3）结合原型工况和模型工况特征数对比，原型工况喷嘴中心区（$R \leqslant 450$mm）积聚了较多的颗粒。根据近似相似实验测试，颗粒质量分数达到14.3%~20.8%。

（4）实验结果为局部、近似相似实验结果，有待于现场验证，供现场操作调试参考。

3.7 模型实验综合分析

分析喷嘴气粒混合60余组实验数据和现场相似实验研究60余组实验数据规律可知：

（1）中央扩散式精矿喷嘴颗粒分散和气粒混合均匀性可调、可控，优化工艺风和分散风动量比能实现精矿粉适度分散。分散锥不能形成强的颗粒水平分散作用力，分散风能使颗粒水平方向分散，工艺风能使颗粒聚集于反应塔中心。

（2）小投料量时，中央扩散式精矿喷嘴借助"分散锥+分散风"中央扩散作用，能形成垂直工艺风射流和水平气粒两相射流，分散风射流能将颗粒送进工艺风射流内部。大投料量时，要求两相流股间的混合量和掺混强度加大，但气-粒两股射流的宏观界面未增大，故导致气粒混合时间延长，混合效果相对地变差。

（3）增大分散风与工艺风动量比，颗粒相分散变均匀。

（4）喷嘴出口区的局部近似相似实验表明，原型目标工况下喷嘴正下方积聚较多精矿粉，颗粒相分散欠佳。

（5）用绕流雷诺数、阿基米得数和修正弗劳德数3个特征数以及颗粒与分散风质量流量比，可以研究闪速熔炼精矿喷嘴颗粒分散和气粒混合变化规律。反应塔内良好的颗粒分散和均匀混合要求大的绕流雷诺对应大的修正弗劳德数，小的绕流雷诺数对应小的修正弗劳德数。

（6）实验数据规律重现性好，但常温下的实验不可能达到与原型工况完全相似，实验结论只具有局部、相对的可靠性。

研究建议如下：

（1）继续优化工艺风和分散风动量配比，即减少工艺风动量或增大分散风动量，使颗粒分散和气粒混合均匀。

（2）改变精矿喷嘴的精矿粉气力输送方式并削减工艺风射流作用；将原工艺风一分为二，其中一部分与颗粒在喷嘴出口前高效预混合，另一部分向下流动，形成两股环状射流垂直交叉相互作用。通过加大工艺风和精矿粉水平方向速度差，增强气粒混合水平推动力和增大气粒混合交界面面积来强化颗粒分散和气粒混合均匀性。

4 铜闪速熔炼反应过程仿真研究

4.1 概述

金隆铜业公司于1998年开始与中南大学合作，对炼铜闪速炉熔炼能力及气粒高温喷射熔炼过程进行数值模拟与仿真实验研究。2001年研究小组依据仿真结果做出预测：以公司当时设计能力为年产10万吨阴极铜的闪速炉系统的设备条件，在进行合理升级改造后，完全有可能实现年产30万吨阴极铜的生产目标。这一研究结果为我国闪速炉系统的挖潜改造提供了有力的技术支持。在其后多年的研究中，研究人员采用CFX、Fluent等商业软件及自编的专用模块对闪速炉熔炼过程的各种工况进行了系统的多场耦合仿真研究，先后提出了反应塔内"高效反应区"概念和操作上的"三集中原则"，这些均已成为指导我国闪速炉生产强化与优化的主要理论依据之一。

随着闪速炉生产能力的不断提高，闪速炉生产中发现的诸如反应塔中下部温度偏高、沉淀池渣温上升等现象表明：在熔炼强度大幅度增加之后，闪速炉内部气、粒流动与温度、浓度分布等各物理场的微观分布信息与之前的研究结果相比已发生明显变化。但对于高强度下闪速熔炼过程的全息仿真计算及其过程特征解析研究目前还未见有相关文献报道。

4.2 铜闪速熔炼过程数值仿真模型

4.2.1 物理模型

闪速炉仿真模型几何结构包括奥托昆普中央扩散喷射型（CJD）精矿喷嘴、反应塔与沉淀池气相空间。金隆铜业有限公司闪速炉呈东—西走向布置，其中反应塔为圆柱形，内径为5.53m，高为6.68m；沉淀池气相空间由西侧端墙起截至东沉淀池顶端测压孔位置，长15.12m，高1.35m，内空宽6.98m。CJD精矿喷嘴结构依据公司精矿喷嘴相关结构参数及计算公式建立仿真模型。因闪速炉具有良好的轴对称性，为提高计算效率，模型中以闪速炉中心剖面为对称面，仅截取反应塔与沉淀池一半作为计算对象。仿真研究中建立的物理模型具体尺寸如图4-1所示。

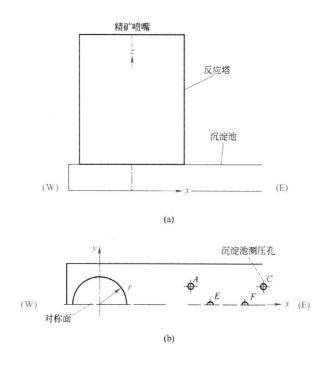

(a)

(b)

图 4-1　闪速炉仿真模型几何尺寸示意图

(a)闪速炉中心剖面尺寸；(b)沉淀池部位水平截面尺寸

　　模型网格划分采用混合网格结构，其中精矿喷嘴、反应塔及反应塔下方沉淀池部分采用非结构化网格，其余部分采用结构化网格，仿真模型网格总数共计149428个。闪速炉仿真模型网格结构如图4-2所示。

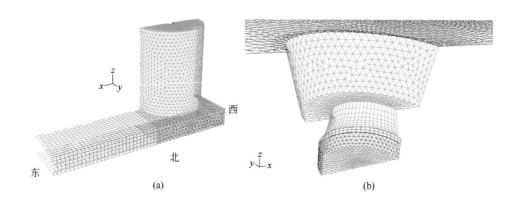

(a)　　　　　　　　　　　　　　　(b)

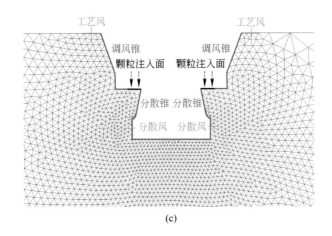

(c)

图 4-2 闪速炉仿真模型网格结构示意图

(a)反应塔与沉淀池部位网格结构;(b)精矿喷嘴网格结构;(c)精矿喷嘴结构剖面

仿真模型中涉及的边界条件主要有三种类型:速度入口边界、非滑移固体壁面边界和压力出口边界。

(1)速度入口边界:CJD精矿喷嘴中各反应配风的喷吹入口均设置为速度入口边界。根据模型要求,这一类边界在定义中特别指定边界处的气流入口速度、水力直径、湍流强度、入口气流温度和气体组分等参数值。

(2)非滑移固体壁面边界:精矿喷嘴壁面、反应塔及沉淀池各壁面的边界类型设定为非滑移壁面类型,其壁面温度按与其接触的熔体或烟气温度值设定。

(3)压力出口边界:沉淀池东侧出口设定为压力出口边界,此处压力数值根据生产中检测的压力数据设定。

各类边界条件具体设定信息汇总于表4-1。

表 4-1 边界条件信息

位 置	边界类型	边界参数选取
调风锥侧面	壁面	壁面温度:2273K
精矿入口面	壁面	壁面温度:2273K
分散风口	速度入口	入口速度随操作参数变化
分散锥	壁面	壁面温度:2273K
中央氧入口	速度入口	入口速度随操作参数变化
工艺风入口	速度入口	入口速度随操作参数变化
烟气出口	压力出口	入口速度随操作参数变化

位　　置	边界类型	边界参数选取
反应塔壁面	壁面	壁面温度：1573K
反应塔下方的沉淀池部位	壁面	壁面温度：1573K
反应塔下方渣面	壁面	壁面温度：1493K
沉淀池侧面	壁面	壁面温度：1573K
沉淀池渣面	壁面	壁面温度：1573K
中央烧嘴喷口	速度入口	入口速度随操作参数变化
中央烧嘴侧壁	壁面	壁面温度：2273K

4.2.2　数学模型

闪速熔炼过程是典型的连续生产过程。铜精矿进入反应塔内后在高温环境下发生剧烈燃烧，并与周围的气流发生质量、动量和能量的交换，因此其数值模型包括求解气、粒两相流动、温度、浓度等多物理场分布信息的控制方程组。

4.2.2.1　气相传递过程数学模型

描述气相传递过程的数学模型主要包括以下微分方程组：

（1）气相连续性方程：

$$\frac{\partial \rho}{\partial t} + \frac{\partial (\rho v_i)}{\partial x_i} = S \tag{4-1}$$

式中　ρ ——流体密度，kg/m³；

　　　t ——时间，s；

　　　v ——气相速度，m/s；

　　　S ——气相质量源项，kg/(m³·s)；

　　　下标 i ——坐标维数。

（2）气相动量方程：

$$\frac{\partial (\rho v_i)}{\partial t} + \frac{\partial (\rho v_j v_i)}{\partial x_j} = -\frac{\partial p}{\partial x_i} + \frac{\partial \tau_{ij}}{\partial x_j} + \Delta \rho g_i + \sum_k \frac{\rho_k}{\tau_{rk}}(v_{ki} - v_i) + v_i S + F_{Mi} \tag{4-2}$$

式中　p ——压力，Pa；

　　　$\Delta \rho g_i$ ——考虑浮力影响的重力项，kg/(m²·s²)；

　　　ρ_k ——第 k 种颗粒的密度，kg/m³；

　　　v_{ki} ——第 k 种颗粒在 i 方向的速度，m/s；

　　　$v_i S$ ——颗粒相对气相作用引起的动量源项，kg/(m²·s²)；

　　　F_{Mi} ——Magnus力，N/m³；

τ_{ij}——流体所受到的表面力在 i 方向的分力，即广义牛顿黏性应力，包括黏性力与静压力，其表达式为：

$$\tau_{ij} = \mu\left(\frac{\partial v_i}{\partial x_j} + \frac{\partial v_j}{\partial x_i}\right) - \frac{2}{3}\mu\frac{\partial v_i}{\partial x_j}\delta_{ij} \qquad (4\text{-}3)$$

式中　μ——气相的黏度，N·s/m²；

　　　δ_{ij}——单位张量，当 $i \neq j$ 时，$\delta_{ij}=0$，当 $i = j$ 时，$\delta_{ij}=1$。

（3）气相组分方程：

$$\frac{\partial(\rho Y_s)}{\partial t} + \frac{\partial(\rho v_j Y_s)}{\partial x_j} = \frac{\partial}{\partial x_j}\left(D\rho\frac{\partial Y_s}{\partial x_j}\right) - \omega_s + \alpha_s S \qquad (4\text{-}4)$$

式中　Y_s——s 组分的质量分数；

　　　D——组分的扩散系数，m²/s；

　　　ω_s——s 组分的反应率，kg/(m³·s)；

　　　α_s——相变过程中 s 组分的贡献分数。

（4）气相能量方程：

$$\frac{\partial(\rho c_p T)}{\partial t} + \frac{\partial(\rho v_j c_p T)}{\partial x_j} = \frac{\partial}{\partial x_j}\left(\lambda\frac{\partial T}{\partial x_j}\right) + \omega_s Q_s - q_r + \sum n_k Q_k + c_p TS \qquad (4\text{-}5)$$

式中　c_p——比定压热容，J/(kg·K)；

　　　T——气相温度，K；

　　　λ——热导率，W/(m·K)；

　　$\omega_s Q_s$——气相反应在单位体积中释放的热量，W/m³；

　　　q_r——气相的辐射传热，W/m³；

　　　n_k——第 k 种颗粒相的数密度，m⁻³；

　　　Q_k——颗粒与气体间的对流换热，W；

　　$c_p TS$——气相源相热焓，W/m³。

4.2.2.2　湍流模型

k-ε 模型考虑了湍动能的对流项和扩散项对湍流输运过程与湍流标尺的影响，该模型对模拟无浮力平面射流、旋涡流动等较为准确，在工业流场和热交换模拟中应用广泛。闪速熔炼过程为大空间湍流燃烧问题，本节选用该模型来计算闪速熔炼过程的气、粒流动与燃烧。其表达式分别为：

$$\frac{\partial(\rho k)}{\partial t} + \frac{\partial(\rho k u_j)}{\partial x_j} = \frac{\partial}{\partial x_j}\left[\left(\mu + \frac{\mu_t}{\sigma_k}\right)\frac{\partial k}{\partial x_j}\right] + \mu_t\left(\frac{\partial u_j}{\partial x_i} + \frac{\partial u_i}{\partial x_j}\right)\frac{\partial u_j}{\partial x_i} - \rho\varepsilon \qquad (4\text{-}6)$$

$$\frac{\partial(\rho\varepsilon)}{\partial t}+\frac{\partial(\rho\varepsilon u_j)}{\partial x_j}=\frac{\partial}{\partial x_j}\left[\left(\mu+\frac{\mu_t}{\sigma_\varepsilon}\right)\frac{\partial\varepsilon}{\partial x_j}\right]+C_1\frac{\varepsilon}{k}\mu_t\left(\frac{\partial u_j}{\partial x_i}+\frac{\partial u_i}{\partial x_j}\right)\frac{\partial u_j}{\partial x_j}-C_2\rho\frac{\varepsilon^2}{k} \tag{4-7}$$

式中 C_1，C_2——常量，C_1=1.44，C_2=1.92；

σ_k，σ_ε——k 方程和 ε 方程的湍流普朗特（Prandtl）数，σ_k=1.0，σ_ε=1.3；

μ_t——湍流黏度，N·s/m^2，$\mu_t=\rho C_\mu k^2/\varepsilon$，其中模型常量$C_\mu$=0.09。

在闪速炉仿真模型中，精矿喷嘴各种反应配风的出口均设置为速度入口边界类型，其速度根据各工况下的实际操作条件确定，而入口的湍流强度 I 及水力直径 d 则分别根据式（4-8）和式（4-9）解出：

$$I=0.16Re^{-1/8} \tag{4-8}$$

$$d=4A/S \tag{4-9}$$

式中 Re——雷诺数；

A——过流面积，m^2；

S——湿周长，m。

4.2.2.3 辐射模型

考虑到闪速炉内熔炼过程激烈、温度较高，气体与颗粒之间存在辐射放热，并有散射的影响，且具有"光学深度限制"特性，于是选择了可描述这些特点的P-1辐射换热模型。针对炉内存在热辐射换热，在 r 位置处沿 s 方向辐射传输方程（RTE）可表述为：

$$\frac{\mathrm{d}I(r,s)}{\mathrm{d}s}+(a+\sigma_s)I(r,s)=an^2\frac{\sigma T^4}{\pi}+\frac{\sigma_s}{4\pi}\int_0^{4\pi}I(r,s')\Phi(s\cdot s')\mathrm{d}\Omega' \tag{4-10}$$

式中 r——位置向量；

s——方向向量；

s'——散射方向；

s——沿程长度（行程长度）；

a——吸收系数；

n——折射系数，对于半透明介质的辐射，折射系数很重要；

σ_s——散射系数；

σ——斯蒂芬-玻耳兹曼常数，σ=5.672×10^{-8}W/(m^2·K^4)；

I——辐射强度，依赖于位置（r）与方向（s）；

T——当地温度，K；

Φ——相位函数；

Ω'——空间立体角。

4.2.2.4 颗粒相模型

A 颗粒相连续性方程

$$\frac{\partial \rho_k}{\partial t} + \frac{\partial \left(\rho_k v_{kj} \right)}{\partial x_j} = S_k \tag{4-11}$$

式中 S_k——多相混合物中 k 颗粒单位体积内质量源的体积平均值，且有 $S = -\sum_k S_k$。

B 颗粒轨迹方程

颗粒相传输方程采用拉格朗日方法求解，表达式如下：

$$\frac{\mathrm{d}v_p}{\mathrm{d}t} = F_D \left(v - v_p \right) + \frac{g \left(\rho_p - \rho \right)}{\rho_p} + F \tag{4-12}$$

式中 v_p，v——分别表示离散相与连续相速度矢量，m/s；

      g——重力加速度，m/s^2；

  ρ_p，ρ——分别表示颗粒相与气相密度，kg/m^3；

     F_D——颗粒运动中受到的气相作用力（当颗粒速度大于气体速度时表现为阻力，反之表现为曳力）。

其中

$$F_D = \frac{18\mu}{\rho_p d_p^2} \frac{C_D Re}{24} \tag{4-13}$$

式中 d_p——颗粒的平均直径，m；

  C_D——阻力系数；

  Re——雷诺数。

其中

$$C_D = 24 \left(1 + 0.15 Re^{0.687} \right) / Re \tag{4-14}$$

$$Re = \frac{\rho d_p \left| v_p - v \right|}{\mu} \tag{4-15}$$

F 表示离散相所受的除阻力和重力外的外力。它主要由以下几个力组成：

（1）由压力梯度引起的力：

$$F_{pi} = \frac{\rho}{\rho_p} v_{p,i} \frac{\partial v_i}{\partial x_i} \tag{4-16}$$

（2）伪质量力，起加速离散相周围流体流动的作用：

$$F_A = \frac{1}{2} \frac{\rho}{\rho_p} \frac{\mathrm{d} \left(v - v_p \right)}{\mathrm{d}t} \tag{4-17}$$

（3）横向作用力，包括 Saffman 力 F_L 与 Magnus 力 F_{ML}。

1）Saffman力是指颗粒产生横向运动，向速度高的区域运动非旋转产生的力，其可描述为：

$$F_L = k_{rp} \left(\rho_f u \right)^{1/2} \left(\frac{\partial v_f}{\partial y} \right)^{1/2} \left| v_f - v_p \right| r_p^2 \qquad (4-18)$$

式中　　k_{rp}——$k_{rp} \approx 6.46$；

　　　　v_f——颗粒中心处气相速度；

　　　　r_p——颗粒半径。

2）Magnus力是指速度梯度导致颗粒旋转而产生的升力，其可描述为：

$$F_{ML} = \pi r_p^3 \rho_f \omega \left(v_f - v_p \right) \qquad (4-19)$$

式中　　r_p——颗粒半径，m；

　　　　ω——颗粒旋转的角速度，rad/s。

（4）温度梯度力，通常比较小，可以忽略。

C　颗粒相传热过程方程

对于颗粒相热量传递过程，可通过式（4-20）进行描述：

$$\Sigma \left(m_c c_p \right) \frac{dT}{dt} = Q_c + Q_r + Q_{rad} \qquad (4-20)$$

式中　　m_c——连续相中气体成分的质量分数；

　　　　c_p——颗粒的比热容，J/(kg·K)；

　　　　T——颗粒温度，K；

　　　　Q_r——颗粒燃烧、蒸发、挥发等反应所吸收或放出的热量，W；

　　　　Q_{rad}——气相和颗粒相之间的辐射传热，W；

　　　　Q_c——气相与颗粒表面的对流传热，W。

其中　　　　　　　　　　$Q_c = \pi d \lambda Nu \left(T_g - T \right) \qquad (4-21)$

式中　　T_g——气相温度，K；

　　　　Nu——可表示为式（4-22）、式（4-23）的传热公式。

粒子表面的传热、传质可近似采用Ranz-Marshell公式描述：

传热公式　　　　　　　　$Nu = 2 + 0.6 Re_p^{0.5} Pr^{0.33}$

传质公式　　　　　　　　$Sh = 2 + Re_p^{0.5} Sc^{0.33}$　　　　　　$(4-22)$

而传热系数和传质系数分别为：

传热系数　　　　　　　　$h = Nu \lambda_g / d_p$

传质系数　　　　　　　　$\beta = Sh D_g / d_p$　　　　　　$(4-23)$

式中　　Sc——Schmidt数；

λ_g, D_g ——分别为气体的热传导系数和扩散系数，W/(m·K)；

d_p ——颗粒直径，m。

4.2.2.5 闪速熔炼反应数学模型

A 混合精矿物相组成

闪速炉入炉物料成分复杂，入炉混合精矿中包含黄铜矿、斑铜矿、辉铜矿、黄铁矿、磁性氧化铁等多种成分。对闪速炉入炉物料取样并进行X射线衍射分析与环境扫描电镜分析，确定入炉物料的主要物相组成后，为了计算精矿燃烧的化学反应热，还需要确定各物相的比定压热容、相对分子质量、标准生成焓和标准状态熵等物性参数。计算中，相对分子质量为常数，标准生成焓和标准状态熵取298.15K时参数值，各物相的比定压热容根据真实比热容计算公式得出，其表达式为：

$$c_p = a + bT + cT^2 + dT^3 + eT^4 \qquad (4\text{-}24)$$

式中，系数a、b、c、d、e根据一定温度范围内的实验值拟合得出。在数值仿真计算中，可做适当简化计算处理，即把式（4-24）中的温度 T 取为闪速炉生产中稳定状态下的炉内平均温度，即可求得相应温度条件下的比定压热容 c_p。表4-2列出了各物相的相对分子质量、比定压热容、标准生成焓和标准状态熵。

表 4-2 仿真用物相的部分物性参数

物质名称	化学式	比定压热容 /J·(kg·K)$^{-1}$	相对分子质量	标准生成焓 /J·kmol^{-1}	标准状态熵 /J·(kmol·K)$^{-1}$
黄铜矿	$CuFeS_2$	540	183.53	-1.9019×10^8	124857
斑铜矿	Cu_5FeS_4	750	501.82	-3.7996×10^8	361988
硫化亚铜	Cu_2S	574	159.16	-0.7942×10^8	120802
硫化亚铁	FeS	737	87.91	-1.0032×10^8	60234
氧化亚铜	Cu_2O	606	143.09	-1.6720×10^8	93006
磁性氧化铁	Fe_3O_4	770	231.54	-2.6418×10^8	60752
铜	Cu	381	63.55	0	33106
石英	SiO_2	537	60.08	-9.0957×10^8	41424
氧化亚铁	FeO	770	71.85	-2.6418×10^8	60752
铁橄榄石	Fe_2SiO_4	1260	203.78	-14.7990×10^8	146046

B 混合精矿粒度模型

研究中采用Mastersizer激光衍射粒度分析仪对入炉物料进行粒度分析，并采用Rosin-Rammler分布对颗粒尺寸分布规律进行拟合，以此得到入炉颗粒特征尺寸（颗粒质量平均粒径）为132.5μm。

C 化学反应模型

仿真模型中考虑的铜闪速炉熔炼过程有：

（1）精矿燃烧反应：

$$15CuFeS_2+26O_2 \longrightarrow 3Cu_5FeS_4+4Fe_3O_4+18SO_2\uparrow \qquad \Delta G=-8101564+1068.894T \qquad (4-25)$$

$$FeS_2+O_2 \longrightarrow FeS+SO_2\uparrow \qquad \Delta G=-226930-50.467T \qquad (4-26)$$

（2）过氧化反应：

$$2Cu_5FeS_4+O_2 \longrightarrow 5Cu_2S+2FeS+SO_2\uparrow \qquad \Delta G=-145353-19.808T \qquad (4-27)$$

$$3FeS+5O_2 \longrightarrow Fe_3O_4+3SO_2\uparrow \qquad \Delta G=-1703809+315.888T \qquad (4-28)$$

（3）颗粒碰撞还原Fe_3O_4的反应：

$$2Cu_5FeS_4+8Fe_3O_4 \longrightarrow 5Cu_2S+26FeO+3SO_2\uparrow \qquad \Delta G=1338283-1011.131T \qquad (4-29)$$

$$FeS+3Fe_3O_4 \longrightarrow 10FeO+SO_2\uparrow \qquad \Delta G=439567-356.979T \qquad (4-30)$$

$$Cu_2S+2Fe_3O_4 \longrightarrow 2Cu+6FeO+SO_2\uparrow \qquad \Delta G=388859-270.615T \qquad (4-31)$$

$$2CuFeS_2+2Fe_3O_4 \longrightarrow Cu_2S+2FeS+6FeO+SO_2\uparrow \qquad \Delta G=403921-307.281T \qquad (4-32)$$

（4）C或CO还原Fe_3O_4的反应：

$$CO+Fe_3O_4 \longrightarrow 3FeO+CO_2\uparrow \qquad \Delta G=19287-52.218T \qquad (4-33)$$

$$C+2Fe_3O_4 \longrightarrow 6FeO+CO_2\uparrow \qquad \Delta G=210997-280.248T \qquad (4-34)$$

$$C+Fe_3O_4 \longrightarrow 3FeO+CO\uparrow \qquad \Delta G=191710-228.030T \qquad (4-35)$$

（5）造渣反应：

$$2FeO+SiO_2 \longrightarrow Fe_2SiO_4 \qquad \Delta G=-32260+15.270T \qquad (4-36)$$

（6）二次氧化反应：

$$6FeO+O_2 \longrightarrow 2Fe_3O_4 \qquad \Delta G=-624868+250.383T \qquad (4-37)$$

（7）C、CO的氧化还原反应：

$$C+O_2 \longrightarrow CO_2\uparrow \qquad \Delta G=-394415-0.837T \qquad (4-38)$$

$$2C+O_2 \longrightarrow 2CO\uparrow \qquad \Delta G=-223586-175.435T \qquad (4-39)$$

$$2CO+O_2 \longrightarrow 2CO_2 \qquad \Delta G=-565245+174.179T \qquad (4-40)$$

$$C+CO_2 \longrightarrow 2CO\uparrow \qquad \Delta G=170830-174.598T \qquad (4-41)$$

（8）重油的燃烧反应：

$$C_mH_n+(m+n/4)O_2 \longrightarrow mCO_2+n/2H_2O \qquad (4\text{-}42)$$

4.3　多场耦合仿真结果及分析

本节中以闪速炉某典型生产工况条件为例（即干矿装入量为162t/h，目标铜锍品位60%，其具体操作参数见表4-3，入炉物料物相组成见表4-4），采用Fluent6.3进行仿真计算后，对此工况条件下的气、粒两相流场、温度场、组分浓度场分布结果进行分析说明如下。

表 4-3　基准工况操作参数

参　数　名　称		单　位	数　值
干精矿装入量		t/h	162
工艺风	出口速度	m/s	100
	氧气质量分数	%	71.2
中央氧	出口速度	m/s	80.2
分散风	出口速度	m/s	161.8

表 4-4　闪速炉入炉物料物相组成

组　成	$CuFeS_2$	Cu_2S	FeS_2	FeS	Cu_5FeS_4	Fe_3O_4	$2FeO \cdot SiO_2$	SiO_2	合计
质量分数/%	63.944	1.009	5.046	0.108	1.897	0.302	17.544	10.150	100

4.3.1　气粒两相流场分布特点

由反应塔中心截面气相速度云图（见图4-3（a））可以看出，工艺风自精矿喷嘴高速喷入炉内后即迅速向反应塔下方运动，但因受反应塔内高温影响，气体体积膨胀显著，因此气流形状自上而下呈钟罩状分布。中央氧虽然出口速度高，但由于风量小、出口动量有限，因此进入炉内后，垂直向下运动有限距离后即湮没于塔内主体气流中。

同时，反应塔中心截面气流速度矢量图（见图4-3（b））显示：由工艺风、中央氧形成的高速气流在反应塔内向下流动、直接冲击到沉淀池渣面后即向四周散开；其中沉淀池西、南、北三侧均为端（侧）墙，气流碰到壁面后发生翻卷并沿墙面向上运动，形成小的回流区；沉淀池东面为烟气出口，主体气流在此由向下运动改为水平运动，并在靠近出口的反应塔下部空间形成大的回流。相比之下，反应塔中心截面上东侧回流强度明显大于西侧回流，反应塔中心气流柱因此而被迫偏向西侧。

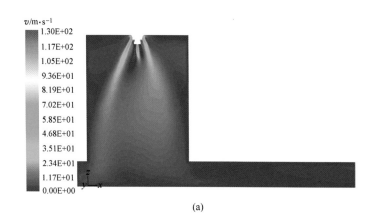

(a)

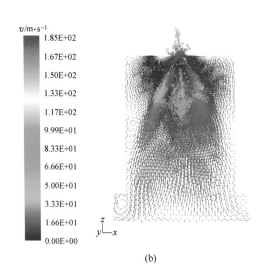

(b)

图 4-3　反应塔中心截面气相速度分布

（a）气相速度云图；（b）气相速度矢量图

4.3.2　气粒两相温度场特点

图4-5所示分别为反应塔中心截面气粒两相的温度仿真结果。可以看出：在精矿喷嘴下方一定范围内存在着一个明显的低温区；然后沿反应塔向下，温度逐渐上升；塔内最高温度区发生在距塔顶1/3塔高以下区域；且气粒两相分布趋势大致相同。进一步数据挖掘显示，反应塔中心气相最高温度为1667℃，其位置距离塔顶约5.2m；反应塔半径0.9m处（东侧）气相最高温度为1622℃，距离塔顶约4.8m；颗粒相最高温度为2009℃。气粒两相温度仿真结果表明：精矿粒子在进入反应塔后并未迅速发生剧烈反应；相反地，精矿着火存在明显延迟，并因此造成精矿入口处反应区拉长，塔内高温区过于偏下等现象。

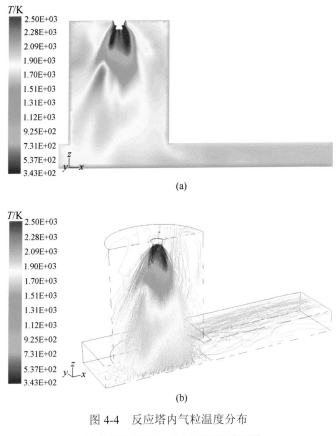

图 4-4　反应塔内气粒温度分布

（a）气相温度云图；（b）颗粒相温度云图

4.3.3　气粒两相主要组分浓度分布特点

4.3.3.1　反应塔内气相浓度分布

　　气相浓度分布仿真结果（见图4-5）显示：工艺风、中央氧进入炉内后，O_2 消耗缓慢，直至反应塔底区域方才消耗殆尽；与之相对应的，精矿喷嘴下方一段范围内存在明显的低 SO_2 浓度区，表明该区域精矿反应缓慢，未有或少有 SO_2 生成。以上结果与塔内温度仿真结果一致，均表明在示例工况条件下，精矿入炉后着火缓慢，反应感应区延长，高温区（剧烈反应区）位置偏下。

　　在反应塔底部与沉淀池气相空间不同位置处气相 O_2 与 SO_2 的截面平均浓度列于表4-5。

表 4-5　闪速炉不同位置处气相 O_2、SO_2 浓度仿真结果

数据点位置		气相的体积分数/%	
		O_2	SO_2
反应塔	距离塔顶6.6m处	5.0	57.6
沉淀池	距离反应塔中心3.5m处	2.3	60.4
	距离反应塔中心11.8m处	2.3	60.2

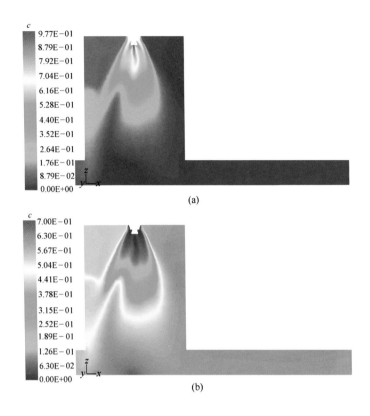

图 4-5　反应塔轴截面气相浓度分布

（a）气相O_2浓度分布云图；（b）气相SO_2浓度分布云图

　　由表4-5数据来看，在反应塔底，气相中游离氧含量偏高，表明反应塔内气粒并未反应完全；由反应塔底至反应塔出口，烟气中O_2浓度逐渐降低，SO_2浓度逐渐升高，表明该区域中仍有未反应完全的精矿颗粒在进行氧化反应，因而其气相浓度变化明显；自此区域以后气相浓度基本不变，表明反应塔出口下游的沉淀池气相空间内未有明显的熔炼反应发生。

4.3.3.2　反应塔内颗粒相物质浓度分布

　　颗粒中黄铜矿（$CuFeS_2$）、斑铜矿（Cu_5FeS_4）和黄铁矿（FeS_2）均为原生矿物成分（反应物），入炉后在高温下分解生成Cu_2S和FeS（熔炼产物），因此分析反应物与生成物在反应塔内的分布，可以帮助了解塔内的气、粒混合反应状况。

　　A　精矿反应物的质量分布

　　图4-6～图4-8分别给出了三种精矿反应物成分在塔内的质量分布仿真结果。可以看出：作为反应物的三种精矿成分在塔内的分布趋势大致相同；在喷嘴下方约1/3塔高的范围内，这三种原生精矿成分不仅明显存在，而且含量较高。这表明精矿颗粒喷入反应塔后并未迅速发生分解反应。究其原因，温度仿真结果中显示的精矿喷嘴下方存在的低温区域是造成精矿分解反应延缓的主要因素。

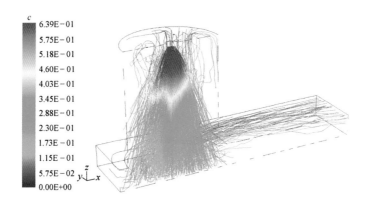

图 4-6　颗粒相中$CuFeS_2$质量分布

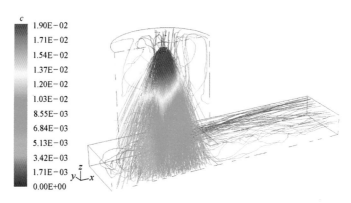

图 4-7　颗粒相中Cu_5FeS_4质量分布

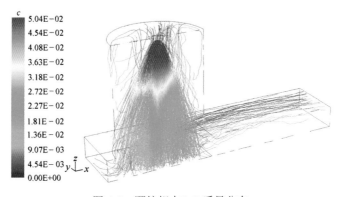

图 4-8　颗粒相中FeS_2质量分布

　　由于精矿着火延迟，精矿分解反应延缓，随之而来的就是反应发热量低，不足以迅速加热喷入的大量低温工艺风、中央氧和精矿颗粒，因而造成精矿喷嘴下方存在着明显的低温区域。因此，精矿喷嘴下方低温区的存在和精矿着火反应延缓是息息相关、相互影响的两方面；其中一方面得到改善，将极大地推动着另一方面朝着积极的方面发展。

B 熔炼产物的质量分布

伴随着着火延迟、精矿反应延缓，反应塔内的剧烈反应区明显下移，这一点在气相温度图中有着清晰的描述。从精矿反应的角度来看，由于精矿喷嘴下方温度偏低，精矿入炉后需经历一段加热、缓慢反应的阶段，待反应条件（温度、氧量）满足要求后才可以开始大量颗粒的剧烈反应，因此如图4-9和图4-10所示，在喷嘴下方一段距离内，熔炼反应的主要产物Cu_2S、FeS生成量极少，大量Cu_2S、FeS产物的生成主要出现在距离反应塔顶1/3高度以下的范围内。

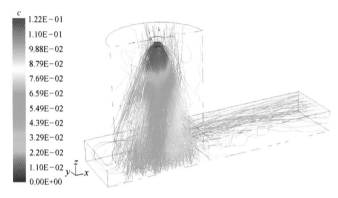

图4-9　颗粒相中Cu_2S质量分布

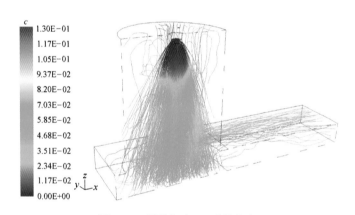

图4-10　颗粒相中FeS质量分布

此外，熔炼反应是一分解、氧化过程。图4-9和图4-10显示，中央氧管下方区域Cu_2S、FeS含量较同高度其他区域偏低。结合图4-4(a)与图4-5(a)气相温度、O_2浓度分布特点，喷嘴下方距离塔顶1/3塔高区域是塔内高温区所在，而补加了中央氧后反应塔中心这一区域也同时是一个氧气富集区，但该区域内Cu_2S、FeS生成量偏低，氧气消耗速度慢，表明此区域内气粒混合欠佳，精矿颗粒与氧气未达到充分混合的要求，因而限制了分解氧化反应的进行。

C　Fe_3O_4的质量分布

反应塔中心氧气富集，但精矿氧化反应消耗氧量有限，与之相对应的，便是精矿中部颗粒出现过氧化现象。如图4-11所示，Fe_3O_4主要富集在反应塔中心下方区域，而在料锥外围区域含量较低。这再次表明：反应塔中心、中央氧下方区域内氧、料混合程度欠佳，而外围工艺风作用区域气、粒混合较好。

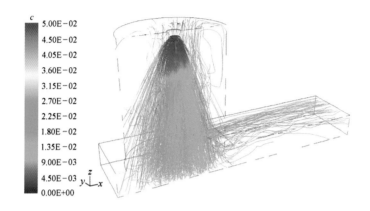

图 4-11　颗粒中Fe_3O_4质量分布

5   高强度闪速熔炼过程操作制度仿真寻优实验

5.1   概述

对于"高强度熔炼"一词，目前文献中并没有明确定义。一般情况下它多被等同为"高熔炼强度"，甚至是"高投料量"的闪速炉生产。然而，"高强度熔炼"绝非简单的"高熔炼强度"生产过程。作者认为，对"高强度熔炼"的理解应包括以下两个方面：

（1）"高强度熔炼"应该是"高投料量"或"高容积热强度"的生产过程，即单位容积日处理炉料量高、反应塔容积热强度大。闪速炉高投料量、高铜锍品位、高富氧率生产的技术措施无一不是为了提高设备的熔炼强度和容积热负荷，提高系统生产率。因此从这个意义上说，实现高强度闪速熔炼过程事实上也就是实现闪速炉挖潜、增产的过程。

（2）"高强度熔炼"过程还应该是"高反应效率"的熔炼过程。高反应效率体现在两个方面：一是反应转化的充分性，二是反应方向的整体可控性。

反应转化的充分性表现为：

1）不出生料，氧利用率高，熔炼产物中尽量不含有$CuFeS_2$、Cu_5FeS_4、FeS_2等原生矿物组分；

2）气相产物中的游离氧含量尽量少，SO_2含量应尽可能高（尽量趋近于平衡值）；

3）对微粒料（特别是返料中的氧化物）转化捕集率高，产物中尽量少含有铜的氧化物（返料中的铜氧化物应充分转化为硫化物）。

反应方向的整体可控性具体表现为反应塔内氧势梯度的建立与控制，从而实现减少与控制Fe_3O_4的生成。

但是，闪速炉投料量增大以后，反应塔的气、粒运动对反应的影响更为显著。气粒混合及期间的传热传质欠佳，即有可能出现下生料、渣含铜高等异常情况。因此，在高投料量生产条件下，必须更为关注反应塔内气粒两相流动的合理组织和塔内温度的合理分布，以实现入炉物料的快速着火，激烈而充分地完成各种化学反应，保证熔炼反应的充分性。

如上所述，高投料量和高反应效率是高强度熔炼的两个重要特征，缺一不可。只有在生产操作中实现了两者的结合和统一，才能称之为真正意义上的闪速炉"高强度熔炼过程"，也才有可能最终实现闪速炉"三高两低"（高熔炼强度、高反应效率、高炉体寿命；低燃料补加率、低有价元素损失）生产目标。

　　大量仿真计算表明：闪速炉生产操作中，其工艺风、分散风与中央氧等气流的喷吹速度以及各风之间的配比（"三风"动量比）关系都将对闪速熔炼过程产生不同程度的影响。为探寻各个操作参数对闪速炉内气、粒两相的混合及反应过程的影响规律，本章中以某典型工况（170t/h干矿装入量条件）作为仿真基准工况，通过设置：（1）不同工艺风-分散风动量比条件，（2）工艺风、分散风单参数影响条件，（3）不同工艺风-中央氧配比条件，开展闪速炉操作方案的系统仿真寻优实验，以分析不同操作参数与配比条件下闪速炉内气、粒两相多场微观信息的分布特点与变化。

5.2　基准工况的数值仿真

　　170t/h投料量条件下仿真基准工况的操作参数见表5-1。

表 5-1　170t/h投料量条件下基准工况操作参数

项　目		单　位	数　值
干精矿装入量		t/h	170
工艺风	出口速度	m/s	90
	氧气质量分数	%	70.8
中央氧	出口速度	m/s	88
分散风	出口速度	m/s	184

5.2.1　气相速度场分布

　　图5-1所示为反应塔中心截面气相速度场仿真结果。

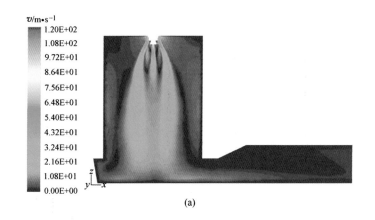

(a)

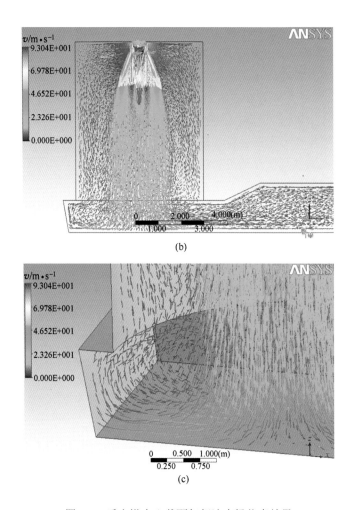

图 5-1 反应塔中心截面气相速度场仿真结果

(a)气相速度云图;(b)气相速度矢量图;(c)沉淀池西面端墙处气流矢量图

如图5-1(a)所示,气流自喷嘴喷入反应塔内后体积膨胀明显,反应塔中心主体气流仍呈钟罩状分布;中央氧高速喷出后,因出口动量有限,向下运动一段距离后迅速湮没于主体气流柱中。同时,气流速度矢量图(见图5-1(b))显示:工艺风、中央氧组成的高速气流进入炉内后形成沿反应塔向下的同心射流;该气流向下运动至冲击到沉淀池渣面即向四周散开,并沿反应塔西、南、北三侧端(侧)墙上翻卷在反应塔空间内形成回流;反应塔东侧为烟气出口,主体气流在此改向下运动为水平运动,加之沉淀池东侧净空抬高,烟气速度再次发生变化,因此烟气自反应塔东侧流入沉淀池气相空间时,在反应塔内与沉淀池顶抬升部位空间均形成稳定的气流回流。此外,由于反应塔主体向下气流动量大,而反应塔下方沉淀池气相空间有限,因此主体气流在冲击沉淀池渣面后即在有限空间内形成小范围强回流(图5-1(c)所示为西面端墙处小范围回流)。此部分回流将对端墙壁面产生较强的冲刷作用,是造成沉淀池壁面高温蚀损的重要原因之一。

5.2.2 反应塔内温度分布

图5-2和图5-3所示分别为反应塔内气、粒两相的温度仿真结果。

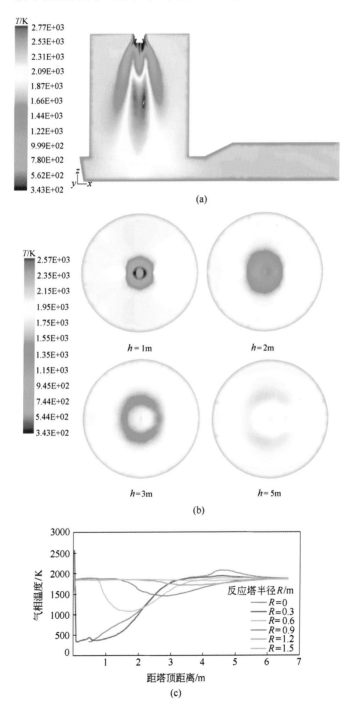

(a)

(b)

(c)

图 5-2 反应塔气相温度场分布

（a）气相温度云图；（b）沿塔高不同截面处温度云图（图中h表示距塔顶距离）；

（c）不同反应塔半径位置处温度随塔高变化曲线

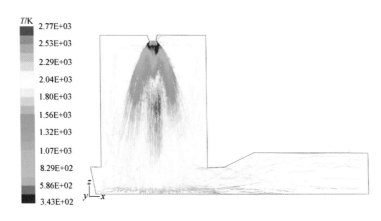

图 5-3　反应塔中心截面颗粒相温度分布

由图5-2(a)与图5-3可以看出，气、粒两相温度分布变化趋势大致相同。值得注意的是，在气、粒两相温度仿真结果中均可以发现：在精矿喷嘴下方有一明显的低温区域存在；在此低温区以下及以外区域，反应塔中心的气、粒温度升高迅速，而工艺风外围区域气、粒升温缓慢，并由此形成翅翼状的升温感应区沿反应塔向下分布，直至反应塔与沉淀池的结合部位。

图5-2(b)所示为反应塔不同高度横截面温度分布。从图中可以看出，气相温度沿塔高与塔径方向变化显著。在距离反应塔顶2m以内高度区域，反应塔中心完全为低温区占据，但中心温度沿反应塔高度方向迅速上升。至塔高为3m处，反应塔中心出现局部高温，但中心高温区与反应塔外围高温区被一环状低温区域分隔，与这一环状低温区对应的是图5-2(a)中的反应塔纵截面中的低温翅翼状区域。至反应塔5m高度，环状低温分隔带已被局部打破，沿反应塔向下，其横截面烟气温度渐趋均匀。结合图5-2(c)中反应塔中心截面东侧不同半径处气相温度沿塔高的变化规律可以发现：反应塔内温度剧烈变化区域主要集中在反应塔半径1.5m范围以内；其中最高温度起始位置沿塔径略有变化，但稳定的高温区基本形成于距离塔顶约3.5~4.2m高度范围内。

气、粒温度仿真结果表明：在此基准工况条件下，精矿粒子入炉后存在明显的着火延迟，并因此造成颗粒群集中的区域（反应塔料锥外围区域）加热感应期延长，反应塔内剧烈反应区偏低（激烈反应区出现在塔高约1/2及以下位置）等现象；其中气相平均温度为1524℃；反应塔中心气相最高温度为1806℃，位于距离反应塔顶4.51m高度处；反应塔中心截面东侧半径为0.6m处气相最高温度为1627℃，位于距离反应塔顶5.31m高度处；颗粒相最高温度为2300℃。

5.2.3　反应塔内气相浓度分布

反应塔内气相浓度分布仿真结果（见图5-4）显示：中央氧喷入炉内后要下行经过一段距离后方才消耗殆尽；工艺风进入炉内后，其气柱中心氧气消耗速度较快，而气柱外围氧气消耗缓慢，以至于反应塔内工艺风氧浓度分布沿塔高向下呈现出翅翼的形状；与此同时，工艺风中的氧直至反应塔底、沉淀池液面仍维持有较大的浓度（约5%）。与之相对应的，在喷嘴下方由于低温区的影响，精矿粒子入炉后反应缓慢，未有或少有SO_2生成，因此在喷嘴下方一定范围内存在着明显的翅翼状的低SO_2浓度区域；至反应塔中下部，精矿粒子反应加快，尤以反应塔中心的熔炼反应更为剧烈，因此反应塔中心出现SO_2高浓度区域，而工艺风主体气柱外围由于反应较慢，其SO_2浓度也相对较低。

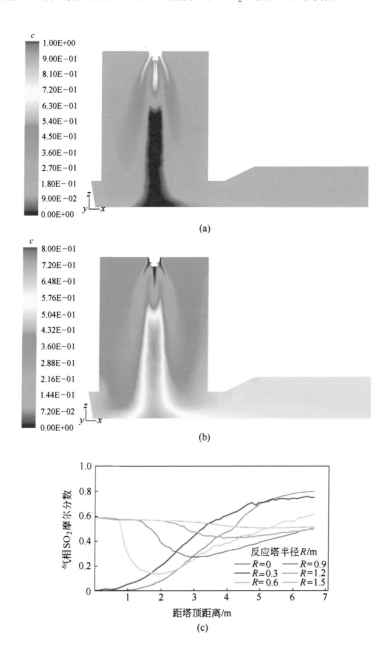

图 5-4　反应塔轴截面气相浓度分布

（a）气相O_2浓度分布云图；（b）气相SO_2浓度分布云图；（c）不同反应塔半径位置处气相SO_2浓度随塔高变化曲线

如图5-4(c)所示，烟气中SO$_2$浓度变化仍然集中于反应塔半径1.5m范围内，而且不同塔半径处激烈反应区的起始位置均位于距离塔顶约3.5m及以下空间。

结合温度分布的仿真结果可以看出：（1）反应塔半径1.5m以内范围是气相温度与浓度均发生剧烈变化的主要区域，这意味着这一区域也是反应塔内熔炼反应发生的集中区域；（2）反应塔内高温区起始位置随塔径稍有变化，但主要集中于距离塔顶约3.5~4.2m高度范围内，而塔内激烈反应区位置均位于距离塔顶3.5m以下高度，且相同反应塔半径处，其激烈反应区位置均低于高温区位置。这说明温度只是影响反应速度的因素之一，影响气、粒反应的另一个重要因素是炉内气、粒混合与热质传输条件，也正是这一因素使得气相浓度变化总是滞后于温度的变化。因此只有真正实现了气、粒混合均匀，为两相间的传热、传质过程创造良好条件，温度才会成为制约反应过程的唯一要素；否则，即使创造了炉内高温，也依然无法保证熔炼过程的高强度和高效率。

5.2.4　反应塔内颗粒相各组分浓度分布

由于在此基准工况运行时期，金隆公司闪速炉物料成分经取样分析发现其原生矿物成分中仅含有黄铜矿（CuFeS$_2$）。黄铜矿入炉后即在高温下分解成Cu$_2$S和FeS（熔炼产物）。其反应物与生成物在反应塔内的分布状况的仿真结果如下所述。

5.2.4.1　精矿反应物的质量分布

图5-5所示为黄铜矿（CuFeS$_2$）成分在塔内的浓度分布仿真结果。可以看出：在入炉后相当长的一段距离内黄铜矿粒子含量（质量分数）较高；其中反应塔中心区域直至喷嘴下方1/3塔高位置，精矿中的黄铜矿粒子才开始迅速分解；而在料锥外围，黄铜矿含量直到1/2塔高后才发生显著变化。这再次表明精矿颗粒在喷入反应塔后并未迅速发生分解反应。综合前述气、粒两相温度仿真结果不难发现，精矿喷嘴下方存在的低温区域是造成精矿分解反应延缓的主要因素。

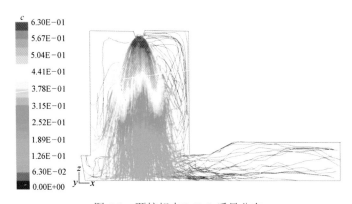

图 5-5　颗粒相中CuFeS$_2$质量分布

5.2.4.2　熔炼产物的质量分布

由于精矿喷嘴下方温度偏低，精矿入炉后需经历一个感应加热的阶段，在此范围内，精矿粒子反应延缓，直待反应条件（温度、氧浓度）满足要求后大量颗粒才开始剧烈反应。这一过程不仅在图5-5中表现明显，而且在熔炼产物的分布结果中再次得到验证。如图5-6和图5-7所示，在喷嘴下方一段距离内，熔炼反应的主要产物Cu_2S、FeS生成量极少，大量Cu_2S、FeS产物的生成主要出现在距离反应塔顶1/2塔高以下的范围内。

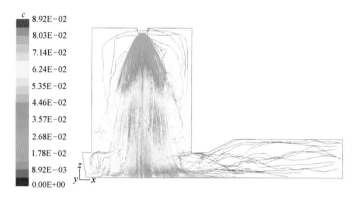

图 5-6　颗粒相中Cu_2S质量分布

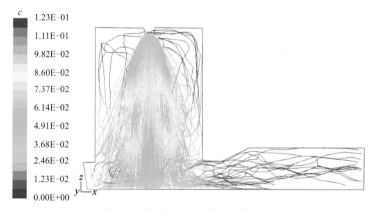

图 5-7　颗粒相中FeS质量分布

此外，熔炼反应是一分解、氧化过程，从理论上分析，温度高、氧浓度高的地方对应的必然是反应剧烈的区域。然而如图5-6和图5-7所示，作为反应产物的Cu_2S和FeS的最高浓度位置并未出现在反应塔高温与氧富集区域，即反应塔中心、中央氧管下方。相反的，Cu_2S、FeS含量（质量分数）较高的区域出现在反应塔中下部精矿颗粒料锥外围区域。这充分表明，虽然反应塔中心具有熔炼反应的温度与氧浓度条件，但是由于塔内气粒混合欠佳，精矿颗粒与氧气并未实现充分混合，这制约着气相组分向颗粒表面的扩散过程，因而限制了分解氧化反应的进行。相对的，料锥外围由于工艺风与精矿粒子间的混合得到局部改善或由于回流扰动增大了气粒间的相对速度，其熔炼反应进行的程度表现得更为激烈。

5.2.4.3　铁氧化物的质量分布

图5-8和图5-9所示分别为精矿颗粒群中FeO与Fe_3O_4分布的仿真结果。结合两图结果可

以看出，反应塔中铁氧化物的生成主要集中在反应塔中下部高温区域，其中FeO主要富集于反应塔中心，而Fe_3O_4更集中于料锥外围。这表明：

（1）虽然反应塔中心补充了一部分高浓度氧（中央氧），但是由于喷嘴下部低温区的存在以及硫势较高等原因直接影响了熔炼反应的进行，因此在一段范围内FeO生成量低，大量的FeO出现在反应塔下部中心区域，并因此而消耗了大量O_2，致使此区域氧气浓度降低，过氧化反应局部得到抑制，因而Fe_3O_4含量（质量分数）较低。

（2）在料锥外围，由于工艺风中氧气富足，且工艺风与精矿粒子间具有良好的混合条件，再加上返料中微粒氧化物较多，熔炼反应生成的FeS很容易被过氧化，因此该区域FeO含量（质量分数）较反应塔中心低，而Fe_3O_4含量（质量分数）较高。

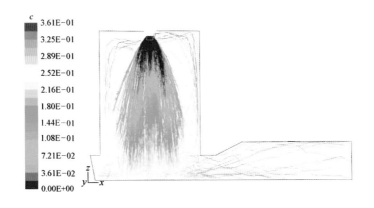

图 5-8　颗粒中FeO质量分布

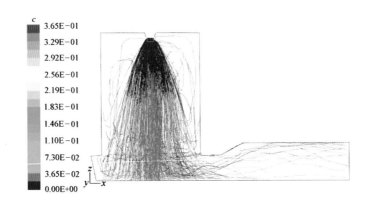

图 5-9　颗粒中Fe_3O_4质量分布

综合以上仿真结果可以看出：在此基准工况条件下，在反应塔中上部，精矿颗粒入炉后着火延迟，并因此造成反应区拉长，塔内高温区下移，反应塔有效高度降低；反应塔中下部气粒混合欠佳，精矿粒子未与工艺风、中央氧充分混合的现象依然明显。这些原因是引起精矿颗粒反应不完全，造成反应塔内反应率降低的主要原因。

5.3　工艺风–分散风动量比对闪速熔炼过程的影响研究

高强度闪速熔炼过程操作方案的仿真寻优实验首先通过改变工艺风速度与分散风速度来实现对工艺风–分散风动量比参数的系统设置，并开展仿真计算以详细、全面地分析不同工艺风–分散风动量比条件对闪速熔炼过程的影响。

5.3.1　分散风–工艺风动量比定义

在闪速熔炼过程中，精矿颗粒随气体运动并与之混合的过程是典型的高温气、粒两相流动与反应的过程，其中处于悬浮状态中的颗粒受到气流的作用应满足物理学中的动量定律，换言之，即气、粒流动状态主要取决于各股气流的动量之比。根据流体力学中关于流体动量的定义，研究中确定某一气流的动量计算式为：

$$I = q_V v \qquad\qquad (5\text{-}1)$$

式中　q_V——气流流量；

　　　v——气流喷出速度。

根据式（5-1），不同气流间的动量比为：

$$K = \frac{I_1}{I_2} = \frac{q_{V_1} v_1}{q_{V_2} v_2} = \frac{\rho_1 A_1 v_1^2}{\rho_2 A_2 v_2^2} \qquad\qquad (5\text{-}2)$$

式中　ρ——气流密度；

　　　A——气流出口截面积。

为全面分析分散风–工艺风动量比对闪速炉内气、粒多物理场分布的影响，仿真研究中又分为不同分散风–工艺风动量比条件和相同分散风–工艺风动量比但不同分散风–工艺风速度配比条件两方面分别进行比较分析。

5.3.2　不同分散风–工艺风动量比条件下的仿真研究

根据170t/h投料量下熔炼所需供风总量并结合生产实践中对工艺风、分散风速度的操作范围，仿真研究中特设置系列（A组）工艺风–分散风动量比参数条件并编号，见表5-2，其中5.2节中仿真研究的基准工况编号为A2工况。

表5-2　不同工艺风–分散风动量比仿真工况参数条件

编　号	工艺风		分散风速度/m·s⁻¹	中央氧速度/m·s⁻¹	分散风–工艺风动量比(I_d/I_p)
	流量/m³·h⁻¹	流速/m·s⁻¹			
A0	36000	70	246		0.23
A1	36500	80	215		0.15
A2	37000	90	184	88	0.10
A3	37500	100	154		0.06
A4	38000	110	123		0.03

注：A2工艺风富氧率（体积分数）为67.97%。

5.3.2.1 速度分布仿真结果

图5-10所示为A组5个工况条件下的气相速度场仿真结果。如图所示，不同工况条件下，反应塔内主体气流柱形状大致相同，且主体气流柱随分散风-工艺风动量比变化规律不明显（见表5-3）；但随着A0→A4工况条件下分散风速度减小、工艺风速度增加、分散风-工艺风动量比减小，反应塔主体气流柱向下运动速度变大，由此引起反应塔内回流增加，其回流气流对炉壁的冲刷蚀损也将有所加强。

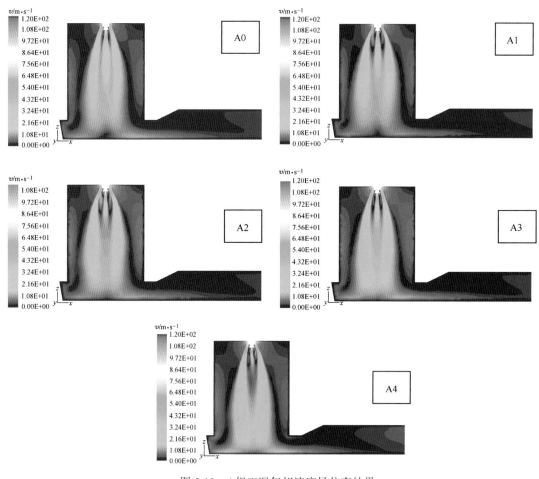

图 5-10　A组工况气相速度场仿真结果

表 5-3　A组不同工况条件下主体气流柱直径与气流速度

工况编号	A0	A1	A2	A3	A4
塔高H=5.9m处气流柱直径/m	3.78	3.88	3.70	3.73	3.87
塔高H=5.9m处向下平均速度/ m·s^{-1}	6.2	6.5	7.1	7.3	7.7

5.3.2.2 温度分布仿真结果

由A组5个不同分散风-工艺风动量比条件下气相温度场仿真结果（见图5-11）来看，在各工况条件下，其精矿喷嘴下方均可见一个明显的低温区域存在；在低温区以外，主体气柱中心温度沿反应塔向下上升较快，至距塔顶约1/3塔高位置处气相中已形成明显的高温区域；但气柱外围升温缓慢，加热感应区翅翼状轮廓清晰，其下端一直延伸到反应塔中下部（大于1/2反应塔高度位置处）。比较A0~A4五个工况下的温度分布结果发现：随着分散风的逐渐减小（A0→A4），反应塔气相高温区位置有所下移，高温区范围趋于缩小，强度趋于减弱，但气相平均温度相差不大。

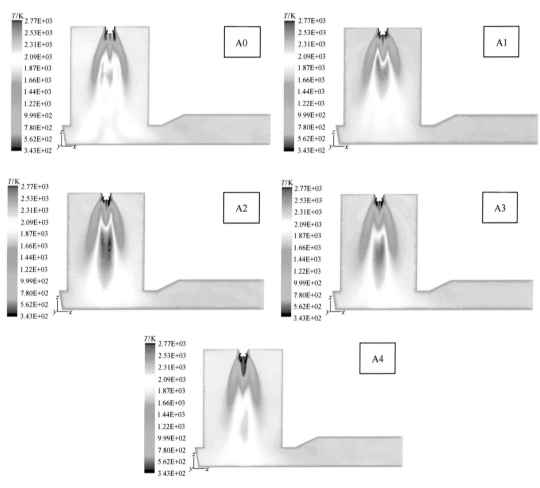

图 5-11 A组工况气相温度场仿真结果

图5-12所示为A组5个工况条件下颗粒相温度的仿真结果。从图中可以看出，各工况下颗粒相温度分布与气相温度分布相似。随着分散风动量的逐渐减小，反应塔中料锥分散角度趋于减小，烟尘发生率将有所降低，但是颗粒中心高温区（大于1600℃）起始位置也

沿反应塔有所下移（见表5-4）。

表 5-4　A组不同工况条件下颗粒相高温区起始位置

工况编号	A0	A1	A2	A3	A4
颗粒相高温区（大于1600℃）距离塔顶位置/m	2.51	2.49	2.46	2.53	3.36

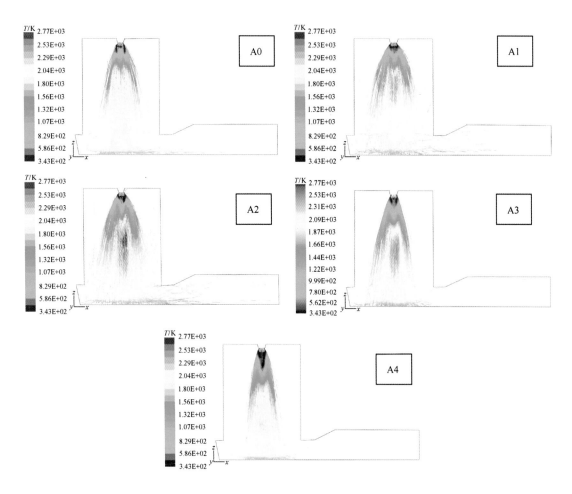

图 5-12　A组工况颗粒相温度场仿真结果

5.3.2.3　气相浓度分布仿真结果

图5-13(a)、(b)所示分别为反应塔轴截面气相中O_2与SO_2浓度分布仿真结果。从图中可以看出，5个工况条件下，均待精矿粒子下落到距塔顶1/3塔高位置处，其气相中O_2浓度才表现出明显下降，SO_2浓度才开始明显提升，并且两物质浓度均以反应塔中心的变化梯度为大。此外，随着分散风由A0→A4变小，沉淀池出口处气相O_2浓度大致成上升趋势，其最高值与最低值相差显著，见表5-5。

表 5-5　A组不同工况条件下沉淀池出口处气相平均浓度

工况编号	A0	A1	A2	A3	A4
出口O_2体积分数/%	0.3	4.8	3.75	15.0	11.0
出口SO_2体积分数/%	64.1	58.9	63.4	48.1	51.5

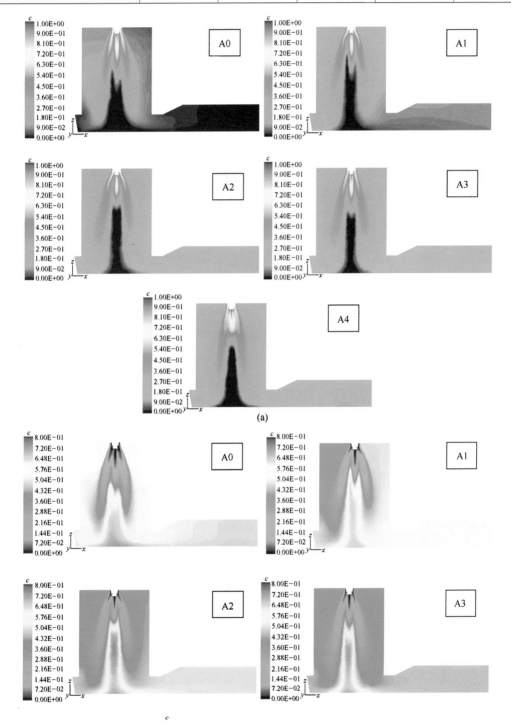

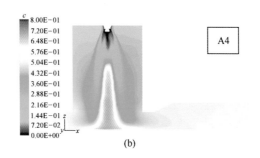

图 5-13　A组工况气相浓度分布仿真结果

(a)气相O_2浓度分布仿真结果；(b)气相SO_2浓度分布仿真结果

以上不同分散风-工艺风动量比工况的仿真计算结果显示，分散风对精矿粒子在反应塔内的分散效果有着重要作用，从气流动量比角度评价，大分散风-工艺风动量比更有利于炉内精矿颗粒的适度分散，有利于气粒间充分混合，并因而有助于局部区域范围内精矿粒子快速着火和炉内反应条件的改善。

5.3.3　相同分散风-工艺风动量比条件下的仿真研究

在以上仿真计算的基础上，通过改变分散风与工艺风的流量及速度设置了两个不同分散风-工艺风动量比水平，其中每个动量比水平下又分别设置两组工况条件（具体参数设置见表5-6），以通过纵向、横向比较来进一步分析分散风与工艺风的配比条件对炉内气、粒混合反应过程的影响。

表5-6　相同分散风-工艺风动量比仿真工况参数条件

编　号	工艺风		分散风速度/m·s⁻¹	中央氧速度/m·s⁻¹	分散风-工艺风动量比(I_d/I_p)
	流量/m³·h⁻¹	流速/m·s⁻¹			
K1-1	36500	110	215	88	0.105
K1-2	37000	80	184		
K2-1	37500	110	154		0.052
K2-2	38000	70	123		

5.3.3.1　速度分布仿真结果

表5-7中列出了两组动量比下不同参数水平的工况中反应塔底气流向下运动速度与主体气柱直径数据。结合图5-14所示可以看出，在动量比相同的条件下，反应塔底位置处主体气柱大小相近，但是塔内向下的气流速度受工艺风的影响显著。在大工艺风操作制度下，在反应塔底烟气向下流动的速度明显增加，高速气流冲击沉淀池渣面后即向上翻卷，因此大气流速度条件下烟气运动改变更剧烈，引起的塔内烟气回流也更为强烈，其回流影响区域则更为广泛（如图5-14中工况K1-1与K2-1的比较）。

表 5-7　K组工况不同条件下主体气柱直径与气流速度

工况编号	K1-1	K1-2	K2-1	K2-2
塔高H=5.9m处气柱直径/m	3.94	3.98	3.61	3.65
塔高H=5.9m处向下平均速度/m·s^{-1}	7.56	6.91	8.59	6.92

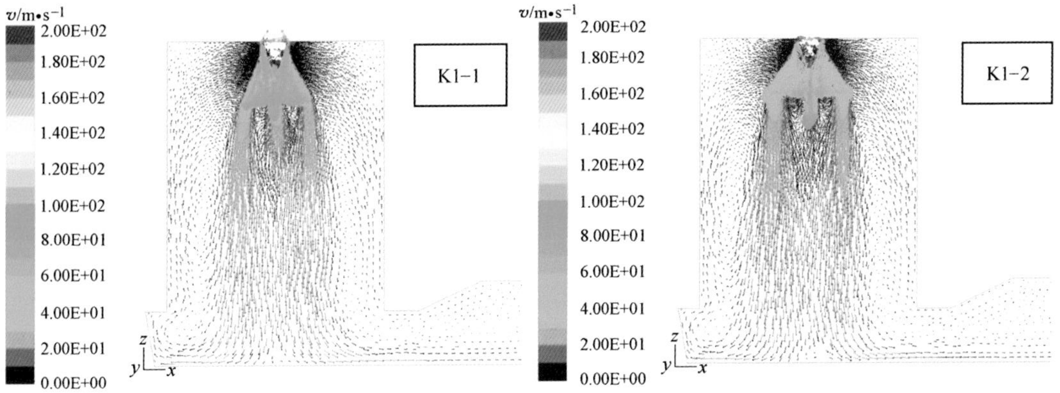

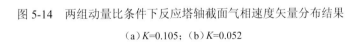

图 5-14　两组动量比条件下反应塔轴截面气相速度矢量分布结果

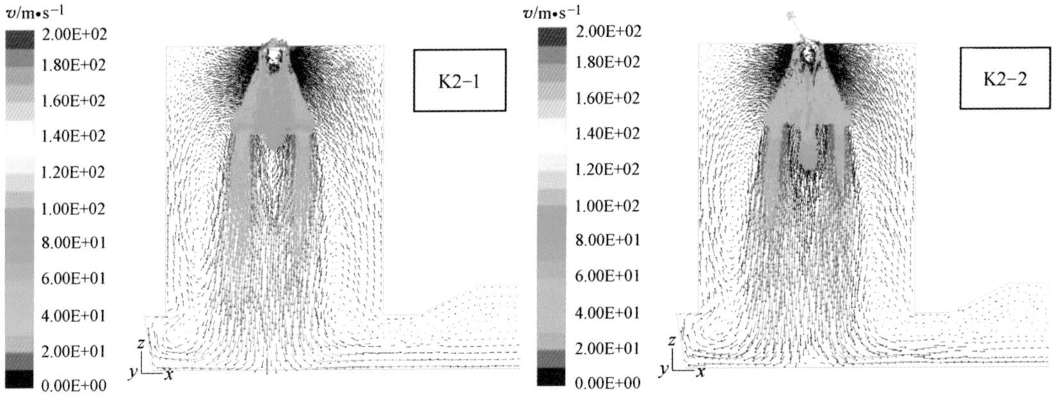

（a）K=0.105；（b）K=0.052

5.3.3.2　气相温度仿真结果

如图5-15(a)所示，在相同工艺风速度条件下，改变分散风流量（速度也随之发生改变）便可改变分散风-工艺风动量比。对比反应塔中心轴截面不同半径处两动量比条件下的气相温度随反应塔高度变化曲线不难发现：大动量比即大分散风流量（速度）条件下，气相温度上升均较为迅速，反应塔不同位置处稳定高温区起始位置也距离塔顶更近一些。这说明在大分散风操作条件下，炉内气粒加热感应期比小分散风操作条件下有所缩短，精矿颗粒着火更为迅速，这有利于激烈熔炼反应区的稳定形成。这与5.3.2节不同分散风-工艺风动量比条件下的仿真研究中得到的结果一致。

图5-15(b)则给出了相同分散风-工艺风动量比但不同分散风-工艺风速度配比条件下，

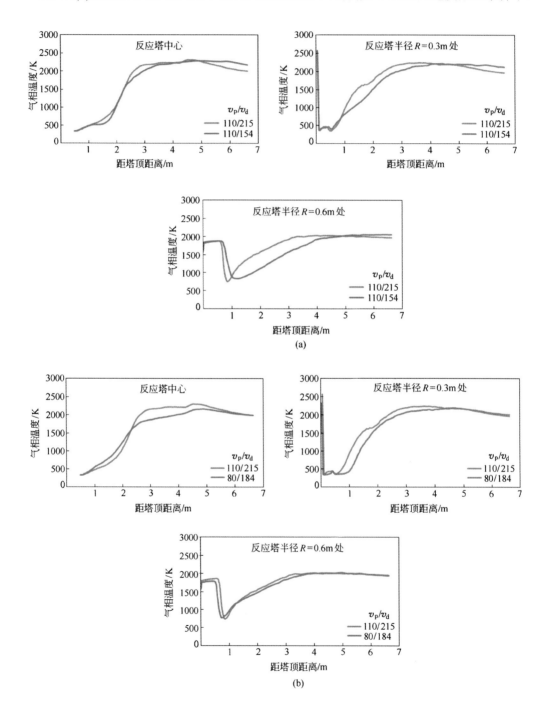

图 5-15 不同条件下反应塔轴截面气相温度随反应塔高度变化比较

（a）不同动量比条件；（b）相同动量比、不同风速配比条件反应塔轴截面不同位置处气相温度沿反应塔高度的变化。可以看出，分散风-工艺风动量比相同时，在大分散风-大工艺风操作制度下，反应塔气流中心与内部气相升温较为迅速；但是气流外围（反应塔半径$R=0.6$m），各操作制度下的气相温度变化梯度接近，各操作制度相互间的优劣势不明显。

5.3.3.3 气相浓度仿真结果

在不同分散风-工艺风动量比条件下（见表5-8），当分散风-工艺风动量比较大时，沉淀池出口处烟气中剩余O_2浓度较低，炉内熔炼反应效率较高，因此大分散风-工艺风动量比操作相比之下更有利于炉内气粒反应过程。但在相同分散风-工艺风动量比条件下，小分散风-小工艺风操作制度下的综合反应结果略显优势；在表5-8中给出的两个动量比水平下，小分散风-小工艺风工况的出口烟气中剩余O_2浓度均比大分散风-大工艺风操作制度下低。

表 5-8　不同工况条件下沉淀池出口处SO_2与O_2浓度

工况编号	K1-1	K1-2	K2-1	K2-2
分散风-工艺风动量比(I_d/I_p)	0.105		0.052	
气相平均温度/K	1791	1773	1784	1786
沉淀池出口处O_2体积分数/%	65.7	65.0	59.4	63.0
沉淀池出口处SO_2体积分数/%	2.5	1.6	7.3	5.0

对比此前温度分布结果，虽然在大分散风-大工艺风操作制度下，反应塔主体气流中心与内部局部升温较快，但是最终整体反应效率却反而逊于小分散风-小工艺风操作下的结果，这进一步表明：分散风-工艺风配比对炉内气粒混合与反应的影响显著，但其中关联复杂，单从动量比关系难以分析确定各个配风对气、粒运动与混合过程的作用与影响。因此，在对分散风-工艺风动量比进行综合分析的基础上，还有必要对分散风、工艺风速度对炉内熔炼过程的影响展开详细的单参数仿真实验和讨论分析。

5.4　工艺风、分散风速度单参数对闪速熔炼过程的影响研究

为进一步研究工艺风、分散风速度对炉内气粒混合反应的影响，特设置仿真工况条件参数，见表5-9，以开展工艺风、分散风速度对熔炼过程影响的单参数仿真计算与比较分析。

表 5-9　工艺风、分散风单参数仿真实验工况参数

编　号	工艺风		分散风速度/m·s⁻¹	中央氧速度/m·s⁻¹	分散风－工艺风动量比(I_d/I_p)
	空气流量/m³·h⁻¹	流速/m·s⁻¹			
D1-1		70			0.083
D1-2	37500	90	154		0.064
D1-3		110			0.053
D2-1		70			0.120
D2-2		80			0.105
D2-3	37000	90	184		0.094
D2-4		100			0.084
D2-5		110			0.077
D3-1		70		88	0.166
D3-2	36500	90	215		0.129
D3-3		110			0.106
D4-1		70			0.220
D4-2	36000	90	246		0.171
D4-3		110			0.140

5.4.1　工艺风速度单参数影响仿真研究

5.4.1.1　速度分布仿真结果

不同工艺风速度条件下，各工况速度分布云图与矢量图分布特点与前述仿真结果大体相同，在此不再赘述。如前所述，不同分散风-工艺风动量比条件将影响反应塔内气流柱与料锥大小，因此反应塔内主体气柱大小在一定程度可间接反映出炉内气流运动分布的特点变化。

表5-10给出了不同工艺风-分散风速度配比条件共14个工况下，其反应塔底（距离反应塔顶5.9m处）主体气柱直径。从表中可以看出，在分散风速度较小（$v_d < 200 \ m/s$）的情况下，反应塔内气流柱受工艺风速度影响显著，工艺风速度增加，反应塔内回流增加，反应塔底主体气柱直径减小，因此在小分散风条件下工艺风对炉内气、粒分布有着重要作用。但是在大分散风（$v_d > 200 \ m/s$）条件下，主体气柱大小变化受工艺风速度影响不明显，表明在大分散风操作制度下，分散风对炉内气、粒分散起主要作用。

表5-10 不同工艺风速度条件下反应塔内主体气柱直径

编　号	D1-1	D1-2	D1-3	D2-1	D2-2	D2-3	D2-4	D2-5	D3-1	D3-2	D3-3	D4-1	D4-2	D4-3
分散风-工艺风动量比(I_d/I_p)	0.083	0.064	0.053	0.120	0.105	0.094	0.084	0.077	0.166	0.129	0.106	0.220	0.171	0.140
H=5.9m处气柱直径/m	3.92	3.85	3.61	3.92	3.98	3.70	3.65	3.47	3.94	3.85	3.94	3.86	3.78	3.95

5.4.1.2 温度分布仿真结果

不同工艺风-分散风配比不仅影响着炉内气、粒分散效果，而且影响着炉内熔炼反应过程的进行。图5-16所示为相同分散风速度（流量）、不同工艺风速度工况下，在反应塔中心轴截面不同半径位置处其气相温度沿反应塔高度变化曲线。从图中可以看出，各工况条件下温度变化趋势基本一致，即在气柱中心，工艺风速度大小对气相温度变化影响不明显；但在气柱外围（$R \geq 0.6$m），工艺风速度增加，气相高温区起始位置明显下移，且以小分散风条件下工艺风速度对高温区影响较为明显，例如对比70~90m/s工艺风速度范围内，不同工况下气相高温区起始位置的高度最大可相差0.5m（见图5-16（a））；而如图5-17所示，不同工艺风速度条件下，各工况气相平均温度相差不大。由此可见，工艺风速度变化对熔炼过程的影响主要体现在对局部气、粒混合反应过程的影响，有利于气、粒适度均匀分散的操作方案无疑也有助于炉内精矿粒子的快速着火和熔炼过程的完全反应。

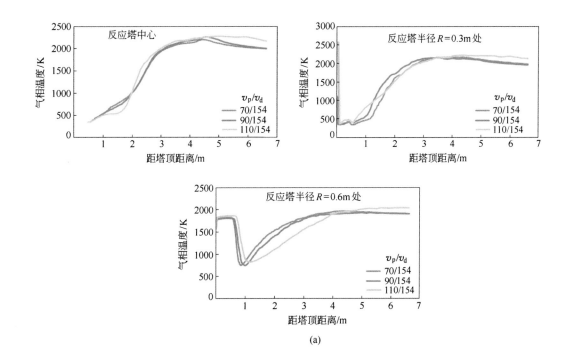

(a)

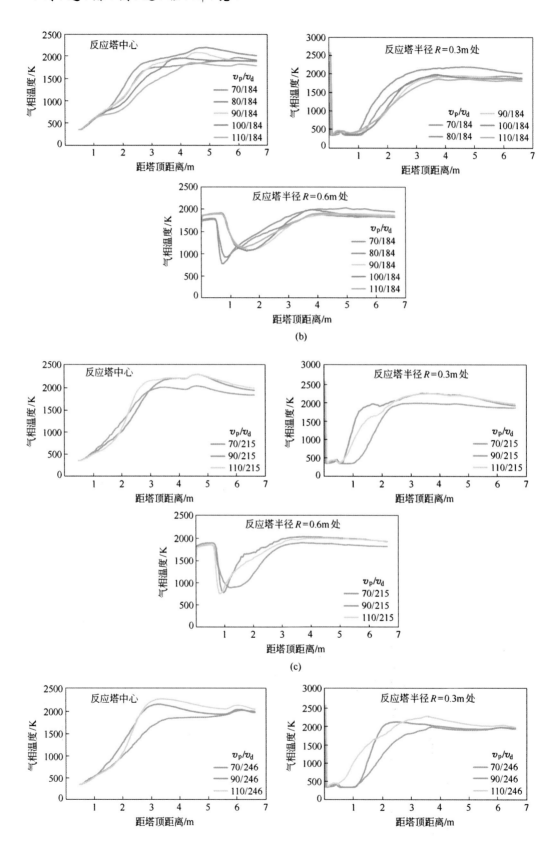

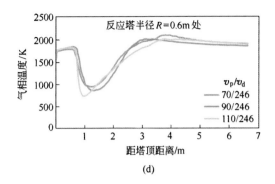

图 5-16　不同工艺风速度下气相温度随塔高变化曲线比较

（a）分散风v_d=154m/s；（b）分散风v_d=184m/s；（c）分散风v_d=215m/s；（d）分散风v_d=246m/s

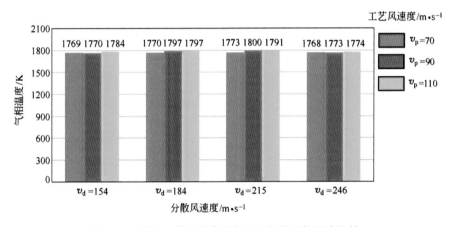

图 5-17　不同工艺风速度下各工况气相平均温度比较

5.4.1.3　气相浓度仿真结果

图5-18所示为相同分散风速度、不同工艺风速度工况下，反应塔中心截面不同半径处气相中SO_2浓度随反应塔高度变化曲线。从图中可以看出，当分散风速度较小时，炉内不同塔径位置处其熔炼过程效率随着工艺风速度的增加均有所降低；但随着分散风速度增加，工艺风速度对熔炼过程的影响逐渐减弱。相比较而言，在大分散风速度条件下，大工艺风速度操作反而有利于炉内熔炼效率的提高。

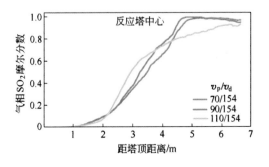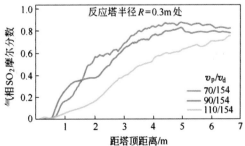

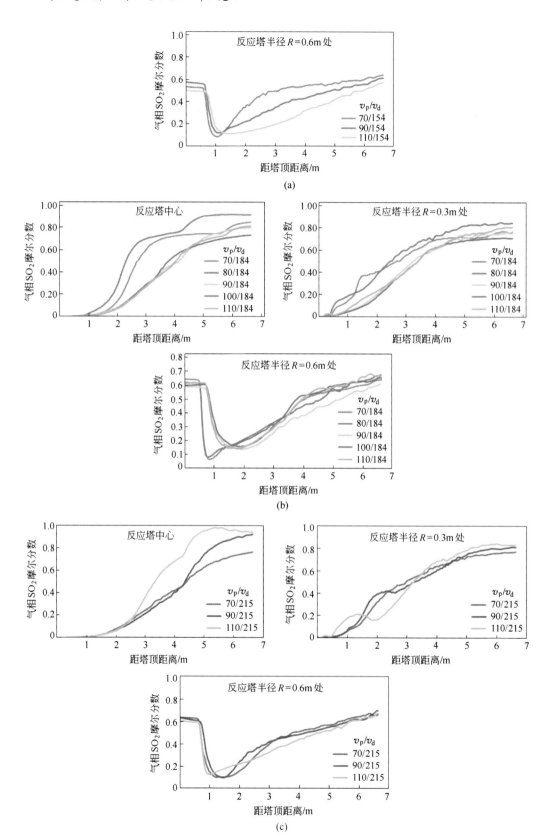

(a)

(b)

(c)

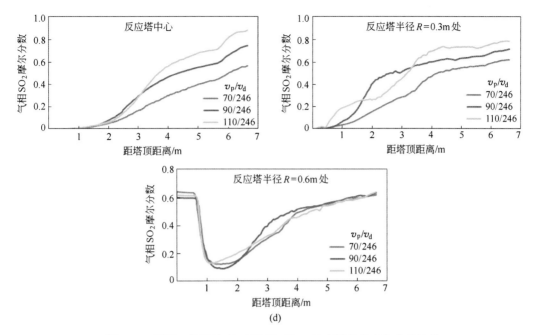

图 5-18　不同工艺风速度工况下气相SO₂浓度随塔高变化曲线比较

（a）分散风v_d=154m/s；（b）分散风v_d=184m/s；（c）分散风v_d=215m/s；（d）分散风v_d=246m/s

相同工艺风速度工况下沉淀池出口处气相O₂浓度比较如图5-19所示。

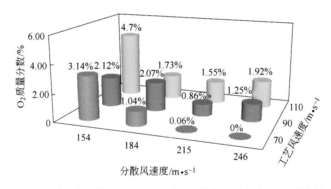

图 5-19　相同工艺风速度工况下沉淀池出口处气相O₂浓度比较

综合图5-18与图5-19结果可以发现，对于分散风-工艺风配比，在相同分散风速度（流量）条件下，各工况均以小工艺风操作制度下的结果较优；而对于不同分散风速度条件下而言，则以大分散风-小工艺风（即大分散风-工艺风动量比）操作为宜。

5.4.2　分散风速度单参数影响仿真研究

将表5-9数据重新分组整理即可得到相同工艺风速度、不同分散风速度条件下各仿真计算工况参数，见表5-11。图5-20与图5-21所示为相同工艺风速度、不同分散风速度条件下各工况气相平均温度及在沉淀池出口处气相O₂浓度对比结果。由图可以看出：各工况条件下,其气相平均温度差别不大,但是沉淀池出口处烟气中剩余O_2浓度区别明显。横向对比相同工艺风速度条件各工况结果发现:当分散风速度较大时,其熔炼反应进行完全程度较好,氧气利用率较高,因而烟气出口处其剩余O_2浓度较低。纵向对比相同分散风速度条件下各工况结果,则以低工艺风速度操作时沉淀池出口处烟气O_2浓度较低。

表 5-11 相同工艺风速度、不同分散风速度仿真实验工况参数

| 编 号 | 工艺风 | | 分散风速度/m·s⁻¹ | 中央氧速度/m·s⁻¹ | 分散风-工艺风动量比 (I_d/I_p) |
	速度/m·s⁻¹	空气流量/m³·h⁻¹			
D1-1	70	37500	154	88	0.083
D2-1		37000	184		0.120
D3-1		36500	215		0.166
D4-1		36000	246		0.220
D1-2	90	37500	154		0.064
D2-2		37000	184		0.094
D3-2		36500	215		0.129
D4-2		36000	246		0.171
D1-3	110	37500	154		0.053
D2-3		37000	184		0.084
D3-3		36500	215		0.106
D4-3		36000	246		0.140

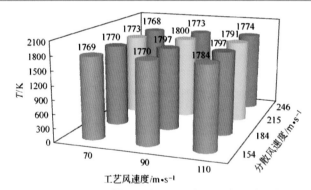

图 5-20 不同分散风速度工况下气相平均温度比较

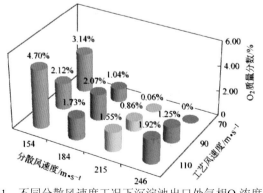

图 5-21 不同分散风速度工况下沉淀池出口处气相O_2浓度比较

综合以上工艺风-分散风动量配比及工艺风、分散风单参数仿真计算结果，可以整理得到关于工艺风与分散风操作配比优化方案如下：

（1）整体来说，在现有喷嘴结构条件下，闪速炉操作以大分散风-工艺风动量比操作有利于炉内气、粒分散和混合过程。

（2）考虑到金隆闪速炉反应塔结构特点，分散风-工艺风动量比建议控制在0.08~0.16之间；动量比太小，不利于炉内精矿颗粒的适度分散；动量比过高，料锥分散过度，则可能引起烟尘率上升，并造成精矿颗粒对反应塔中下部内衬冲刷蚀损加剧。

（3）具体而言，在相同分散风速度条件下，闪速炉操作以小工艺风速度操作为优；在相同工艺风速度条件下，则以大分散风速操作为优。

此结论与相似模型实验的研究结果一致（模型实验结果可参阅第3章内容）。

5.5 中央氧速度对闪速熔炼过程的影响研究

为研究工艺风与中央氧配比对炉内气粒混合与反应过程的影响，特设置仿真工况条件参数，见表5-12。由于在实际操作范围中，中央氧流量所占仅为工艺风流量的2%~7%（其动量水平与流量水平相当），因此仿真计算着重于研究中央氧流速对于熔炼过程的影响。

表5-12 相同工艺风、分散风流速不同中央氧流速仿真实验工况参数

编 号	工艺风		中央氧速度/m·s⁻¹	分散风速度/m·s⁻¹
	速度/m·s⁻¹	流量/m³·h⁻¹		
O-044		37800	44	
O-072		37300	72	
O-088	90	37000	88	184
O-110		36600	110	
O-132		36200	132	

5.5.1 速度分布仿真结果

图5-22所示为相同工艺风速度、不同中央氧速度（流量）条件下各工况仿真结果。如图所示，不同工况条件下，气流入炉后膨胀、在反应塔中形成钟罩状气柱形状基本相同。但比较之下，当中央氧气流速度较小时，反应塔中心中央氧气流的运动行程明显较短，并在中央氧出口约1.5m位置处形成气流速度相对较低的"空腔"区域。随着速度的逐渐增加，中央氧气流出口动量增加，中央氧影响的范围在长度与宽度方向均有所拓展；当中央氧速度增加至大于100m/s（如110m/s、132m/s）时，其气流与工艺风形成明显的同心射流并直达反应塔底部。但由于中央氧动量与工艺风动量相差很大，因此中央氧流量与速度的变化对中心气流的运动速度与气柱大小的影响不明显，见表5-13。

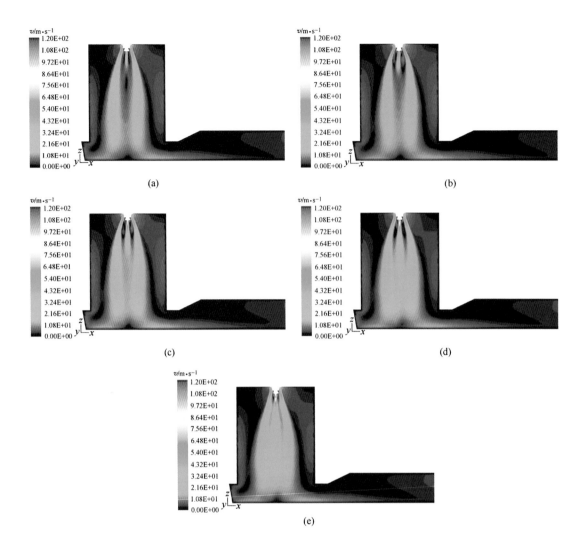

图 5-22　相同工艺风速度、不同中央氧速度工况下气相云图

（a）中央氧速度为44m/s；（b）中央氧速度为72m/s；（c）中央氧速度为88m/s；

（d）中央氧速度为110m/s；（e）中央氧速度为132m/s

表 5-13　不同中央氧速度条件下反应塔中心气流速度与气柱大小

工　况　编　号	O-044	O-072	O-088	O-110	O-132
中央氧速度/m·s⁻¹	44	72	88	110	132
塔高H=5.9m处气柱直径/m	3.70	3.70	3.70	3.87	3.84
塔高H=5.9m处向下平均速度/m·s⁻¹	7.0	7.0	7.1	7.1	7.0

5.5.2 温度分布仿真结果

图5-23所示为不同工况条件下，反应塔中心截面不同半径处气相温度随反应塔高度变化的曲线。由于中央氧喷吹出口位于反应塔正中心位置，因此中央氧流量与出口速度对反应塔中心气流速度与温度变化影响最为显著。如图5-23(a)所示，随着中央氧喷吹速度的增加，反应塔中心气相稳定高温区起始位置明显下移，其最大变化幅度可达1m距离（由工况O-044的距离塔约2.8m处下降至工况O-132的距离塔顶约3.8m处）。由此可见，中央氧速度过大将导致反应塔中心高温区下移，因此不利于该区域精矿颗粒入炉后的快速着火反应。

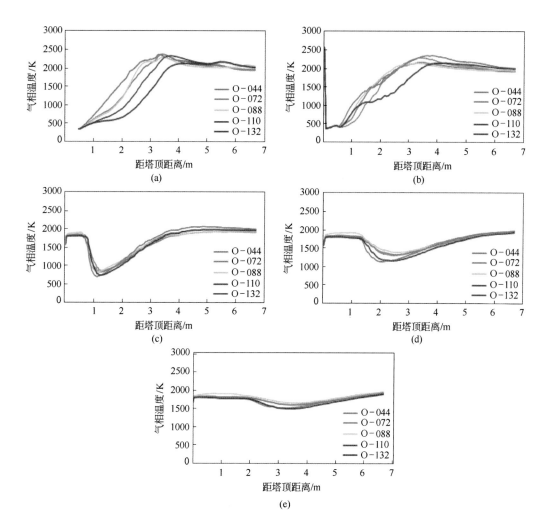

图 5-23 不同中央氧速度工况下不同反应塔半径处气相温度随反应塔高度变化曲线

（a）反应塔中心；（b）反应塔半径R=0.3m处；（c）反应塔半径R=0.6m处；

（d）反应塔半径R=0.9m处；（e）反应塔半径R=1.2m处

图5-23(b)~(e)还给出了不同工况条件下，反应塔其他位置处气相温度随反应塔高度

的变化。可以看出，在反应塔半径$R \leqslant 0.3m$范围内，中央氧喷吹速度对气相高温区的形成还有一定影响；但随着离反应塔中心距离的增加，其影响越来越微弱；至反应塔半径$R \geqslant 0.6m$以外区域，中央氧喷吹速度对炉内气相温度分布已无明显影响。

5.5.3 浓度分布仿真结果

图5-24所示为不同工况条件下，反应塔不同半径处气相SO_2浓度随反应塔高度变化的结果比较。

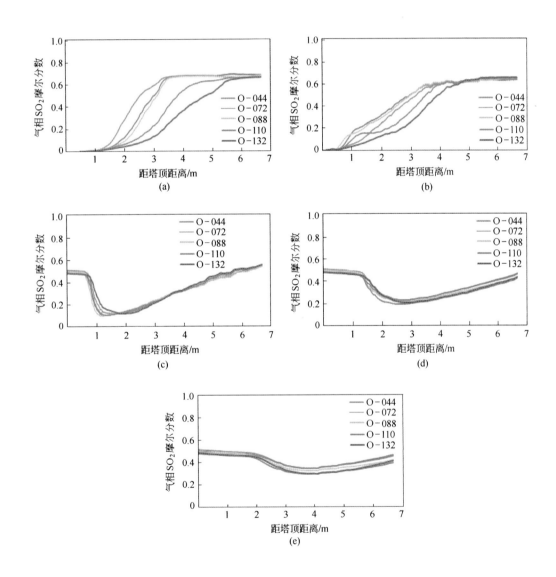

图 5-24 不同中央氧速度工况下不同反应塔半径处气相SO_2浓度随反应塔高度变化曲线

(a)反应塔中心；(b)反应塔半径R=0.3m处；(c)反应塔半径R=0.6m处；

(d)反应塔半径R=0.9m处；(e)反应塔半径R=1.2m处

如图5-24(a)所示，随着中央氧喷吹速度的增加，反应塔中心气相SO_2稳定高浓度区位置明显下移，其起始高度由工况O-044的约3.3m位置变化到工况O-132的约5.8m处，其变化幅度高达2.5m。对比图5-23(a)中的相应高温区起始位置间相差1m的结果，两工况间高浓度位置间差距增加了1.5m，这揭示出温度条件仅仅是引起两者间反应状况差别的因素之一，而另一个造成高氧速下反应区下移的重要因素则应该是气、粒间的混合过程。由于中央氧速度的提高，中央氧与工艺风间速度差减小，造成了两气流间横向掺混动力下降，因此气、粒间混合恶化，直接导致了熔炼反应减慢，激烈反应区下移。在这种高中央氧速（132m/s）的条件下，因为其激烈反应区已接近反应塔底，其反应条件与反应塔剩余有效高度要满足所有精矿粒子的需要十分困难，所以此时在反应塔中心可能出现下生料的异常生产状况。

图5-24(b)所示为在反应塔R=0.3m处各工况下气相SO_2浓度随塔高的变化。从图中可以看出，这时高、低两中央氧速度条件下，其SO_2高浓度起始位置的差距已缩小至约0.5m。到反应塔半径R=0.6m及以外区域（图5-24（c）~（e）），各工况下气相SO_2浓度分布已无显著差别。由此可见，中央氧速度对炉内反应过程的影响区域非常有限，主要集中在气柱中央、反应塔半径R≤0.3m的范围内。

由以上各工况仿真结果比较可以看出：

（1）中央氧气流出口动量增加，中央氧贯穿的长度和影响范围的宽度均有所增加；但由于与工艺风动量相比，中央氧动量很小，因此中央氧速度变化对中心气流柱的运动与气柱大小的影响不明显。

（2）中央氧喷吹速度的变化对反应塔中心最高温度点位置影响显著。随着中央氧喷吹速度的增加，反应塔中心气相稳定高温区起始位置明显下移。

（3）中央氧喷吹速度对气相高温区的影响主要体现在反应塔半径R≤0.3m范围内；至反应塔半径R≥0.6m以外区域，中央氧喷吹速度对炉内气相温度分布已无明显影响。

（4）中央氧喷吹速度对反应塔中心激烈反应区的形成影响显著。中央氧速度提高，中央氧与工艺风之间速度差减小，造成两气流间横向掺混动力下降及气、粒两相间混合力度不足，是导致熔炼反应减慢，激烈反应区下移的重要原因。

（5）中央氧速度对炉内反应过程的影响区域非常有限，主要集中在气柱中央、反应塔半径R≤0.3m的范围内。

综合以上结果分析，从科学组织气、粒两相流动与反应过程考虑，闪速炉操作优化方案应避免高中央氧速操作制度，以中央氧速度小于工艺风速度并在两气流间形成适当速度梯度为宜，这样可以加大气粒两流股间混合与扩散的横向扰动。

5.6 不同工艺风富氧率工况的仿真比较研究

富氧熔炼的应用对于提高闪速炉熔炼能力具有重要意义。目前，世界上闪速熔炼过程工艺风富氧率基本都保持在60%~70%水平。那么在高熔炼强度的情况下，继续提升富氧水平是否能对炉内精矿颗粒的迅速着火反应有所帮助呢？针对这一问题，研究中设立了高工艺风富氧熔炼的工况条件并开展相关仿真计算。

前述170t/h的A2基准工况条件下工艺风富氧率（质量分数）为70.81%（体积分数为67.97%）；为进行对比，研究中另设立一工况条件（工况编号为PO），其富氧率（质量分数）高达75%；与此同时，为防止富氧率进一步升高后炉内整体温度过高，在PO工况下将入炉总氧量较A2工况减少500m³/h。两工况条件对比见表5-14。

表5-14　工艺风富氧率仿真研究工况条件

工况编号	工艺风		分散风速度/m·s⁻¹	中央氧速度/m·s⁻¹	工艺风富氧率（质量分数）/%
	流速/m·s⁻¹	流量/m³·h⁻¹			
A2	90	37000	184	88	70.81
PO		33993			75

图5-25所示为A2与PO两工况下气相温度的仿真结果。从图中可以看出，当工艺风中富氧率提高后，反应塔中心下方的高温区范围有所增加；相应的，工艺风入炉后形成的翅翼状低温区长度大大缩短，因此反应塔中下部整体气相高温区内温度分布更为均匀。

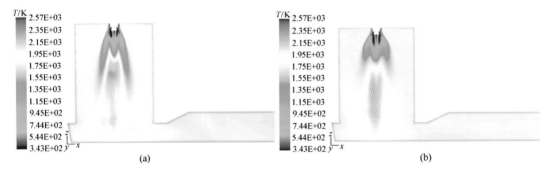

图5-25　工艺风常氧与工艺风富氧喷吹工况下气相速度云图
（a）A2工况；（b）PO工况

对比反应塔不同半径处，两工况下气相温度随反应塔高度变化曲线（见图5-26）发现：提高工艺风富氧率前后，反应塔中心气相温度数值随塔高变化略有差别，但是整体变化趋势基本一致；但在反应气柱中间及外围，提高富氧率显然有助于提高气相温度的上升梯度，并因此有助于气相高温区位置的相应上移。

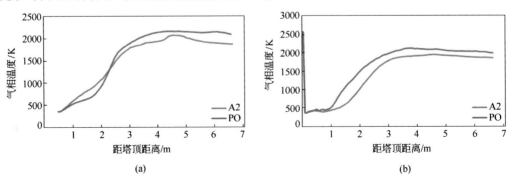

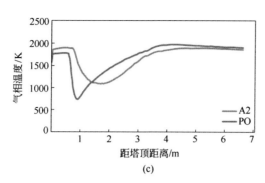

(c)

图 5-26 工艺风富氧率仿真工况下不同反应塔半径处气相温度随反应塔高度变化比较

（a）反应塔中心；（b）反应塔半径$R=0.3m$处；（c）反应塔半径$R=0.6m$处

　　反应塔不同半径处气相SO_2浓度随反应塔高度的变化曲线则将两工况下气相反应过程的区别体现得更为突出。如图5-27所示，虽然自A2至PO工况，工艺风富氧率仅提高了3.7个百分点，但是在高工艺风富氧浓度的情况下，反应塔中心气相反应速度明显加快，反应塔气柱中间与外围虽然气相浓度变化梯度接近，但是SO_2浓度明显以PO工况下的数值较高。此外，据表5-15数据显示，提高工艺风富氧率后，虽然工艺风中含氧量更高，但是在沉淀池出口处烟气中剩余氧浓度却有所减小，这表明炉内整体反应效率也有所提高。

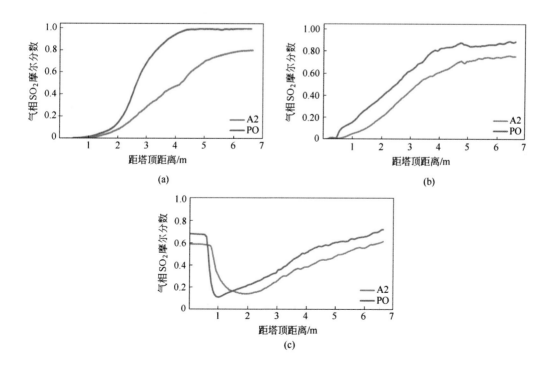

图 5-27 工艺风富氧率仿真工况下不同反应塔半径处气相SO_2浓度随反应塔高度变化比较

（a）反应塔中心；（b）反应塔半径$R=0.3m$处；（c）反应塔半径$R=0.6m$处

表 5-15　工艺风常氧喷吹与工艺风富氧喷吹仿真工况综合结果

工况编号	H=5.9m处气柱直径/m	气相平均温度/K	颗粒相高温区（>1600℃）距塔顶距离/m	沉淀池出口处烟气浓度（体积分数）/%	
				SO_2	O_2
A2	3.64	1777	2.46	63.4	3.75
PO	3.64	1797	2.32	74.4	1.3

依据以上气相温度与浓度分布特点来看，工艺风富氧率提高以后，气相整体温度有所上升，炉内高温对流与辐射传热过程加强，因此精矿颗粒入炉后的升温加快，反应感应时间缩短，精矿粒子着火也相应加快。从这个意义上看，提高工艺风富氧率是强化炉内传热与传质过程的有力手段，因此也是有助于提高反应塔内熔炼效率的有力措施之一。

与此同时，还必须看到，闪速炉内气、粒流动与混合欠佳是制约熔炼过程的另一重要原因，尤其对于反应塔中下部区域，当温度条件已满足反应要求，而气、粒混合与物质扩散速率成为限制反应过程的主要因素时，提高工艺风富氧率则不再是最优选择，此时合理组织气流运动、增加气粒相对运动趋势将更有助于改善炉内的反应条件，强化熔炼过程。此外，需要特别指出的是，高熔炼强度下受炉内高温和高速气流的作用，闪速炉炉体内衬的作业条件更为恶劣，而继续提升工艺风富氧率将使得炉内气体温度进一步升高，炉体设备受高温蚀损的潜在威胁也将进一步加剧，为此必须提高炉体的冷却强度，确保炉体安全。

5.7　高强度闪速熔炼过程操作方案优化建议

随着闪速炉生产能力的不断增加，在炉内传热、传质条件未发生明显变化的现状下，投料量的增加使得精矿粒子入炉后的着火越发困难。以金隆铜业有限公司现有闪速炉操作制度为例，闪速熔炼过程中反应塔内气、粒混合欠佳，精矿粒子未与工艺风、中央氧充分混合的现象非常明显；更重要的是精矿粒子入炉后着火延迟，反应区拉长，塔内高温区显著下移，这些因素引起反应塔有效高度降低，并进而成为造成精矿粒子反应不完全以及反应塔内熔炼反应效率降低的主要原因。

从仿真研究结果来看，工艺风、分散风、中央氧是闪速炉生产的三大重要操作参数，三个气流之间的参数配比（三风配比）直接影响到反应塔内气、粒运动、混合与反应过程。

（1）分散风-工艺风动量比是影响炉内气粒混合与反应的重要因素。分散风-工艺风动量比太小，不利于炉内精矿颗粒的适度分散；动量比过高，料锥分散过度，则可能引起烟尘率上升，并造成精矿颗粒对反应塔中下部冲刷蚀损加剧。

（2）中央氧在经由精矿喷嘴喷入炉内的三股气流中动量最小，因此中央氧速度变化对中心气流柱的运动与气柱大小影响不明显；但中央氧喷吹速度的变化对反应塔中心最高温度点位置与反应塔中心激烈反应区的形成影响显著，其主要影响区域集中在气柱中央、反应塔半径$R \leqslant 0.3m$的范围内。

（3）适当提高工艺风富氧率将有助于精矿粒子的快速着火并进而有利于提高整体的熔炼效率，但提高工艺风富氧率对于改善炉内整体气、粒混合欠佳的局面作用有限。与此同时，在高工艺风富氧率操作条件下，炉体设备受到高温蚀损的潜在威胁将进一步增加，因此必须大力强化炉体的冷却力度，确保炉体安全。

根据本章中仿真寻优实验的系列结果以及闪速炉优化的总体原则，可得出闪速炉熔炼过程操作方案的主要建议为：

（1）结合金隆铜业有限公司闪速炉结构特点，从科学组织气、粒两相流动与反应过程考虑，建议闪速炉操作将分散风-工艺风动量比控制在0.08~0.16之间；

（2）在适宜分散风-工艺风动量比范围内，建议使用大分散风-工艺风动量比操作；

（3）在相同分散风速度条件下，闪速炉操作以小工艺风速度操作为优，在相同工艺风速度条件下，则以大分散风操作为优；

（4）闪速炉操作应避免高中央氧速操作，并以中央氧速度小于工艺风速度、以在两气流间形成适当速度梯度为宜。

6 控制反应塔内 Fe₃O₄ 生成条件的数字仿真实验

根据对国内外相关文献的研究，以及对金隆铜熔炼闪速炉贫化炉渣含铜形态的检验分析，可以认为：

（1）炉渣含铜与渣中 Fe_3O_4 含量成明显的正相关关系（这一观点也同样能从冶金理论与渣含铜微观机理上得出解释）；

（2）炉渣中 Fe_3O_4 含量随熔炼强化程度成正相关变化趋势；

（3）在强化熔炼的同时要求降低 Fe_3O_4 渣含铜，最好的工业措施之一是在闪速炉熔炼系统中形成一定的氧势梯度，即在上游强氧化，中下游（含熔体中）逐渐还原；反应塔上中部气相中强氧化，中下部颗粒间进行还原，即通过加入还原剂颗粒在高温条件下与过氧化粒子碰撞或接近时形成一种微观还原性环境。本书将这一概念称为"氧势梯度熔炼法"。

如何在熔炼系统中有效地形成氧势梯度，本章拟通过闪速炉炼铜的数值模拟与反应塔内流场、温度场、浓度场和释热场（即"四场"）耦合仿真实验，探寻实现氧势梯度，特别是在反应塔内形成这种梯度的操作条件，以及各操作参数的优化组合，以作为生产上进行探索试验的理论参考。

6.1 闪速炉炼铜仿真模型的建立

6.1.1 闪速炉仿真模型结构

本章以金隆公司2002年前后的铜熔炼闪速炉为研究对象（与第4、5章的结构尺寸、工艺参数及边界条件不同）。

仿真模型空间由反应塔内空间和沉淀池内空间组成，反应塔内空间为圆柱形，直径为5.0m，高度为6.64m；沉淀池内空间为长方形，包括从西侧端墙到上升烟道入口为止的气相空间，宽度为6.7m，高度为1.59m，长度为18.5m。

由于闪速炉为南北对称结构，取闪速炉中心剖面为对称面，只对闪速炉一半空间进行仿真计算（见图6-1），以尽量减少网格，提高计算速度。圆柱部分采用"O"形网格，提高网格质量。另外，由于闪速炉的主要反应是在反应塔中完成的，因此反应塔的网格划分较细，模型结构较细致复杂，而沉淀池部分的模型结构较粗略简化。

精矿喷嘴局部网格结构放大如图6-2所示。精矿喷嘴内环面积为0.0274922m^2，外环面积为0.0414478m^2，分散风口为0.0029452m^2，中央氧口为0.0037285m^2。采用贴体网格，网格总数为64696。

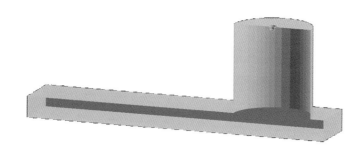

图 6-1　闪速炉结构模型

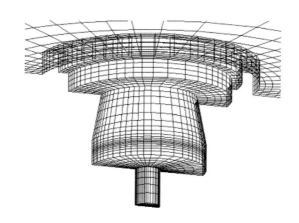

图 6-2　闪速炉精矿喷嘴网格

6.1.2　精矿合理成分推算

精矿装入量与物料成分见表6-1。

表 6-1　精矿装入量与物料成分

原　料	装入量/t·h^{-1}	物料成分/%			
		Cu	Fe	S	SiO$_2$
精矿	76.635	31.20	25.20	30.07	3.91
返尘	8				
熔剂	8.365		1		93

推算合理矿物组成见表6-2。

表 6-2 物料合理矿物组成

成 分	$CuFeS_2$	FeS_2	Cu_2S	SiO_2	其 他
质量分数/%	64.62	2.55	4.17	11.59	17.07

6.1.3 仿真边界条件

按金隆公司的操作条件，仿真边界条件如下：
(1) 上升烟道处出口：压强边界条件；
(2) 沉淀池壁和渣面：绝热边界条件；
(3) 反应塔侧壁：恒热流边界条件；
(4) 反应塔顶壁：恒热流边界条件；
(5) 其他壁面：恒热流边界条件。

6.2 现场生产工况下铜闪速炉熔炼过程的数值仿真

使用CFX4.3商业软件的通用平台及作者补充的熔炼反应和燃烧过程计算模块，对研究现场当时工况下热工过程、传递过程与熔炼过程进行仿真计算。对仿真结果讨论分析如下。

6.2.1 现场生产工况（工况1）

闪速炉投料量为93t/h，反应塔重油消耗量为390kg/h，主要操作参数见表6-3。

表 6-3 工况1操作参数

项 目	温度/K	氧气质量分数/%	风速/m·s⁻¹
内环工艺风	298	61.6	166.4
外环工艺风	298	61.6	23.6
中央氧	298	97.1	56.9
分散风	313	23.3	180.2
燃烧风	298	39.2	8.8

6.2.2 仿真计算结果

仿真计算结果主要包含以下内容：

（1）气相流线图，如图6-3所示。

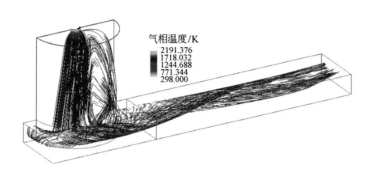

图6-3 气相流线图

流线是欧拉法表征流场形态的一种方法，流线上任一点的切线方向，为该点流体速度方向。从流线图中可以明显看出，精矿喷嘴喷出的高速气流在反应塔中心区域垂直向下流动，遇到沉淀池渣面（水平方向）后向四周扩散，在西侧和南北侧遇到沉淀池端墙在此形成一系列小旋涡和回流区；随着气流向上升烟道方向汇集，旋涡的能量加大，范围加大，形成两个大旋涡，一个大旋涡在反应塔的东侧区域形成，此旋涡的范围几乎覆盖了反应塔东半侧整个空间，使部分烟气上升到反应塔顶部，再和精矿喷嘴喷出的高速气流汇合；另一旋涡在沉淀池下游形成，它是沉淀池上游一系列小旋涡会合的结果，旋涡方向没有改变，只是范围更大，并直接向上升烟道流去。

流线的密集程度反映流体速度的大小。反应塔中流线主要集中在反应塔中心区域，表明此区域气流速度很高，而在反应塔西侧区域几乎没有流线，表明此区域气流速度极低，即"死区"。

（2）纵剖面上气相温度场，如图6-4所示。

图6-4 纵剖面上气相温度场分布

在重油烧嘴下，最高气相温度为2192K（1919℃），沉淀池出口气相平均温度为1740K（1467℃）。

（3）纵剖面氧气浓度场，如图6-5所示。

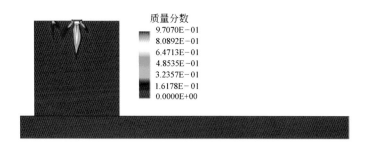

图6-5　纵剖面氧气浓度场分布

工艺风中的氧在精矿喷嘴下1.5~2.0m处基本已消耗完，中央氧在喷嘴以下3.0m处也基本消耗完。沉淀池出口平均氧气质量分数为3.7%。

（4）纵剖面二氧化硫浓度场，如图6-6所示。

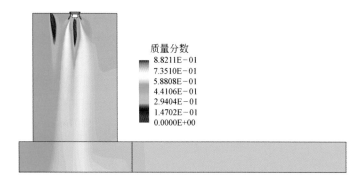

图6-6　纵剖面二氧化硫浓度场分布

在精矿喷嘴下有一伞状SO_2高浓度区，除左侧局部有一SO_2相对低浓度区外，其他区域浓度较均匀。沉淀池出口平均二氧化硫质量分数为58.0%。

（5）纵剖面气相二氧化碳浓度场，如图6-7所示。

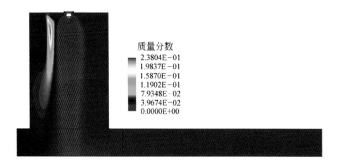

图6-7　纵剖面气相二氧化碳浓度场分布

CO_2高浓度区在油喷嘴下，精矿喷嘴下CO_2浓度极低，其他区域浓度较均匀。沉淀池出口平均CO_2质量分数为3.1%。

（6）纵剖面气相水蒸气浓度场，如图6-8所示。

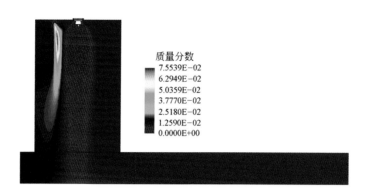

图 6-8　纵剖面气相水蒸气浓度场分布

水蒸气浓度分布与CO_2浓度分布类似。

（7）纵剖面气相压强等值线图，如图6-9所示。

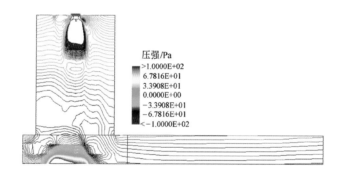

图 6-9　纵剖面气相压强等值线图

由于浮力作用，反应塔和沉淀池空间的压强分布上高下低，压强等值线大致水平。在精矿喷嘴出口处有一个相对高压区，是由于在精矿喷嘴出口处工艺风射流速度急剧降低，压强增大造成的。在反应塔中心区域沉淀池渣面附近有一个相对高压区，是由于高速气流遇到渣面的阻碍速度降低，压强增大造成的。在精矿喷嘴分散锥下有一相对低压区，是由于高速气流在分散锥形成的钝体后形成回流区造成的。

（8）纵剖面反应塔气相速度场分布，如图6-10所示。

在反应塔中央直径2.5m左右区域为高速向下的气流核心区，速度为25m/s左右，在接近渣面处速度急剧降低并向外围扩散。在其左侧有一速度很低的死区；在其右侧是一大回流区，直至反应塔顶部。

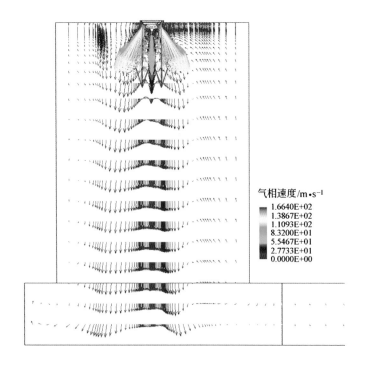

图 6-10　纵剖面反应塔气相速度场分布

（9）颗粒直径与轨迹，如图6-11所示。

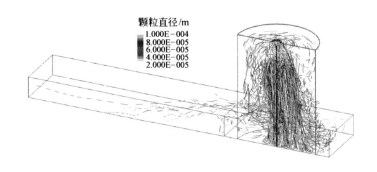

图 6-11　颗粒直径与轨迹图

从颗粒轨迹可以看出气相流场对颗粒分布的决定性作用，特别是前面提到的两个大旋涡的作用非常明显：部分颗粒从反应塔下侧由反应塔的东侧回流至塔顶，在沉淀池下游的旋涡对颗粒的沉降分离作用明显，大颗粒沉降下来，部分小颗粒进入上升烟道。

（10）颗粒速度分布，如图6-12所示。

伞形料锥区域，颗粒平均速度达到25~30m/s，在精矿喷嘴出口处颗粒速度最高，接近渣面位置颗粒速度很快降低到3.1m/s。漂浮颗粒速度较低。

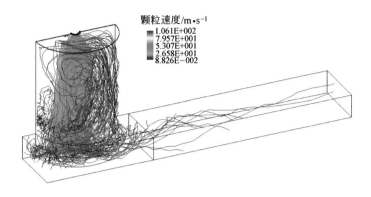

图 6-12　颗粒速度分布

（11）颗粒在反应塔中停留时间，如图6-13所示。

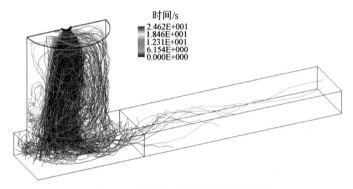

图 6-13　颗粒在反应塔中停留时间

在伞形料锥区域，颗粒停留时间极短，不超过1s。在大旋涡中的漂浮颗粒在反应塔内停留时间较长。

（12）颗粒中CuFeS₂（黄铜矿）含量，如图6-14所示。

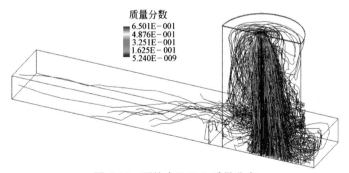

图 6-14　颗粒中CuFeS₂质量分布

黄铜矿在精矿喷嘴出口附近被快速消耗，但在料锥局部区域仍有部分未反应的黄铜矿。

（13）颗粒中Cu₅FeS₄（斑铜矿）含量，如图6-15所示。

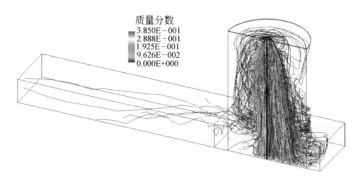

图 6-15　颗粒中Cu₅FeS₄质量分布

斑铜矿是随着黄铜矿的燃烧大量生成的中间产物，在外围区域Cu₅FeS₄又逐渐被氧化掉。

（14）颗粒中Cu₂S（辉铜矿）含量，如图6-16所示。

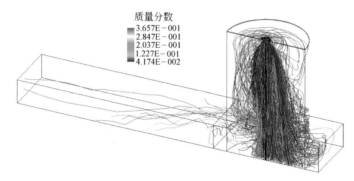

图 6-16　颗粒中Cu₂S质量分布

辉铜矿（Cu₂S）或白冰铜在过氧化颗粒中大量生成。

（15）颗粒中Fe₃O₄含量，如图6-17所示。

磁铁矿（Fe₃O₄）在精矿出喷嘴后大量生成，在过氧化颗粒中最多达32.1%。Fe₃O₄含量较高的颗粒主要在反应塔外围区域。渣面位置颗粒中平均Fe₃O₄含量为17.4%，颗粒平均温度为1742K（1469℃）。

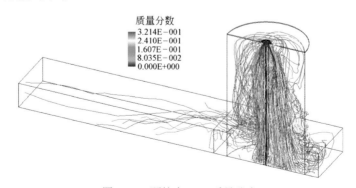

图 6-17　颗粒中Fe₃O₄质量分布

（16）颗粒中FeS含量，如图6-18所示。

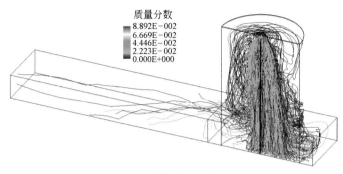

图 6-18 颗粒中FeS质量分布

FeS在反应塔内随着铜精矿的燃烧氧化不断生成，同时部分FeS又被继续氧化。

（17）颗粒中SiO_2含量，如图6-19所示。

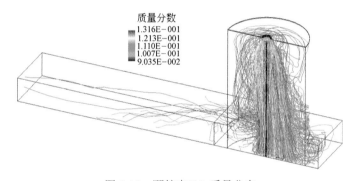

图 6-19 颗粒中SiO_2质量分布

石英熔剂（SiO_2）在反应塔中未能完成全部的造渣反应，平均含量达11.3%，有待在沉淀池中继续造渣反应。

6.3 仿真模型可靠性的验证

为了验证仿真模型的合理性与仿真结果的可靠性，拟从下面三方面进行检验：

（1）逻辑验证。变化其中一操作参数，检验仿真结果的变化趋势是否符合理论预测或生产实践经验。例如，可以提高工艺风的氧气浓度（工艺风的速度不变），这样势必提高反应塔内的氧势，烟气中氧气浓度会有一定的提高，而且更多的精矿颗粒参与氧化反应（颗粒和气相温度更高），精矿颗粒过氧化程度更高（颗粒中Fe_3O_4含量更多）。另外还可以增加投料中的石英熔剂含量，参与造渣反应的熔剂量增加，这样将减少颗粒中Fe_3O_4的生成量，颗粒温度会有所降低。

（2）利用现场检测数据，直接与该工况条件下的仿真结果进行比较。

（3）将仿真结果和国内外较有影响的学者的公开报道的类似研究结果进行类比分析。

6.3.1 工艺风量不变提高工艺风氧浓度的仿真实验（工况2）

工况2中内环工艺风的氧气质量分数提高到75%（工况1为61.6%），其余参数与工况1相同。工况2的操作参数见表6-4。

表 6-4 工况2的操作参数

项 目	温度/K	氧气质量分数/%	风速/m·s⁻¹
内环工艺风	298	75.0	166.4
外环工艺风	298	61.6	23.6
中央氧	298	97.1	56.9
分散风	313	23.3	180.2
燃烧风	298	39.2	8.8

仿真实验结果如下：

（1）纵剖面氧浓度场分布，如图6-20所示。

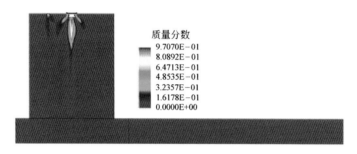

图 6-20　纵剖面氧浓度场分布

反应塔气相整体氧势明显提高，沉淀池出口O_2质量分数为5.3%，比工况1提高了1.6个百分点；沉淀池出口SO_2质量分数为65.1%，比工况1提高了3.5个百分点；CO_2质量分数为3.0%，H_2O质量分数为1.0%；平均气相温度为1760K（1487℃），比工况1提高了20℃。

（2）颗粒中Fe_3O_4含量，如图6-21所示。

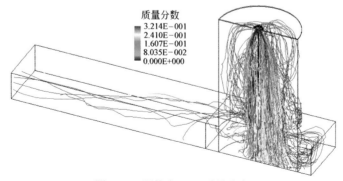

图 6-21　颗粒中Fe_3O_4质量分布

颗粒中的Fe_3O_4含量明显提高，渣面位置颗粒中平均Fe_3O_4含量为21.4%，比工况1提高了4个百分点，颗粒平均温度为1777K（1504℃），比工况1提高了35℃。

6.3.2 总投料量不变增加石英熔剂含量的仿真实验（工况3）

工况3的总投料量不变，只是投料中SiO_2的含量提高到23.17%（工况1中为11.59%），$CuFeS_2$、FeS_2和Cu_2S的含量不变，相应其他物质含量减少到5.49%。其余参数与工况1相同。工况3的操作参数见表6-5。

表 6-5　工况3的操作参数

成　分	$CuFeS_2$	FeS_2	Cu_2S	SiO_2	其他
质量分数/%	64.62	2.55	4.17	23.17	5.49

仿真实验结果如下：

（1）颗粒中SiO_2含量，如图6-22所示。

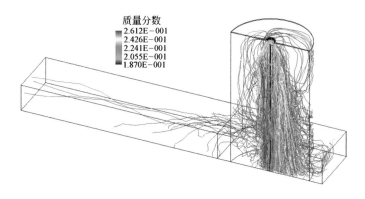

图 6-22　颗粒中SiO_2质量分布

随着颗粒中SiO_2含量大幅度提高，参与造渣反应熔剂的绝对量增加。

（2）颗粒中Fe_3O_4含量，如图6-23所示。

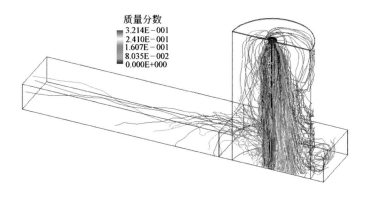

图 6-23　颗粒中Fe_3O_4质量分布

颗粒中的Fe_3O_4含量明显降低,渣面位置颗粒中平均Fe_3O_4含量为13.7%,比工况1降低了3.7个百分点,颗粒平均温度为1727K(1454℃),比工况1降低了15℃。

6.3.3 仿真结果(工况1)与实测数据比较

仿真结果(工况1)与实测数据比较见表6-6,其中气相平均温度、氧气利用率、颗粒中SiO_2含量和Fe_3O_4含量四方面检测数据(或现场设定值)和仿真结果大体相符。

表 6-6 仿真结果(工况1)实测数据与对比

比较项目	实测数据	仿真结果	偏差/%
反应塔气相平均温度/℃	1420	1467	+3.3
氧气利用率/%	87	91.85	+5.6
反应塔急冷样颗粒中SiO_2含量/%	11.29	12	+6.3
反应塔急冷样颗粒中Fe_3O_4含量/%	24.63	24	−2.6

6.3.4 仿真结果(工况1)与文献数据比较

奥托昆普公司1969年测试报告结果是针对老式的文丘里型精矿喷嘴的(见图6-24(a)),这种喷嘴精矿和氧气混合均匀。工况1仿真的喷嘴是中央扩散式精矿喷嘴,精矿和氧气在喷入反应塔后再混合,这种喷嘴稳定性好,喷嘴能力强。图6-24(b)中黑点是在离反应塔顶不同距离各颗粒Fe_3O_4的质量分数,显示出各颗粒氧化程度(即Fe_3O_4含量)强弱不均,红线为添加的平均Fe_3O_4含量变化趋势线。对比可以看出二者变化趋势大体一致。

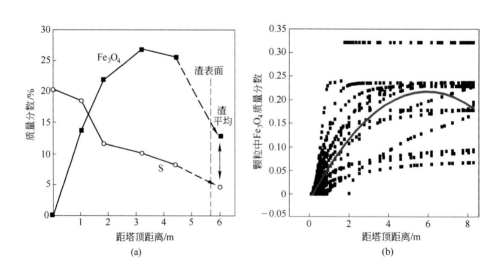

图 6-24 沿反应塔高度方向颗粒中Fe_3O_4含量的变化比较

(a)奥托昆普公司1969年测试报告结果[1]; (b)工况1仿真计算结果(红线为趋势线)

---

❶ ASAKI Z. Kinetic studies of copper flash smelting furnace and improvements of its operation in the smelters in Japan[J]. Mineral Processing and Extractive Metallurgy Review, 1992, 11: 163~185.

　　N.J.Themlis和H.Y.Sohn研究的也是老式的文丘里型精矿喷嘴（见图6-25(a),(b)），精矿颗粒进入反应塔后迅速燃烧，释放出大量的热，短时间内将颗粒和气相加热到最高温，随着和周围进行热量交换，颗粒温度逐渐降低，气相温度也略有降低。工况1研究的喷嘴是中央扩散式精矿喷嘴，氧气和精矿颗粒是一边混合一边燃烧，高温区域更大，在喷嘴侧气相温度由于重油的集中燃烧，出现温度峰值（见图6-25(c),(d)）。

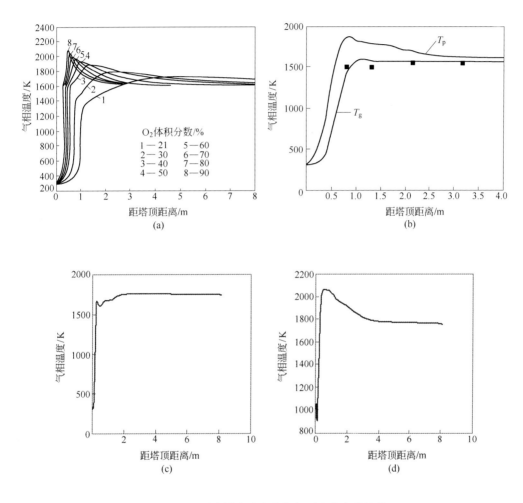

图 6-25　沿反应塔高度方向气相温度分布的比较

（a）沿反应塔高度方向气相温度分布与氧气浓度的关系（1988年N.J.Themlis研究结果）[1]；

（b）沿反应塔高度方向气相与颗粒温度分布（1990年犹他大学H.Y.Sohn研究结果）[2]；

（c）沿反应塔高度方向气相温度分布仿真计算结果（油喷嘴相对侧气相温度）；

（d）沿反应塔高度方向气相温度分布仿真计算结果（油喷嘴侧气相温度）

[1] THEMELIS N J. Transport phenomena in high-intensity smelting furnaces[J]. Trans.Inst.Min.Metall. (Sect.C: Mineral Process Extr.Metall), 1987, 96: 179~185.

[2] HAHN Y B, SOHN H Y. Mathematical modeling of sulfide flash smelting process: part II. quantitative analysis of radiative heat transfer[J]. Metallurgical and Materials Transactions B, 1990, 21B: 959~966.

颗粒温度分布仿真结果（图6-26(b)）与木村和H.Y.Sohn的研究结果（图6-26(a)）趋势相符。

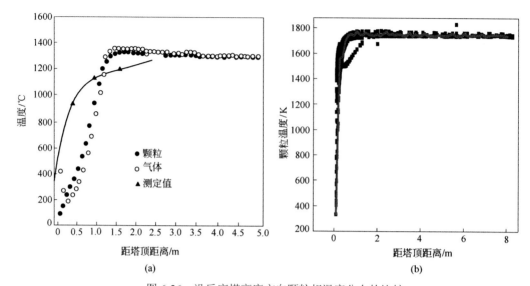

图 6-26 沿反应塔高度方向颗粒相温度分布的比较

（a）日本新居滨实验室研究总冶金师木村研究结果；（b）颗粒相温度分布仿真计算结果

6.3.5 仿真结果分析比较

对以上仿真计算结果分析比较可知：

（1）从工况2和工况3与工况1的仿真结果比较中可以看出，本仿真模型和计算结果具有相对的准确性。

工况2中整体氧势提高，增加了Fe_3O_4的生成量，工况3增加石英熔剂的量，降低了Fe_3O_4的生成量，这是合乎逻辑，符合变化规律的。

（2）现场检测也验证了仿真计算结果的合理性。

在气相平均温度、氧气利用率、颗粒中SiO_2含量和Fe_3O_4含量四方面检测数据（或现场设定值）和仿真结果大体相符。

（3）本仿真结果与文献报道的结论及参数变化趋势基本相符。

综上所述，本数值仿真计算模型可以作为该闪速炉对铜锍熔炼进行仿真实验的平台。

6.4 工艺风氧浓度对Fe_3O_4生成量影响的仿真实验

为了进一步强化闪速炉熔炼过程，提高工艺风氧气浓度是国内外闪速炼铜厂采取的有效方法之一。工况2的仿真实验表明提高工艺风氧气浓度（保持工艺风速度不变，增加了总的氧气供应量），不仅提高了Fe_3O_4的生成量，也提高了颗粒温度，为过氧化颗粒的还原创造了条件。

在总氧气量不变的条件下，工艺风氧气浓度的变化，必然改变反应塔内的流场，颗粒分布也因此而改变，这些因素又将影响到Fe_3O_4的生成量。

6.4.1 总氧量不变提高工艺风氧浓度的仿真实验（工况4）

在总氧量不变的前提下，内环工艺风的氧气质量分数提高到75%（工况1为61.6%），相应地内环工艺风总量减少为12402m³/h（工况1为15100m³/h），内环风速降低为136.7m/s（工况1为166.4m/s），其余参数与工况1相同。工况4的操作参数见表6-7。

表 6-7　工况4的操作参数

项　目	温度/K	氧气质量分数/%	风速/m·s⁻¹
内环工艺风	298	75	136.7
外环工艺风	298	61.6	23.6
中央氧	298	97.1	56.9
分散风	313	23.3	180.2
燃烧风	298	39.2	8.8

仿真实验结果如下：

（1）颗粒速度分布，如图6-27所示。

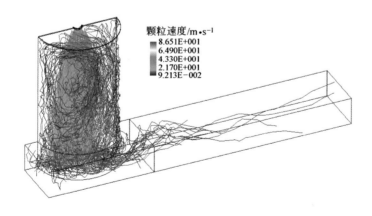

图 6-27　颗粒速度分布

从图6-27中可以看出，伞形料锥区域，颗粒平均速度降到20m/s左右（工况1为25~30m/s），颗粒最高速度降为86.5m/s（工况1为106m/s），料锥直径增大，漂浮颗粒数量明显增加。接近渣面位置颗粒速度为2.7m/s（工况1为3.1m/s）。

（2）颗粒中Fe₃O₄含量，如图6-28所示。

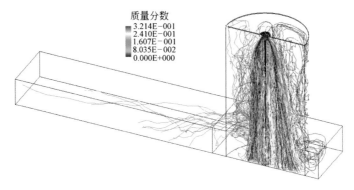

图 6-28　颗粒中Fe₃O₄质量分布

颗粒平均温度为1766K（1493℃），比工况1提高了24℃，对Fe_3O_4的还原有利；颗粒中的Fe_3O_4含量明显降低，渣面位置颗粒中平均Fe_3O_4含量为14.2%，比工况1降低了3.2个百分点。

在此工况下，虽然工艺风氧浓度提高了13.4个百分点，也就是反应塔上部气相氧势有所提高，但由于工艺风速度降低，而分散风速度未变，也就是水平气流动量与垂直向下气流动量之比增大，分散风的作用相对加强致使颗粒分散更好，气粒混合更均匀，从而降低了粒子过氧化机会，导致Fe_3O_4生成量减少。

6.4.2　总氧量不变、降低工艺风氧浓度的仿真实验（工况5）

在总氧量不变的前提下，内环工艺风的氧气质量分数降低到50%（工况1为61.6%），相应地内环工艺风总量增加为18603m³/h（工况1为15100m³/h），内环风速增大到205.1m/s（工况1为166.4m/s），其余参数与工况1相同。工况5的操作参数见表6-8。

表 6-8　工况5的操作参数

项　目	温度/K	氧气质量分数/%	风速/m·s⁻¹
内环工艺风	298	50.0	205.1
外环工艺风	298	61.6	23.6
中央氧	298	97.1	56.9
分散风	313	23.3	180.2
燃烧风	298	39.2	8.8

仿真实验结果如下：

（1）颗粒速度分布，如图6-29所示。

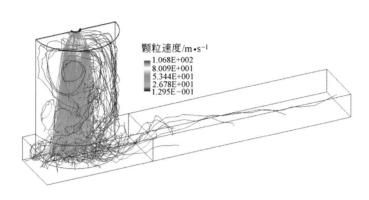

图 6-29　颗粒速度分布

伞形料锥区域，颗粒平均速度达到30~40m/s（工况1为25~30m/s），颗粒最高速度达到107m/s，料锥直径减小，漂浮颗粒数量明显减少。接近渣面位置颗粒速度为8.8m/s（工况1为3.1m/s）。

（2）颗粒中Fe$_3$O$_4$含量，如图6-30所示。

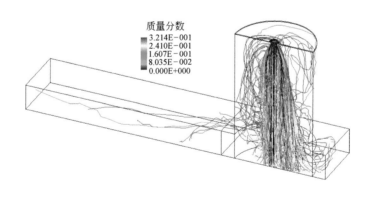

图 6-30　颗粒中Fe$_3$O$_4$质量分布

渣面位置颗粒中平均Fe$_3$O$_4$含量为15.8%，仅比工况1降低了1.6个百分点，颗粒平均温度为1637K（1364℃），比工况1降低了105℃。

6.4.3　实验综合分析

实验小结如下：

（1）在总氧量不变的前提下，工艺风氧浓度变化对铜闪速熔炼的影响汇总见表6-9。

表 6-9   工艺风氧浓度变化对铜闪速熔炼的影响汇总

工况编号	内环风氧的质量分数/%	内环风速/m·s⁻¹	沉淀池出口氧的质量分数/%	氧气利用率/%	颗粒平均温度/℃	气相平均温度/℃	Fe_3O_4生成量/%	渣面颗粒速度/m·s⁻¹	颗粒分布直径/m	漂浮颗粒情况
工况1	61.6	166.4	3.7	91.85	1469	1467	17.4	3.1	3~3.5	部分
工况4	75.0	136.7	3.6	92.64	1493	1487	14.2	2.7	4	较多
工况5	50.0	205.1	4.8	88.28	1364	1437	15.8	8.8	2.5	较少

（2）在总氧量不变的前提下，工艺风氧气浓度的变化对Fe_3O_4生成量的影响表现在多方面，并非单一的、线性的影响。氧气浓度变化，工艺风速必然变化，也就改变了反应塔内的流场，改变了颗粒在反应塔中的空间分布、颗粒与气相的混合以及不同大小、不同组分颗粒间的碰撞反应机会，其次是氧气浓度变化改变了反应速度，改变了反应颗粒的温度，从而间接影响到铜闪速熔炼的整个过程。

（3）在总氧量不变，其他条件（包括喷嘴尺寸、入炉物料组成与分散风量等）也都固定的情况下，工艺风氧浓度高，但工艺风速较低，颗粒停留时间长，精矿颗粒燃烧完全，氧气利用率高，残氧浓度低；颗粒温度高，有利于过氧化颗粒的还原（高温、低氧浓度、充足的反应时间），从而减少Fe_3O_4生成量。

工艺风氧浓度低，工艺风流量及喷出速度高，分散风作用相对减弱，颗粒向下运动速度高，停留时间短，精矿颗粒燃烧不完全，氧气利用率低，残氧浓度高，颗粒温度低，脱硫不完全，甚至下生料，抑制了Fe_3O_4的生成，但同时也不利于熔炼过程的强化。

6.5   在入炉料中混入还原剂颗粒（煤粒）的探索性仿真实验

为了使反应塔内熔炼过程有效强化的同时，又能尽量降低离塔产物中Fe_3O_4的含量，利用数字熔炼模型探寻形成氧势梯度熔炼模式的技术条件。

6.5.1   氧势梯度法熔炼

氧势梯度法熔炼的主要内容包括：

(1) 闪速炉反应塔上部，强化脱硫熔炼。

条件："三集中"（氧气集中、颗粒适当集中、高温集中）的原则。

(2) 闪速炉反应塔中下部，借助还原剂颗粒对过氧化颗粒的掺混与碰撞，形成非平衡、非稳态的微观还原性环境。

条件：低氧浓度、粒子群中混有一定的还原剂颗粒、颗粒温度高、充足的反应时间。

（3）沉淀池进一步降低氧势，强化Fe_3O_4还原。

条件：未完全反应的还原剂颗粒落入沉淀池，低氧势，合适的温度，熔池搅拌。

有效地控制闪速炉各区域或颗粒周围微环境的氧势是氧势梯度法熔炼的核心思想，也是加入煤粒的粒度、位置、数量和其他相应操作参数调控的主要指导原则。

6.5.2 反应塔加煤或焦粒的优缺点

在闪速熔炼过程中加入煤或焦粒是许多铜冶炼厂在实践中摸索出的一种有效方法，加煤会给闪速熔炼带来如下好处：

（1）可以控制反应塔空间的氧浓度分布，从而控制Fe_3O_4的生成；

（2）C或CO可以还原Fe_3O_4；

（3）煤粒燃烧释放的大量热可补充到反应塔中，取代部分燃油；

（4）高温预热的残碳与熔滴预混进入沉淀池，可在沉淀池中更加有效地降低Fe_3O_4。

同时，加煤也有以下弊端：

（1）C或还原气氛对塔壁挂渣（含Fe_3O_4较高）的侵蚀作用不容忽视；

（2）C消耗部分氧，如果控制不当可能会影响到脱硫的进行；

（3）使伴生元素（砷、锑、铋）的脱除率降低。

6.5.3 加煤控制原则

加煤或焦粉虽然是一种有效手段，但如何科学地、有效地加入，如何扬长避短，是值得深入研究的。其基本原则如下：

（1）煤粒燃烧反应宜控制在反应塔的中下部进行；

（2）煤粒在反应塔空间分布宜控制在伞形料锥直径2.5~3.0m区域内，避免直接冲刷反应塔壁面；

（3）控制一定比例的碳量进入沉淀池，有利于减少沉淀池中炉结的生成；

（4）根据经验，加煤量宜控制在投料量的1%左右的范围；

（5）作为还原剂的煤粒，其粒径大小和粗细分布的控制，理论上应要求其与反应塔中下部矿粒（特别是过氧化颗粒）在气相中的受力与运动行为相似，即要求两种颗粒的阿基米得数（Ar）相等或相近，以增加碰撞机会或延长接触时间，即要求：

$$Ar_m = Ar_k$$

$$Ar \equiv \frac{g d_p^3}{v_g^2}\left(\frac{\rho_p - \rho_g}{\rho_g}\right)$$

式中　　　　　　　　g ——重力加速度，m/s^2；

v_g ——连续介质相（气相）运动黏度，m^2/s；

ρ ——密度，kg/m^3；

d ——颗粒直径，m；

下标m，k，p，g——分别代表煤，矿，颗粒，气相。

由于熔炼过程中矿料颗粒大小将发生变化，因而很难预设和保持反应塔内两种颗粒的运动行为完全相似。仿真实验中将采取较宽的Ar_m值与多种粒径的煤粒进行探索。

6.5.4　加煤仿真实验寻优原则和实验基本条件

通过分析仿真实验结果，确定一个较大的粒径范围，采用黄金分割法搜索最佳的煤粒粒径，实现充分利用加入煤粒带来的优点，又要将其负作用降到最小。

在以下的探索性实验中假设选用的煤粒含碳85%，其余是灰分。煤粒和投料混合均匀后从下料管中加入，加入煤粒的量控制在936kg/h（投料量的1%），其他参数和工况1相同。

6.5.5　150μm均匀煤颗粒仿真实验（工况6）

仿真实验结果如下：

（1）精矿颗粒粒径与轨迹，如图6-31所示。

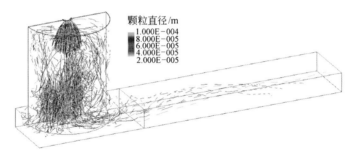

图 6-31　精矿颗粒粒径与轨迹图

加入投料量1%的煤粒对闪速炉流场没有明显的改变，和工况1相比，精矿颗粒分布没有明显变化。

（2）煤颗粒残碳量与轨迹，如图6-32所示。

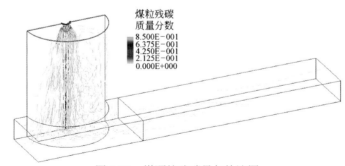

图 6-32　煤颗粒残碳量与轨迹图

煤颗粒进入反应塔高温火焰区，喷嘴出口往下2m以内区域迅速燃烧消耗，渣面位置平均煤粒残碳5%。大量煤灰在反应塔中漂浮。

（3）反应塔中Fe₃O₄含量分布，如图6-33所示。

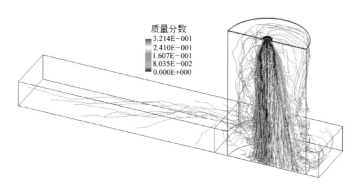

图6-33　颗粒中Fe₃O₄质量分布

颗粒中的Fe₃O₄含量明显降低，渣面位置颗粒中平均Fe₃O₄含量为13.5%，比工况1降低了3.9个百分点；平均温度为1807K（1534℃），比工况1提高了65℃。煤粒的加入有效地降低了颗粒中的Fe₃O₄含量。

（4）纵剖面上气相温度场，如图6-34所示。

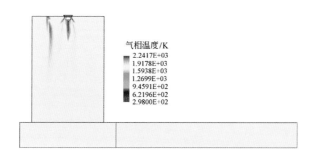

图6-34　纵剖面上气相温度场分布

气相最高温度为2242K（1969℃）；气相平均温度为1800K（1527℃），比工况1提高了60℃。煤粒燃烧产生的热量补充到反应塔中。

（5）纵剖面氧浓度场，如图6-35所示。

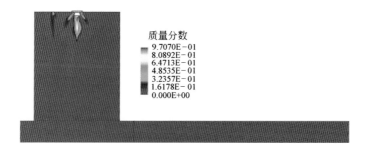

图6-35　纵剖面氧浓度场分布

氧气消耗迅速，出口平均氧气质量分数为3.0%，比工况1降低了0.7个百分点；总的氧气利用率提高了19%。

6.5.6　1500μm均匀煤颗粒仿真实验（工况7）

仿真实验结果如下：

（1）煤颗粒残碳量与轨迹，如图6-36所示。

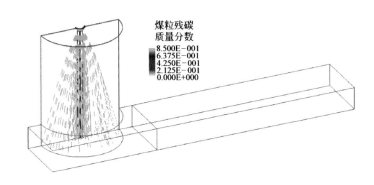

图 6-36　煤颗粒残碳量与轨迹图

煤颗粒进入反应塔消耗缓慢，煤粒形成的伞锥完全覆盖了反应塔的横截面区域。沉淀池渣面煤粒位置平均残碳为83%，大量未燃煤粒进入沉淀池中。

（2）反应塔中Fe_3O_4含量分布，如图6-37所示。

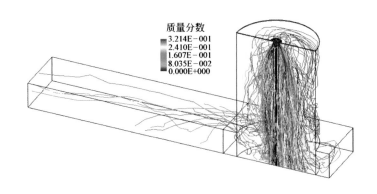

图 6-37　颗粒Fe_3O_4质量分布

颗粒中的Fe_3O_4含量略微降低，渣面位置颗粒中平均Fe_3O_4含量为16.2%，比工况1降低了1.2个百分点；颗粒平均温度为1756K（1483℃），比工况1提高了14℃。

（3）纵剖面上气相温度场，如图6-38所示。

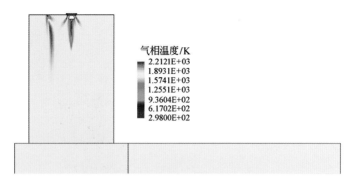

图 6-38　纵剖面上气相温度场分布

气相最高温度为2212K（1939℃）；气相平均温度为1755K（1482℃），比工况1提高了15℃。

（4）纵剖面氧浓度场，如图6-39所示。

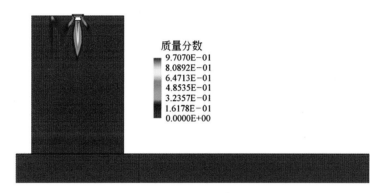

图 6-39　纵剖面氧浓度场分布

沉淀池出口残氧为3.8%，比不加煤时（工况1为3.7%）略有增加。

6.5.7　666μm均匀煤颗粒仿真实验（工况8）

仿真实验结果如下：

（1）煤颗粒残碳量与轨迹，如图6-40所示。

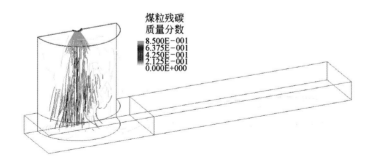

图 6-40　煤颗粒残碳量与轨迹图

煤颗粒进入反应塔逐渐燃烧消耗，渣面位置平均煤粒残碳49%。极少量煤灰在反应塔中漂浮。煤粒伞锥渣面位置直径为3.5m左右。

（2）反应塔中Fe_3O_4含量分布，如图6-41所示。

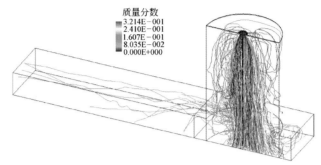

图 6-41　颗粒Fe_3O_4质量分布

颗粒中的Fe_3O_4含量明显降低，渣面位置颗粒中平均Fe_3O_4含量为14.2%，比工况1降低了3.2个百分点；平均温度为1787K（1514℃），比工况1提高了45℃。煤粒的加入有效地降低了颗粒中的Fe_3O_4含量。

（3）纵剖面上气相温度场，如图6-42所示。

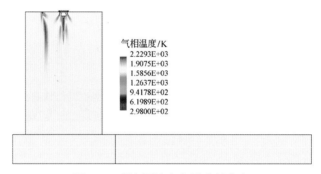

图 6-42　纵剖面上气相温度场分布

气相最高温度为2229K（1956℃）；气相平均温度为1780K（1507℃），比工况1提高了40℃。煤粒燃烧产生的热量补充到反应塔中。

（4）纵剖面氧浓度场，如图6-43所示。

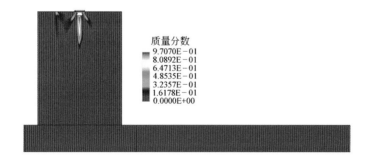

图 6-43　纵剖面氧浓度场分布

沉淀池出口平均氧气质量分数为3.4%，比工况1降低了0.3个百分点，氧气利用率提高。

6.5.8 347μm均匀煤颗粒仿真实验（工况9）

仿真实验结果如下：

（1）煤颗粒残碳量与轨迹，如图6-44所示。

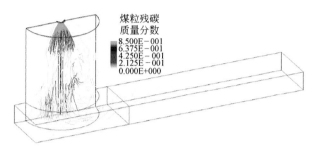

图 6-44 煤颗粒残碳量与轨迹图

煤颗粒进入反应塔逐渐燃烧消耗，渣面位置平均煤粒残碳13%。部分煤灰在反应塔中漂浮。煤粒伞锥渣面位置直径为2.5~3m。

（2）反应塔中Fe$_3$O$_4$质量分布，如图6-45所示。

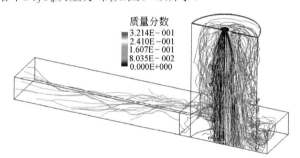

图 6-45 颗粒Fe$_3$O$_4$质量分布

颗粒中的Fe$_3$O$_4$含量明显降低，渣面位置颗粒中平均Fe$_3$O$_4$含量为13.3%，比工况1降低了4.1个百分点；平均温度1800K（1527℃），比工况1提高了58℃。煤粒的加入有效地降低了颗粒中的Fe$_3$O$_4$含量。

（3）纵剖面上气相温度场，如图6-46所示。

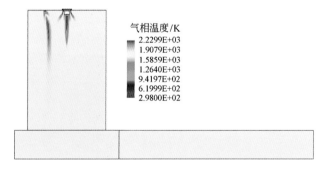

图 6-46 纵剖面上气相温度场分布

气相最高温度为2230K（1957℃）；气相平均温度为1800K（1527℃），比工况1提高了60℃。煤粒燃烧产生的热量补充到反应塔中。

（4）纵剖面氧浓度场，如图6-47所示。

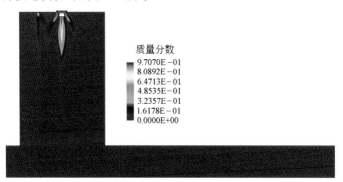

图 6-47　纵剖面氧浓度场分布

出口平均氧气质量分数为3.4%，比工况1降低了0.3个百分点。氧气利用率提高。

6.5.9　469μm均匀煤颗粒仿真实验（工况10）

仿真实验结果如下：

（1）煤颗粒残碳量与轨迹，如图6-48所示。

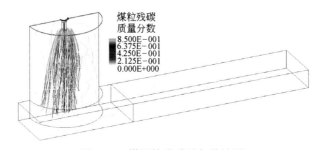

图 6-48　煤颗粒残碳量与轨迹图

煤颗粒进入反应塔逐渐燃烧消耗，渣面位置平均煤粒残碳34%。少量煤灰在反应塔中漂浮。煤粒伞锥渣面位置直径为3m左右。

（2）反应塔中Fe_3O_4质量分布，如图6-49所示。

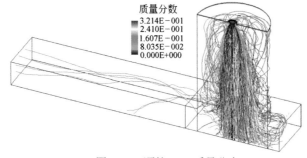

图 6-49　颗粒Fe_3O_4质量分布

颗粒中的Fe$_3$O$_4$含量明显降低,渣面位置颗粒中平均Fe$_3$O$_4$含量为14.4%,比工况1降低了3.0个百分点;平均温度为1795K(1522℃),比工况1提高了53℃。煤粒的加入有效地降低了颗粒中的Fe$_3$O$_4$含量。

(3)纵剖面上气相温度场,如图6-50所示。

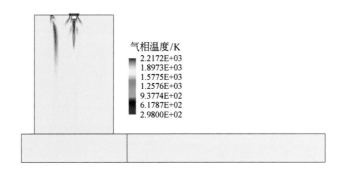

图 6-50　纵剖面上气相温度场分布

气相最高温度为2217K(1944℃);气相平均温度为1796K(1523℃),比工况1提高了56℃。煤粒燃烧产生的热量补充到反应塔中。

(4)纵剖面氧浓度场,如图6-51所示。

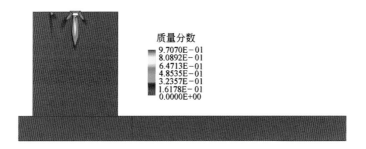

图 6-51　纵剖面氧浓度场分布

出口平均氧气质量分数为3.4%,比工况1降低了0.3个百分点。氧气利用率提高。

6.5.10　实验综合分析

综合以上仿真计算结果得到:

(1)加入投料量1%的煤粒对精矿颗粒在反应塔空间分布的影响很小。

(2)煤粒的粒径是控制煤粒在反应塔空间的分布的一个重要参数。粒径越大的颗粒越有可能覆盖反应塔横截面空间范围,粒径越小的颗粒越有可能在反应塔空间漂浮。控制目标是使煤粒既能覆盖直径3m左右的区域,又能使颗粒尽量少地在反应塔中漂浮。

(3)煤粒的粒径是控制煤粒在反应塔中燃烧快慢的一个重要参数。粒径越大的颗粒燃烧越慢,对反应塔气相温度提高贡献越小,有更多的残碳进入沉淀池;粒径越小的颗粒燃烧越快，对反应塔气相温度提高贡献越大，进入沉淀池的残碳越少。

（4）加入煤粒对铜闪速炉的影响主要体现在下列四方面：

1）加入煤粒不同程度地降低了反应塔中Fe$_3$O$_4$的生成量。在一定工况条件下，通过调整煤粒粒径可以将Fe$_3$O$_4$产生量降至最低。

2）加入煤粒不同程度地降低了反应塔中的残氧量，提高氧气利用率。

3）加入煤粒不同程度地提高了反应塔的气相平均温度，补充了热量，加速冶金反应的进行，可以取代部分燃油。

4）未燃烧的煤粒进入沉淀池，不仅温度高，而且和熔融颗粒混合均匀，为在沉淀池中Fe$_3$O$_4$的还原创造了更有利的条件。

（5）工况6～10仿真结果对比见表6-10。

表 6-10 工况6～10仿真结果对比

工况编号	煤粒粒径/μm	气相平均温度/℃	颗粒平均温度/℃	煤粒残碳/%	出口氧气体积分数/%	平均Fe$_3$O$_4$含量/%	煤粒分布直径/m	漂浮煤粒数量
工况6	150	1527	1534	5	3.0	13.5	2.5	大量
工况7	1500	1482	1483	83	3.8	16.2	5	没有
工况8	666	1507	1514	49	3.4	14.2	3.5	极少
工况9	347	1527	1527	13	3.4	13.3	2.5~3	部分
工况10	469	1523	1522	34	3.4	14.4	3	少量

（6）工况6~10煤粒粒径对各参数的影响趋势如图6-52~图6-56所示。

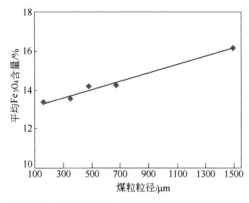

图 6-52 颗粒平均Fe$_3$O$_4$含量与煤粒粒径的关系

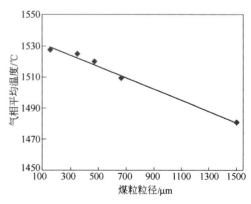

图 6-53 气相平均温度与煤粒粒径的关系

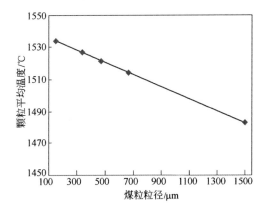

图 6-54　颗粒平均温度与煤粒粒径的关系

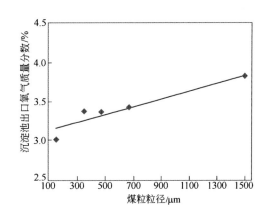

图 6-55　出口氧气质量分数与煤粒粒径的关系

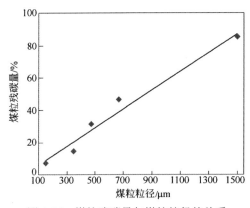

图 6-56　煤粒残碳量与煤粒粒径的关系

（7）对比改变煤粒粒径的单参数实验的结果整理得到的结论与建议如下：

1）为了降低颗粒中平均Fe_3O_4含量，避免煤粒直接冲刷反应塔壁，煤粒粒径不应太大，建议控制在1000μm以内。

2）为了减少漂浮的煤粒对反应塔壁的侵蚀，煤粒粒径不应太小，建议大于300μm。

3）煤粒的加入补充了反应塔的热量，建议考虑适当降低燃油消耗。

4）各工况下Fe_3O_4含量较高的颗粒大多分布在伞锥外围，建议采用"定点清除"方法，试验从料锥外围，加入煤粒的方法。

6.6　综合性工况仿真实验

根据6.4节和6.5节的单参数实验结论，适量加入煤粒可有效减少在反应塔内生成Fe_3O_4，工艺风氧气浓度提高（总氧量不变）对强化熔炼同时降低Fe_3O_4是有利的，拟在下面的综合性工况中采纳这两点基本结论。

6.6.1　煤粒和原料混合均匀后加入闪速炉的仿真实验（工况11）

投料量为93t/h，成分同工况1，另外混入煤粒720kg/h（投料量的0.77%），煤粒粒径控制在300~1000μm，均匀分布;重油消耗量97.5kg/h（是现耗油量的1/4）；其他参数见表6-11。

表 6-11　工况11的操作参数

项　目	温度/K	氧气质量分数/%	风速/m·s⁻¹
内环工艺风	298	75.0	120.0
外环工艺风	298	75.0	30.4
中央氧	298	97.1	56.9
分散风	313	23.3	170.0
燃烧风	298	39.2	2.2

仿真实验结果如下：

（1）精矿颗粒粒径与轨迹，如图6-57所示。

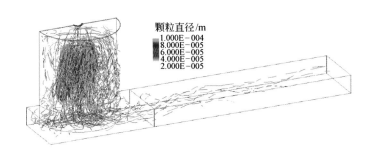

图 6-57　精矿颗粒粒径与轨迹图

精矿颗粒形成的伞锥和工况1相比明显增大，直径接近5m，颗粒的漂浮运动情况没有明显变化。在工艺风速度大幅度降低的情况下，170m/s的分散风速明显过大。

（2）煤颗粒残碳量与轨迹，如图6-58所示。

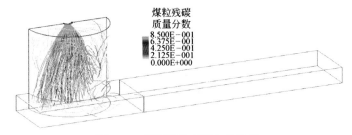

图 6-58　煤颗粒残碳量与轨迹图

煤颗粒进入反应塔逐渐燃烧消耗，渣面位置平均煤粒残碳35%。煤粒形成的伞锥几乎覆盖了整个反应塔横截面，部分漂浮煤粒与反应塔壁接触，这与分散风速过大有关。

（3）反应塔中Fe₃O₄含量分布，如图6-59所示。

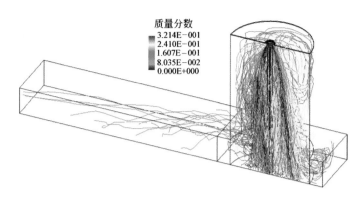

图 6-59　颗粒Fe₃O₄质量分布

颗粒中的Fe₃O₄含量明显降低，渣面位置颗粒中平均Fe₃O₄含量为14.3%，比工况1降低了3.1个百分点；平均温度1789K（1516℃），比工况1提高了47℃。

（4）纵剖面上气相温度场，如图6-60所示。

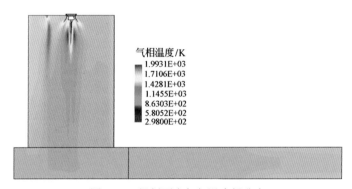

图 6-60　纵剖面上气相温度场分布

气相最高温度为1993K（1720℃）；气相平均温度为1770K（1497℃），比工况1提高了30℃。

（5）纵剖面氧浓度场，如图6-61所示。

图 6-61　纵剖面氧浓度场分布

沉淀池出口平均氧气质量分数为3.2%，比工况1降低了0.5个百分点。

6.6.2　煤粒随外环工艺风从外环位置加入的仿真实验（工况12）

投料量为93t/h，成分同工况1，720kg/h煤粒从外环位置加入，煤粒粒径控制在300~1000μm，均匀分布;重油消耗量97.5kg/h；其他参数见表6-12。

表 6-12　工况12的操作参数

项　目	温度/K	质量分数/%	风速/m·s⁻¹
内环工艺风	298	75.0	120 .0
外环工艺风	298	75.0	30.4
中央氧	298	97.1	56.9
分散风	313	23.3	150.0
燃烧风	298	39.2	2.2

仿真实验结果如下：

（1）精矿颗粒粒径与轨迹，如图6-62所示。

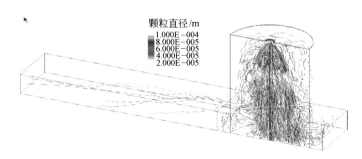

图 6-62　精矿颗粒粒径与轨迹图

精矿颗粒形成的伞锥和工况11相比略有减小，直径接近4m，颗粒的漂浮运动情况没有明显改善。还需要进一步降低分散风速。

（2）煤颗粒残碳量与轨迹，如图6-63所示。

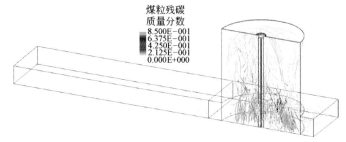

图 6-63　煤颗粒残碳量与轨迹图

煤颗粒进入反应塔逐渐燃烧消耗，渣面位置平均煤粒残碳45%。煤粒形成的伞锥直径比工况11略有减小，接近4m。漂浮煤粒与反应塔壁接触情况有改善。要进一步降低分散风速。

（3）反应塔中Fe₃O₄含量分布，如图6-64所示。

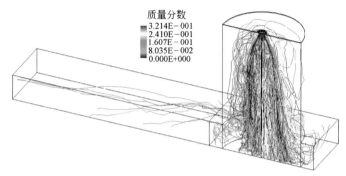

图 6-64　颗粒Fe₃O₄质量分布

颗粒中的Fe₃O₄含量明显降低，渣面位置颗粒中平均Fe₃O₄含量为13.0%，比工况1降低了4.4个百分点；平均温度1780K（1507℃），比工况1提高了38℃。

（4）纵剖面上气相温度场，如图6-65所示。

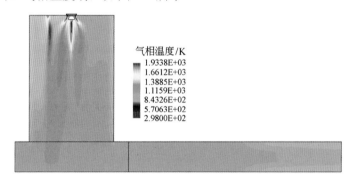

图 6-65　纵剖面上气相温度场分布

气相最高温度为1934K（1661℃）；气相平均温度为1760K（1487℃），比工况1提高了20℃。

（5）纵剖面氧浓度场，如图6-66所示。

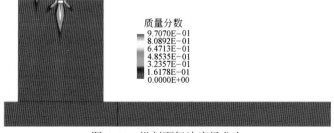

图 6-66　纵剖面氧浓度场分布

沉淀池出口平均氧气质量分数为3.2%，比工况1降低了0.5个百分点。

6.6.3　实验综合分析

由以上仿真计算结果可以看到：

（1）增加工艺风氧浓度，降低工艺风速度，保持总氧量不变，提高了颗粒的平均温度，增加了颗粒在反应塔内的停留时间，这对提高脱硫、提高氧气利用率和增加颗粒碰撞机会是有利的。但其他操作参数也要做相应的调整，如分散风等。分散风速度建议调整到120m/s，以实现较好的精矿颗粒和煤颗粒空间分布。

（2）加入720kg/h的煤粒可以减少75%的重油量。气相平均温度和颗粒平均温度反而提高，以煤取代部分燃油的方案可行。

（3）针对Fe_3O_4在伞形料锥的外围更易生成的特点，在工况12中，煤粒从外环加入，有非常好的效果，颗粒中的Fe_3O_4平均含量为13.0%，不仅比工况11降低了1.3个百分点，而且还增加了10个百分点的残碳量进入沉淀池。

6.7　仿真结果的应用

本仿真模型基本能够反映Fe_3O_4生成和相关参数在反应塔中的变化规律，专门的验证表明仿真模型是合理的。仿真实验得到的结果对现场操作改进和新技术方案的探索具有一定的指导意义，但有待通过更多的现场检测数据进一步修正，以提高计算的准确性。

通过反应塔顶加入一定数量与一定粒度分布的固体还原剂颗粒，在反应塔中下部的高温条件下，与过氧化粒子碰撞或接近时，形成一些离散性的微观还原环境，与此同时在沉淀池中形成氧势更低、还原作用更为稳定的区域，也就是说，在熔炼过程的时空分布上形成一定的氧势梯度，从而在实现熔炼强化的同时，尽量降低Fe_3O_4的生成量。

加入煤粒的粒度对反应的深度、反应发生的区域以及整体效果都有较大影响，仿真实验结果表明煤粒控制在300~1000μm较为有利。

加入煤粒的最佳数量还要考虑伴生元素的脱除率和反应塔内壁挂渣稳定性的要求，一般可取投料量的0.5%~1%。

煤粒从外环加入比随混合矿料加入更有效。

优化操作参数，如调节工艺风速度、工艺风氧浓度、分散风速度及实现合理布料等，可更有效地降低Fe_3O_4生成量。另外，必须注意各操作参数之间的匹配和协调。

加入煤粒不同程度地降低了反应塔中Fe_3O_4的生成量、降低了反应塔中的残氧量、补充了反应塔热量，同时未燃烧的煤粒进入沉淀池为进一步还原Fe_3O_4创造了有利的条件。

氧势梯度熔炼的作用是明显的，对既要求强化熔炼，又同时要降低Fe_3O_4生成量，具有理论指导意义。

7 沉淀池熔体流场与温度场数值仿真及操作制度优化方案

7.1 概述

沉淀池为扁平形熔池，是闪速炼铜过程中重要的设备之一。它位于反应塔下部、贫化电炉上游，起着承上启下的作用，其主要功能有两个，一是继续完成造渣反应；二是通过重力沉降的方式澄清、分离自反应塔下落的渣-锍熔融体，实现渣锍两相分层。随着闪速炉投料量的增加和冰铜品位的不断提高，沉淀池中的渣含铜也存在着不断升高的趋势。为此，本章中主要介绍以分析、现场实测及数值仿真等技术为基础开展的对沉淀池中熔体流场、温度场分布及相应操作制度优化方案的研究，旨在为实践中优化操作制度，降低闪速炉渣含铜提供理论参考。

7.2 沉淀池铜锍液滴沉降过程影响因素分析

7.2.1 铜锍液滴初始速度的影响

将沉淀池中的渣相视为连续相，当渣相静止时，则铜锍液滴在重力 $F_重$、虚假质量力 $F_虚$、热泳力 $F_热$、阻力 $F_阻$ 及浮力 $F_浮$ 等作用下沉降穿透渣层。取重力方向为正方向，则可建立熔融液滴下落运动的动量方程如下：

$$\left(F_重 + F_虚 + F_热 - F_阻 - F_浮\right) \mathrm{d}t = m\mathrm{d}V \tag{7-1}$$

利用四阶龙格-库塔方法求解式（7-1），即可得液滴在沉降过程中各时刻的瞬时速度。图7-1所示为根据式（7-1）求解得到的不同粒度（R_m）的铜锍液滴的沉降速度与时间的关系图，其对应的工艺参数为：冰铜品位60%，熔体（渣锍）平均温度为1250℃，渣密度为3700kg/m³（摘自《有色冶金炉设计手册》附表5-9），铜锍密度为4964kg/m³（按 $\rho = 3880 + 404x_{Cu,m} - 3750x_{Cu,m}$ 计算，铜锍品位 $x_{Cu,m} = 0.60$），渣黏度为0.125Pa·s（金隆公司闪速炉渣实测值），液滴初始速度为3m/s（反应塔仿真结果）。

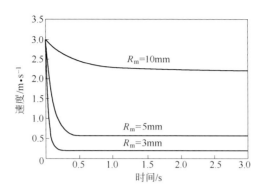

图 7-1 铜锍颗粒沉降速度与时间的关系

从图7-1可以看出，液滴以较大的速度落入渣相后，受到流体阻力的作用，液滴的速度将逐渐减小。当作用于液滴的力达到平衡时，液滴将以匀速直线运动穿出渣层，进入铜锍层。计算结果表明：计算粒径范围（R_m为3~10mm）内的铜锍液滴，在很短的时间内就达到终端沉降速度的99%以上，且此速度变化时间随液滴直径的减小而缩短；当液滴直径小于5mm时，液滴可在1s之内达到其终端沉降速度。这表明液滴初始速度对液滴的沉降过程影响不大。

7.2.2　渣层厚度的影响

由于液滴的初始速度对液滴的沉降过程影响不大，在这种条件下，可用Stokes沉降公式计算出铜锍液滴的终端沉降速度u_m：

$$u_m = \frac{1}{18} \frac{\rho_m - \rho_s}{\mu_s} g d_m^2 \tag{7-2}$$

式中　ρ_m——铜锍密度，kg/m^3；

　　　ρ_s——渣密度，kg/m^3；

　　　μ_s——渣的动力黏度，$N \cdot s/m^2$；

　　　d_m——铜锍液滴直径，m。

则铜锍液滴在渣中的停留时间为：

$$T = \frac{S}{u_m} = \frac{18 S \mu_s}{(\rho_m - \rho_s) g d_m^2} \tag{7-3}$$

式中　S——渣层厚度，m。

表7-1给出了不同直径的液滴穿过不同厚度的渣层所需的时间。由表中数据可知，当液滴直径小于0.07mm时，液滴在渣中的停留时间将明显增加。这时如仅靠重力沉降作用，则粒径小于0.07mm的铜锍液滴将很难有足够的沉降时间在沉淀池中沉降，因此生产中必须考虑增加熔体搅动等措施使液滴相互碰撞长大，以加速液滴沉降速度。此外，表7-1数据显示，在生产过程中采用薄渣层操作将有利于降低闪速炉渣含铜量。

表 7-1   不同直径的液滴穿过不同厚度的渣层所需要的时间

粒径 /mm	最终沉降速度/m·s⁻¹	穿透50mm渣层时间	穿透100mm渣层时间	穿透200mm渣层时间	穿透300mm渣层时间
10	5.62×10^{-1}	0.08s	0.17s	0.35s	0.53s
5	1.40×10^{-1}	0.35s	0.71s	1.42s	2.13s
3	5.05×10^{-2}	0.98s	1.97s	3.95s	5.93s
1	5.62×10^{-3}	8.90s	17.80s	35.61s	53.41s
0.7	2.75×10^{-3}	18.16s	36.33s	72.67s	109.0s
0.5	1.40×10^{-3}	32.4s	68.4s	136.8s	212.4s
0.3	5.05×10^{-4}	97.2s	194.4s	396s	590.4s
0.1	5.62×10^{-5}	889.2s	0.50h	0.98h	1.48h
0.07	2.75×10^{-5}	0.50h	1.01h	2.01h	3.03h
0.05	1.40×10^{-5}	0.99h	1.98h	3.95h	5.93h
0.03	5.05×10^{-6}	2.75h	5.50h	10.99h	16.48h
0.01	5.62×10^{-7}	24.73h	49.46h	98.92h	148.30h

7.2.3 渣层温度的影响

温度对渣的黏度有较大的影响，提高渣温可降低渣黏度，因此也有利于渣中铜锍液滴的沉降过程。图7-2所示为实测的金隆公司闪速炉炉渣黏度与温度的关系曲线。

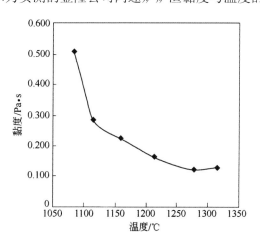

图 7-2   金隆公司闪速炉渣黏度与温度的关系曲线

图7-3所示为计算得到的渣温度与渣中铜锍液滴沉降时间的关系。

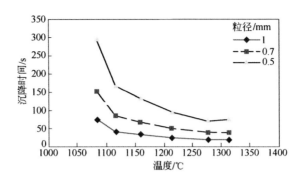

图 7-3 渣温度与铜锍颗粒沉降时间的关系曲线

从图7-3可以看出，随着炉渣温度的升高，铜锍液滴的沉降时间也随之缩短。特别是对于小粒径的液滴，提高渣温后其沉降时间缩短更加明显。需要指出的是，当炉渣温度高过1270℃后，由于渣温对黏度的影响显著降低，因此在此温度之上，铜锍液滴的沉降时间随温度的变化不明显。

7.3 沉淀池熔体运动多场数值仿真研究

铜精矿自精矿喷嘴喷入反应塔，在下降过程中完成自热熔炼反应，其高温熔体落入沉淀池中，产生的烟气则经由沉淀池气相空间排走。落入沉淀池的熔体中由于密度不同，在重力沉降作用下澄清分离成为渣与铜锍两个熔体层。因此，在沉淀池中的熔体运动为典型的高温熔体-熔体两相分层流动，其流动过程直接影响沉淀池中熔体的澄清分离效率。但多年来鲜有文献报道关于对沉淀池熔体流动的有关研究。本章中介绍的对沉淀池中熔体运动的仿真研究建立在以下简化基础之上：

（1）将沉淀池中的熔体视为单流体，考虑到渣层较薄，铜锍层厚度远大于渣层，因此主要以铜锍层的物性参数为主。

（2）考虑到沉淀池内放渣与放锍过程中间的间隔时间较短，故将熔体运动视为不可压缩的稳态流动过程。

7.3.1 数值仿真模型

7.3.1.1 几何模型

现场测试与反应塔多场耦合仿真结果均表明：自反应塔下落的熔融颗粒主要集中在以反应塔中心为圆心、直径3m左右的圆形区域内，故仿真几何模型的入口取为反应塔下方的沉淀池中一直径3m的圆形区域。

A 无炉结情形

沉淀池的锍口、渣口编号及坐标原点如图7-4所示。坐标原点位于反应塔中心轴与渣面交点处，即渣面处（$Z=0$）。没有炉结时沉淀池解析区域如图7-4所示，沉淀池长22.6m，宽6.3m，深1.05m（上表面至弧形底最低点），沉淀池容积为133.27m³。

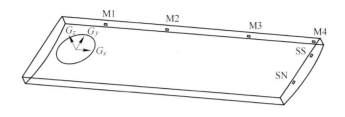

图7-4　沉淀池坐标

对没有炉结时的沉淀池进行网格划分时，采用多块非均匀结构化网格，考虑到网格总数的限制，在锍口与渣口处网格较密，而在沉淀池中部网格较稀，总网格数为136420个，如图7-5所示。

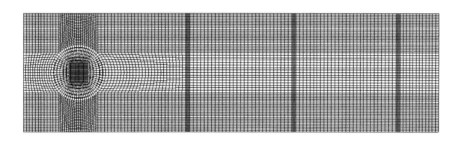

图7-5　没有炉结时沉淀池解析区域网格图

B　有炉结情形

研究中还特别针对沉淀池壁面存在一定炉结时的工况条件进行了仿真计算。由于在闪速炉连续生产过程不可能进入炉内实测炉结形状，因此研究中仅能通过炉头观察孔局部观测沉淀池内炉结形状，并结合闪速炉冷修时技术记录以及综合全检尺五点测量结果，推测得到沉淀池内炉结的大致形貌。

从现场目测（自观察孔观测）情况来看，沉淀池内炉结形状呈南高北低、东高西低坡状分布。而检尺A、C、D、E、F五点的探测结果表明（检测孔位置如图7-6所示，各检测

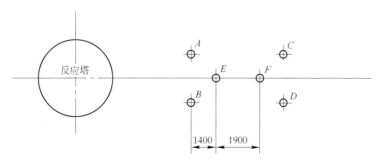

图7-6　检尺孔位置图及炉结位置

孔详细探测结果见表7-2），沉淀池中的炉结较多且厚度分布不均匀。例如，D点与E点处炉结高度相差近1m，且D点检尺探测深度仅为280mm，这表明D点的炉结高度已与渣线几乎齐平。综合目测与实际探测结果粗略估计，沉淀池内炉结可能致使其有效沉降区域体积减少1/2甚至更多。

表 7-2 全检尺取样记录

取样点	检尺记录 / mm		样品编号	样品处厚度/mm	样品成分	总厚度/ mm
A	渣层厚度	200	AS 上	100	渣	900
			AS 下	100	渣	
	冰铜厚度	700	AM上	200	冰铜	
			AM中	200	冰铜	
			AM下	200	冰铜	
			AM底	100	冰铜	
C	渣层厚度	50	C1	50	渣	760
	冰铜厚度	710	C2	120	渣加冰铜	
			C3	120	冰铜	
			C4	120	冰铜	
			C5	120	冰铜	
			C6	120	冰铜	
			C7	110	冰铜	
D	渣层厚度	30	D1	30	渣	280
	冰铜厚度	250	D2	120	冰铜	
			D3	130	冰铜	
E	渣层厚度	100	E1	50	渣	1030
			E2	50	渣	
	冰铜厚度	930	E3	110	冰铜	
			E4	110	冰铜	
			E5	110	冰铜	
			E6	110	冰铜	
			E7	110	冰铜	
			E8	110	冰铜	
			E9	110	冰铜	
			E10	160	冰铜	
F	渣层厚度	100	F1	100	渣	700
	冰铜厚度	600	F2	100	冰铜	
			F3	100	冰铜	
			F4	150	冰铜	
			F5	150	冰铜	
			F6	100	冰铜	

注：测试时工况条件为：干矿量95t/h，烟灰量8t/h，工艺富氧量$19.9 \times 10^3 m^3/h$，工艺空气量$9.0 \times 10^3 m^3/h$，在未放冰铜和渣的条件下取样。

为了获得沉淀池内各物相的浓度分布，研究中还对检尺上所粘有的渣及冰铜分段取样分析，所得结果列于表7-3和表7-4。

表 7-3　全检尺锍样X射线荧光分析结果　　　　　　　　　　　　(%)

编　号	类　别	Cu	S	Fe	SiO_2	CaO	MgO	Fe_3O_4
AM上	锍	14.32	12.8	43	7.27	0.26	0.02	15.54
AM中	锍	13.51	12.8	43.1	7.56	0.26	0.02	14.23
AM下	锍	15.28	13.6	42.9	6.69	0.25	0.02	12.61
AM底	锍	14.39	13.1	42.7	7.67	0.25	0.02	14.90
C2	锍	24.36	14.6	34.1	9.27	0.15	0.02	5.20
C3	锍	24.35	14.4	34	9.11	0.15	0.02	5.09
C4	锍	24.77	14.2	34.1	9.39	0.16	0.02	5.62
C5	锍	28.96	14.6	31	9.64	0.14	0.01	4.05
C6	锍	39.9	16.2	25	7.81	0.1	0.01	3.25
C7	锍	57.64	19.8	14.7	2.82	0.04	0.01	2.43
E3	锍	36.17	16.6	32.3	4.35	0.14	0.01	15.11
E4	锍	47.32	18.4	24.8	2.87	0.09	0.02	9.46
E5	锍	24.67	14.2	34.2	9.49	0.16	0.01	9.27
E6	锍	46.48	18.2	25	3.17	0.09	0.01	8.95
E7	锍	49.92	18.7	22.8	2.73	0.08	0.01	5.94
E8	锍	53.77	19.8	19.7	1.67	0.05	0.01	5.17
E9	锍	55.95	19.7	18.5	1.69	0.05	0.01	8.08
E10	锍	46	17.3	26.3	3.58	0.11	0.01	10.66
F2	锍	40.48	17.1	30.1	3.74	0.13	0.01	11.11
F3	锍	36.01	17	31.8	4.49	0.14	0.01	8.24
F4	锍	47.45	18.4	24.3	3.22	0.09	0.01	7.38
F5	锍	52.78	19.4	20.3	2.32	0.06	0.01	6.98
F6	锍	59.61	19.3	16	1.97	0.05	0.01	5.70
D2	锍	50.9	19.3	22.1	2.39	0.06	0.01	6.24
D3	锍	44.46	18.3	30.3	2.25	0.06	0.01	6.21

表 7-4　全检尺渣样X射线荧光分析结果　　　　　　　　　　　　(%)

编　号	类　别	Cu	S	Fe	SiO_2	CaO	MgO	Fe_3O_4
AS下	渣	7.13	1.55	39.9	29.1	0.35	2.68	18.50
AS下	渣	5.75	1.33	39.8	30	0.35	2.68	18.42
F1	渣	5.84	1.71	38.4	34.5	0.35	2.72	15.48
D1	渣	3.68	0.93	34.1	44.1	0.33	2.67	7.41
E1	渣	6.42	1.14	39.2	32.6	0.35	2.66	25.96
E2	渣	1.46	2.44	40.3	27.6	0.34	2.73	25.24
C1	渣	2.97	0.65	32.7	47.2	0.33	2.62	4.88

由分析测试数据可得如下结论：

（1）沿沉淀池入口至渣出口方向，渣含铜逐渐降低。如C、D点渣含铜远小于A点。

这表明渣与冰铜在逐渐分离。

（2）沿深度方向，从上至下，铜锍品位逐渐升高。

（3）沿深度方向，从渣层至铜锍层，Fe_3O_4含量逐渐降低，但靠近炉底的检测样中的Fe_3O_4含量又有所升高。

有炉结时的仿真计算解析区域及网格如图7-7所示，其中沉淀池长22.6m，平均宽度4.9m，最小宽度4.47m，最大宽度5.9m，深度0.7m（底面为平面），沉淀池有效容积为70.06m^3。有炉结时网格采用多块非均匀结构化网格，网格总数74356个。

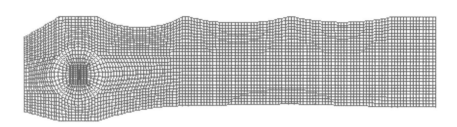

图 7-7　有炉结时沉淀池解析区域网格图

7.3.1.2　数学模型

虽然在沉淀池中部区域熔体流速较低（10^{-4}m/s数量级），但沉淀池入口处熔体受到自反应塔高速下落的熔融液滴（速度为2.8m/s左右，反应塔耦合仿真结果）的冲击，流动状态紊乱。渣及铜锍出口属于突缩流动，这些区域都属于湍流状态，故采用湍流模型。

根据沉淀池内熔体的流动与传热过程特点选用控制微分方程组如下：

（1）连续性方程：

$$\frac{\partial}{\partial x_i}(\rho u_i)=0 \tag{7-4}$$

式中　ρ——密度，kg/m^3；

　　　u_i——三个坐标轴方向的速度，m/s，$i=1,2,3$；

　　　x_i——三个坐标方向的长度，　　，$i=1,2,3$。

（2）动量方程：

$$\frac{\partial}{\partial x_j}(\rho u_j u_i)=-\frac{\partial p}{\partial x_i}+\frac{\partial}{\partial x_j}[\mu_{\mathrm{eff}}(\frac{\partial u_i}{\partial x_j}+\frac{\partial u_j}{\partial x_i})]+\rho g_i \tag{7-5}$$

式中　p——静压，Pa；

　　　ρg_i——重力体积力，N/m^3；

　　　μ_{eff}——有效黏度，等于分子黏度与湍流黏度之和，即$\mu_{\mathrm{eff}}=\mu+\mu_{\mathrm{t}}$，$\mu_{\mathrm{t}}$由

　　　　$\mu_{\mathrm{t}}=\rho C_\mu \frac{k^2}{\varepsilon}$确定，$C_\mu=0.09$。

（3）能量方程：

$$\frac{\partial}{\partial x_i}(\rho u_i H) = \frac{\partial}{\partial x_i}[(\frac{\lambda}{c_p} + \frac{\mu_{eff}}{\sigma_H})\frac{\partial H}{\partial x_i}] \tag{7-6}$$

式中　H——显焓，J/m^3或J/kg；

　　　λ——熔体的热导率，$W/(m\cdot K)$；

　　　c_p——熔体的比热容，$J/(kg\cdot K)$；

　　　σ_H——焓的普朗特数。

（4）k方程：

$$\frac{\partial}{\partial x_i}(\rho k u_i) = \frac{\partial}{\partial x_j}[(\mu + \frac{\mu_t}{\sigma_k})\frac{\partial k}{\partial x_j}] + G_k + G_b - \rho\varepsilon \tag{7-7}$$

式中　k——湍动能，m^2/s^2；

　　　G_k——由于时均速度梯度引起的湍动能产生值；

　　　G_b——浮力产生的剪切项；

　　　σ_k——k方程的湍流普朗特数，σ_k=1.0。

（5）ε方程：

$$\frac{\partial}{\partial x_i}(\rho\varepsilon u_i) = \frac{\partial}{\partial x_j}[(\mu + \frac{\mu_t}{\sigma_\varepsilon})\frac{\partial\varepsilon}{\partial x_j}] + C_{1\varepsilon}\frac{\varepsilon}{k}G_k - C_{2\varepsilon}\rho\frac{\varepsilon^2}{k} \tag{7-8}$$

式中　ε——湍动能耗散速率，m^2/s^3；

$C_{1\varepsilon}$，$C_{2\varepsilon}$——方程常量，$C_{1\varepsilon}$=1.44，$C_{2\varepsilon}$=1.92；

　　　σ_ε——ε方程的湍流普朗特数，σ_ε=1.3。

7.3.1.3　边界条件与计算工况

边界条件设置如下：

（1）入口边界：流量为24.2kg/s，流速为2.8m/s，入口熔体温度为1703K。需要特别说明的是：CFX4.3软件自带的连续流体边界条件不能很好地描述高温熔体自反应塔散落于熔池中的速度分布特点，研究中特采用Fortran语言开发入口边界条件定义模块，以保证入口质量流量及动量与熔体实际运动情况相符。

（2）出口边界：压力边界（熔体流入大气中，出口处表压为0Pa）。

（3）渣表面：自由表面。

（4）沉淀池侧壁及底面：等温无滑移壁面边界(1373K，渣与铜锍的凝固温度)。

沉淀池有2个放渣口与4个放锍口，在生产中根据需要可能采用一个锍口与一个渣口组合，或者两个锍口与一个渣口组合来排放铜锍与渣。为了解不同渣口与锍口组合排放熔体时对沉淀池内流场及温度场分布的影响，研究中针对两种锍口与渣口组合方案下的可能工况均进行数值仿真计算。各种仿真工况列于表7-5中。

表 7-5　各种仿真工况

工况大类	工况子编号	渣口号	铳口号		组合编号	备　注
工况 I	工况 I-1	北渣口	M1	无	M1-SN	未形成炉结时，单放铳口与不同放渣口的组合
	工况 I-2		M2	无	M2-SN	
	工况 I-3		M3	无	M3-SN	
	工况 I-4		M4	无	M4-SN	
	工况 I-5	南渣口	M1	无	M1-SS	
	工况 I-6		M2	无	M2-SS	
	工况 I-7		M3	无	M3-SS	
	工况 I-8		M4	无	M4-SS	
工况 II	工况 II-1	北渣口	M1	M3	M1-M3-SN	未形成炉结时，两个放铳口与不同放渣口的组合
	工况 II-2		M2	M4	M2-M4-SN	
	工况 II-3		M1	M4	M1-M4-SN	
	工况 II-4		M2	M3	M2-M3-SN	
	工况 II-5	南渣口	M1	M3	M1-M3-SS	
	工况 II-6		M2	M4	M2-M4-SS	
	工况 II-7		M1	M4	M1-M4-SS	
	工况 II-8		M2	M3	M2-M3-SS	
工况 III	工况 III-1	北渣口	M1	无	M1-SN	有炉结时，单放铳口与不同放渣口的组合
	工况 III-2		M2	无	M2-SN	
	工况 III-3		M3	无	M3-SN	
	工况 III-4		M4	无	M4-SN	
	工况 III-5	南渣口	M1	无	M1-SS	
	工况 III-6		M2	无	M2-SS	
	工况 III-7		M3	无	M3-SS	
	工况 III-8		M4	无	M4-SS	

　　需要说明的是，双铳口与单渣口的完全组合应有 12 种工况，但考虑到某些组合在生产过程中是极少甚至完全不会被采用的，通过查阅生产操作记录，特选取了实际操作中常用

的8种组合作为仿真研究工况（即工况II系列）。

7.3.2　无炉结典型工况的数值仿真结果与分析

数值仿真结果表明，在不考虑沉淀池炉结存在时，各工况下沉淀池中熔体的流场与温度场总趋势相似。这里仅以工况I-1（即M1-SN）作为一个典型工况加以详细分析说明。

7.3.2.1　流场分布

A　沉淀池入口处的熔体流动特点

总体来看，在沉淀池入口区域熔体的运动状况比较紊乱。

在沉淀池入口处，高温混合熔体以2.8m/s的速度从反应塔快速落入沉淀池中。从垂直方向的速度来看，在受到沉淀池内熔体阻力的作用下，落入池中的熔体速度衰减很快，至熔池液面以下0.5m深度处，流体垂直向下的速度已衰减为0.002m/s左右，与主流场的水平速度相当。

此外，由于熔体的高速落入，使得沉淀池底部熔体向上翻起，朝远离入口方向运动，并因此在沉淀池上部形成一个较大的辐射状（即离开入口）的水平速度分布（又称为伞形速度区域，如图7-8所示）。做径向运动的熔体在受到沉淀池边壁的阻挡作用后，沿两侧边壁随主流向下游方向运动，并由此形成熔池中部速度大、中间速度小的速度分布特点（见图7-9和图7-10）。入口处上游的熔体则在高速下落的熔体的挤压下产生逆向的水平运动（见图7-11）。

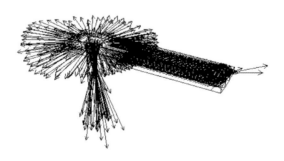

图7-8　流体入口处横截面速度矢量图（$z=-0.1$m，工况I-1）

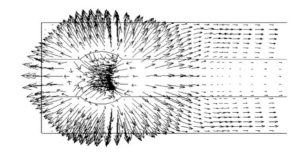

图7-9　流体入口处横截面速度矢量图（$z=-0.2$m，工况I-1）

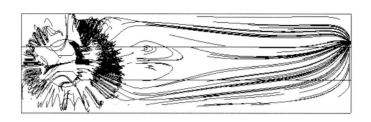

图 7-10　流线图（工况I-1）

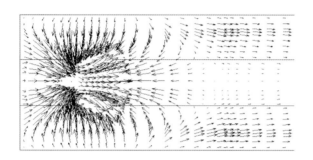

图 7-11　流体入口处横截面速度矢量图（z =-0.7m，工况I-1）

B　沉淀池主流区熔体流动特点

图7-12～图7-14所示为沉淀池内流场矢量图与速度云图。

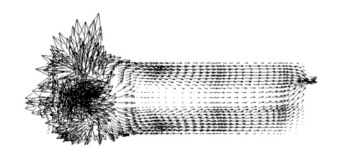

图 7-12　速度矢量图（z =-0.5m截面，工况I-1）

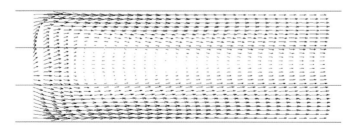

图 7-13　速度矢量放大图（z =-0.5m截面，3<x<14,工况I-1）

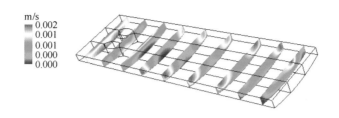

图 7-14 多个截面上速度分布云图（垂直于主流方向，工况I-1）

综合图7-12～图7-14可以看出，沉淀池中、下游的高温熔体流向比较一致，均朝渣口方向运动。此区域内的熔体运动基本上可视为平推流。值得注意的是同一截面上的速度大小略有不同（见图7-14），其中靠近两侧壁面的熔体流速较大，沉淀池中心处的熔体流速较小，在某些局部区域甚至出现了静止的死区。这种熔体流速分布不均匀的现象表明，熔池中极可能发生熔体流动的"短路"现象。

7.3.2.2 温度场分布

不同截面上的温度分布云图如图7-15~图7-17所示。

图 7-15 横截面上温度分布云图（z=-0.5m截面，工况I-1）

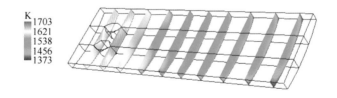

图 7-16 多个截面上温度分布云图（垂直于主流方向，工况I-1）

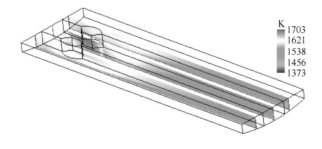

图 7-17 多个截面上温度分布云图（平行于主流方向，工况I-1）

图7-15~图7-17表明：沉淀池内的高温区和温度梯度较大的区域均集中在入口附近。与之相比较，沉淀池中下游主流区的温度较低，温度梯度小，温度分布沿主流运动方向呈逐渐降低趋势。结合流场分析可知，这是因为在入口处从反应塔落下的高温熔体与沉淀池中温度相对较低的熔体混合较好，熔体温度急剧降低，因此在该区域形成了较大的温度梯度；而沿沉淀池向下，熔体在流动过程中，因壁面散热和水套冷却的双重作用不断损失热量，因此熔体在沿沉淀池向下游运动过程中其温度不断降低。

7.4 沉淀池操作制度仿真优化研究

7.4.1 单锍口与不同渣口组合（工况I）仿真结果的比较与分析

为了解放锍口与放渣口的位置对沉淀池内熔体流动及温度状况的影响，对不同锍口与某一渣口组合的8种工况（见表7-5工况I）进行了仿真计算。

7.4.1.1 熔体流场分布

为定量比较各工况下熔体流动状况，考虑到0.0005m/s的熔体速度远小于设计平均流速（约2.5×10^{-3}m/s），且若熔体速度为0.0005m/s时，则熔体在熔池内的平均停留时间将超过11h，远远大于渣锍完全澄清分离所需要的时间，因此将熔体速度小于0.0005m/s的区域定义为低速区（或称为死区），并对解析区域中所有速度小于0.0005m/s的网格体积求和，则可计算出不同工况下低速区所占体积及低速区所占体积分数。

8种不同工况下的流场分布，如图7-18所示。对各工况下熔体流场分布进行比较，可得出以下主要结论：

（1）放渣口与放锍口的不同组合对流场有较大的影响。由图7-18可以看出，当M2号锍口（见图7-18(b),(f)）工作时，存在一个相当大的低速区；M3号锍口工作时也存在类似的情况，但低速区相对较小（见图7-18(c),(g)）。

（2）各工况条件下流场中低速区体积分数见表7-6。

表 7-6 各工况低速区体积分数（工况I）

工况编号	锍口与渣口编号	低速区体积/m³	低速区体积分数/%
工况 I-1	M1-SN	51.74	38.82
工况 I-2	M2-SN	51.65	38.75
工况 I-3	M3-SN	40.78	30.60
工况 I-4	M4-SN	22.74	17.07
工况 I-5	M1-SS	46.57	34.94
工况 I-6	M2-SS	46.48	34.88
工况 I-7	M3-SS	36.71	27.54
工况 I-8	M4-SS	20.47	15.36

由表7-6可以发现，工况I-8（即M4-SS）的低速区最小，而工况I-1（即M1-SN）的低速区最大。总体来说，对于同一个铳口，南面渣口工作时，低速区较北面渣口工作时小；对于同一渣口，M1或M2号铳口工作时，低速区较大，M4号铳口工作时，低速区最小。

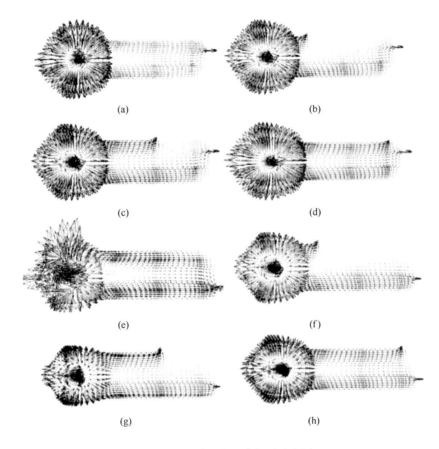

图 7-18　横截面上速度矢量对比图

（a）工况I-1；（b）工况I-2；（c）工况I-3；（d）工况I-4；

（e）工况I-5；（f）工况I-6；（g）工况I-7；（h）工况I-8

7.4.1.2　熔体温度场分布

考虑到生产过程中，铜铳温度低于1200℃后不利于铜铳的正常排放，也不利于转炉的正常生产，故定义铜铳温度低于1200℃的区域为低温区，计算所得各工况下低温区体积分数，见表7-7。不同工况下温度分布对比如图7-19所示。

通过分析图7-19所示的温度分布云图，可得到以下主要结论：

（1）沉淀池中熔体流动状况对温度分布有直接影响，在熔体流速较小或靠近炉墙壁面的区域熔体温度较低；反之，则熔体温度相对较高。

（2）表7-7中数据显示：对于同一放渣口，M4号铳口工作时，低温区最小；M2号铳口工作时低温区最大。对于同一个放铳口，南面渣口工作时，低温区较小。

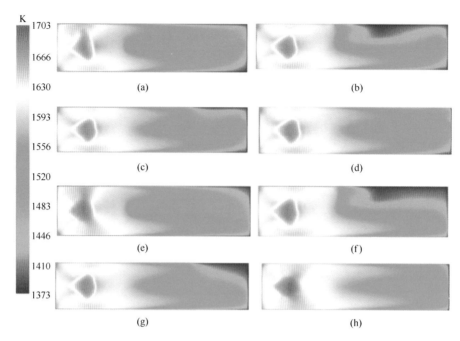

图 7-19 横截面上温度分布对比图

（a）工况I-1；（b）工况I-2；（c）工况I-3；（d）工况I-4；

（e）工况I-5；（f）工况I-6；（g）工况I-7；（h）工况I-8

表 7-7 各工况低温区体积分数（工况I）

工况编号	锍口与渣口编号	低温区体积/m³	低温区体积分数/%
工况 I-1	M1-SN	25.66	19.25
工况 I-2	M2-SN	33.85	25.40
工况 I-3	M3-SN	17.11	12.84
工况 I-4	M4-SN	10.97	8.23
工况 I-5	M1-SS	23.09	17.33
工况 I-6	M2-SS	30.46	22.86
工况 I-7	M3-SS	15.40	11.55
工况 I-8	M4-SS	9.87	7.41

（3）由仿真结果还可发现：放锍口不同，放出的锍温不相同（见表7-8）。当放锍口远离反应塔时，放出的锍温度低；当放锍口靠近反应塔时，放出的锍温度较高，带走的热量大，不利于保持沉淀池熔体的温度。因此选择适当的放锍口可调节熔池内的温度。

表 7-8　各放锍口锍温（工况Ⅰ）

锍口编号	M1	M2	M3	M4
锍出口锍温/℃	1264	1247	1231	1210

7.4.2　两锍口放锍与不同渣口组合（工况Ⅱ）仿真结果的比较与分析

7.4.2.1　熔体流场分布

图7-20所示为工况Ⅱ(即两个锍口与一个渣口)工作时沉淀池内熔体流动状况。

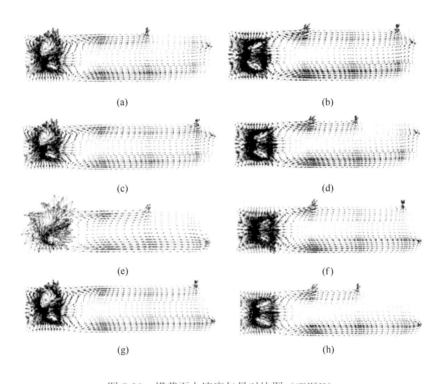

(a)　　　　　　　　　　　　(b)

(c)　　　　　　　　　　　　(d)

(e)　　　　　　　　　　　　(f)

(g)　　　　　　　　　　　　(h)

图 7-20　横截面上速度矢量对比图（工况Ⅱ）

(a)工况Ⅱ-1；(b)工况Ⅱ-2；(c)工况Ⅱ-3；(d)工况Ⅱ-4；

(e)工况Ⅱ-5；(f)工况Ⅱ-6；(g)工况Ⅱ-7；(h)工况Ⅱ-8

由图7-20可以看出：

（1）与单锍口工作时类似，入口区域熔体流动紊乱；在主流区仍以平推流为主，局部出现一些回流区，但由于多了一个放锍口，沉淀池内熔体流动状况更为复杂。总的来说，靠近沉淀池两侧的熔体流速较大，仍存在"短路"的现象。

（2）放锍口与渣口的不同组合对沉淀池内熔体流动有较大影响。由表7-6可看出：工况Ⅱ-2（M2-M4-SN）流场分布较均匀（见图7-20(b)），其他工况下都有大量的死区存在，特别是有M3号放锍口的组合中，死区的体积最大（见表7-9）。

表 7-9 各工况低速区体积分数（工况 II）

工况编号	锍口与渣口编号	低速区体积/m³	低速区体积分数/%
工况 II-1	M1-M3-SN	47.91	35.95
工况 II-2	M2-M4-SN	35.46	26.61
工况 II-3	M1-M4-SN	41.63	31.24
工况 II-4	M2-M3-SN	49.72	37.31
工况 II-5	M1-M3-SS	45.50	34.14
工况 II-6	M2-M4-SS	35.87	26.91
工况 II-7	M1-M4-SS	31.42	23.58
工况 II-8	M2-M3-SS	45.78	34.35

7.4.2.2 熔体温度场分布

8种不同工况下的温度场的主要结果示于图7-21和表7-10中。

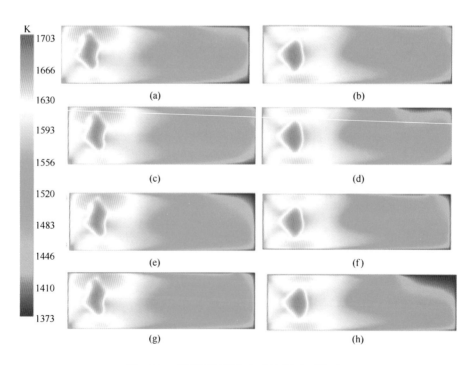

图 7-21 横截面温度分布对比图（工况 II）

（a）工况 II-1；（b）工况 II-2；（c）工况 II-3；（d）工况 II-4；
（e）工况 II-5；（f）工况 II-6；（g）工况 II-7；（h）工况 II-8

表7-10 各工况低温区体积分数（工况Ⅱ）

工况编号	铳口与渣口编号	低温区体积/m³	低温区体积分数/%
工况Ⅱ-1	M1-M3-SN	21.19	15.90
工况Ⅱ-2	M2-M4-SN	15.03	11.28
工况Ⅱ-3	M1-M4-SN	15.67	11.76
工况Ⅱ-4	M2-M3-SN	24.85	18.65
工况Ⅱ-5	M1-M3-SS	18.88	14.17
工况Ⅱ-6	M2-M4-SS	14.33	10.75
工况Ⅱ-7	M1-M4-SS	15.71	11.79
工况Ⅱ-8	M2-M3-SS	20.40	15.30

与单铳口工作时的温度分布相比较，两个铳口工作时沉淀池内温度分布相对比较均匀，低温区体积分数在10.75%~18.65%之间变化，其中工况Ⅱ-6（即M2-M4-SS）的低温区体积分数最小（10.75%）。

7.5 沉淀池炉结对熔体运动的影响

7.5.1 熔体流场分布

考虑沉淀池中有炉结存在时的工况（工况Ⅲ）仿真主要结果示于图7-22与表7-11中。其结果表明：

（1）与没有炉结的情况（工况Ⅰ）相比较，低速区体积分数由17.07%~38.82%下降到4.53%~22.38%。这主要是由于有炉结时，沉淀池有效容积减小了45%，导致熔体整体流速增加所致。

（2）虽然熔体流速加快，且边界呈不规则形状，但沉淀池中的主流场仍然以平推流为主，且没有出现大的旋涡。但由于熔体流速加快，沉淀池分离效率将有所下降。

（3）炉结的存在使熔体在炉内的停留时间大大缩短。比较工况Ⅰ-8与工况Ⅲ-8发现：有炉结时沉淀池体积缩小47%，熔体平均停留时间将缩短约50%，这将不利于小颗粒铜铳的沉降。

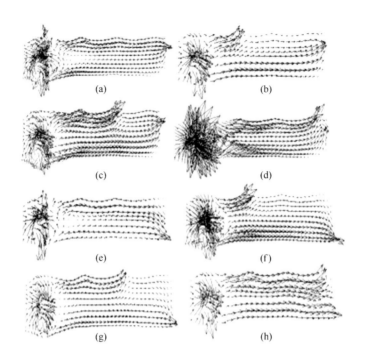

图 7-22　截面上的速度矢量对比图

（a）工况III-1；（b）工况III-2；（c）工况III-3；（d）工况III-4；

（e）工况III-5；（f）工况III-6；（g）工况III-7；（h）工况III-8

表 7-11　各工况低速区体积分数（工况III）

工况编号	锍口与渣口编号	低速区体积/m³	低速区体积分数/%
工况III-1	M1-SN	15.10	19.85
工况III-2	M2-SN	17.02	22.38
工况III-3	M3-SN	7.53	9.90
工况III-4	M4-SN	3.68	4.84
工况III-5	M1-SS	14.11	18.55
工况III-6	M2-SS	15.91	20.92
工况III-7	M3-SS	7.04	9.25
工况III-8	M4-SS	3.44	4.53

7.5.2　熔体温度场分布

温度场的仿真结果示于图7-23和表7-12中。其结果表明：

（1）有炉结时熔池内相对低温区比没有炉结时平均减少6%。从仿真的结果来看，炉结的存在似乎使温度场更均匀，这主要是由于流体速度加快，强化了熔池内的换热所致。

（2）有炉结时沉淀池内温度分布与无炉结时的相似。对于同一放锍口，南面渣口工作时沉淀池内低温区体积分数较小；对于同一渣口，M2号锍口工作时，低温区体积分数最大，M4号锍口工作时低温区体积分数最小。

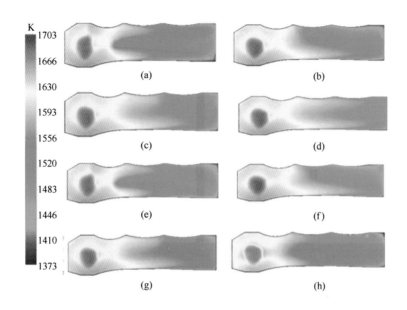

图 7-23　横截面上温度分布对比图

（a）工况III-1；（b）工况III-2；（c）工况III-3；（d）工况III-4；
（e）工况III-5；（f）工况III-6；（g）工况III-7；（h）工况III-8

表 7-12　各工况低温区体积分数（工况III）

工况编号	锍口与渣口编号	低温区体积/m³	低温区体积分数/%
工况III-1	M1-SN	11.60	15.25
工况III-2	M2-SN	12.70	16.70
工况III-3	M3-SN	6.12	8.04
工况III-4	M4-SN	3.34	4.40
工况III-5	M1-SS	10.84	14.25
工况III-6	M2-SS	11.87	15.60
工况III-7	M3-SS	5.72	7.52
工况III-8	M4-SS	3.13	4.11

7.6 沉淀池操作制度优化方案

由现场调研、测试及数值仿真结果总结得到关于沉淀池操作制度优化的主要建议如下：

（1）放锍口与放渣口的合理组合。如前所述，沉淀池内流场与温度场受放渣口及放锍口组合的影响。从保持沉淀池内温度均匀和抑制炉结的角度来看，应优先采用靠近渣口的锍口放锍，两个渣口中优先采用南侧渣口放渣。即：单锍口工作时，M4号锍口与南渣口为最佳组合，其次为M3号锍口与南渣口组合；两个锍口工作时，在现场采用的组合中以M3、M4号锍口与南渣口为最佳组合，其次为M3、M4号锍口与北渣口组合较好。

（2）尽量减少熔体中的Fe_3O_4。沉淀池内炉结的形成与生长是难以避免的，且炉结在一定程度上起到保护耐火材料的作用。研究中选取的炉结状况计算结果表明，炉结的存在使沉淀池内流场与温度场更均匀，但由于它加快了熔体流动速度，大大缩短了熔体在熔池内的停留时间，不利于降低闪速炉渣含铜。因此综合两方面因素，应尽量减小熔体中的Fe_3O_4，使炉结仅在靠沉淀池壁面附近较薄的范围内生成。

（3）选择合理渣层厚度并维持渣层厚度稳定。薄渣层操作有利于加速铜锍液滴沉降和减小沉淀池内渣锍温度差。但渣层太薄、铜锍层过厚时，会致使铜锍进入贫化电炉，引起水淬渣含铜升高。故现场操作时应综合考虑转炉各造渣期所需铜锍量、闪速炉投料量与产出量、排放时间等因素，选择合理渣层厚度并维持渣层厚度稳定。

（4）合理选择并精确控制沉淀池中目标铜锍温度。这是沉淀池生产操作的关键。提高沉淀池内熔体温度，有利于小颗粒铜锍液滴的沉降，但重油消耗量也随之增加。因此，应在综合考虑能耗、闪速炉渣含铜等因素的基础上选择一最佳目标铜锍温度。

（5）优化沉淀池结构设计。数值仿真计算表明，熔池宽度减小，有利于减小回流，从而使熔体流速相对均匀。因此，在保持沉淀池容积一定的前提下，适当缩小宽度，增加长度，有利于改善熔池内的流场。当然沉淀池过于狭长时，不利于熔池保温。

（6）强化熔池搅动。选择合理的放渣口与放锍口的组合，能减小沉淀池内的低流速区、低温区，但还不能有效地消除低速区与低温区。因此，可以考虑试验在沉淀池上游区内喷吹煤粉等方式强化熔池内搅动，既起到促进铜锍粒子的碰撞、长大从而加快铜锍颗粒的沉降与分离的作用，又可还原熔池内Fe_3O_4，减少炉结形成。

8　闪速炉渣中铜赋存形态检验及
贫化渣含铜统计分析

2000年8月以前，金隆铜业公司闪速炉炼铜的投料量一般在80t/h以下，生产铜锍品位多在58%以下，炉渣中Fe/SiO$_2$波动在1.14~1.50之间，贫化电炉（以下简称电炉）渣含铜波动在0.6%~0.8%之间。2001年8月出现过电炉渣含铜小于0.56%的历史最低水平，相应的铜锍品位小于57.58%。2004年8月以来，投料量增加至81~91t/h，铜锍品位提高至59%~61.30%，电炉渣含铜相应地增加到0.83%~0.98%。考虑到金隆公司将进一步扩大规模提高产能，铜锍品位将提高到62%以上，因此，弄清楚铜在渣中的赋存形态以及各项生产工艺条件对渣含铜量的影响，将有助于更有针对性地采取技术措施，优化操控条件，从而有效降低铜在渣中的损失，以提高有价金属元素的直接回收率。

8.1　铜在炉渣中赋存形态检验

本章分析工作所用试样均来自金隆铜业公司闪速炉生产现场。试样分别取自反应塔下部观察孔（喷油嘴水平线上方45mm，离开反应塔中心线1m处）、沉淀池排渣槽末端及电炉排渣槽末端。

试样处理方式分两种：一种是高温取样后，立即将试样投入大量冷水中急冷；另一种是高温取样后，将试样放在空气中冷却。将前者称为急冷样，将后者称为缓冷样。

分析工作分三大类：

（1）试样的化学元素定量分析，包括X射线荧光分析和化学分析，其分析结果见表8-1~表8-8。这部分工作由金隆公司分析室及熔炼课进行。

（2）试样的矿相组成定量分析，即化学物相分析，其结果见表8-9和表8-10，分析工作由长沙矿冶研究院分析室完成。

（3）试样的矿相组成定性分析，包括X射线衍射分析、矿相显微镜分析和扫描电子显微镜分析（这三种分析由中南大学进行）。以上提到的各种分析方法在确定样品物相组成和物相显微结构方面各有所长，也各有欠缺。当一种物相组成难以确定时，就需要通过多种分析方法综合验证。例如本研究中的五组（Cu、CuO、Cu$_2$O；CuS、CuCO$_3$·

$Cu(OH)_2$；$2FeO \cdot SiO_2$、Fe_3O_4；铜锍、渣；SiO_2）物相的最终认定就是综合验证的结果。

8.1.1 渣样及试样的定量分析

渣样及试样的X射线荧光分析和化学分析结果见表8-1～表8-8。

表8-1 沉淀池渣样X射线荧光分析（急冷样）

时 间	样品编号	成分/%											Fe/SiO₂
		Cu	S	Fe	SiO₂	CaO	MgO	Al₂O₃	Pb	Zn	As	Bi	Sb	
2004-4-23	ST S2	3.25	1.94	39.3	30.7	0.10	3.21	4.27	0.007	0.56	0.76	0	0.003	1.28
2004-4-24	ST S3	1.28	0.74	39.7	28.7	0.30	3.41	4.06	0.007	0.47	1.05	0	0.004	1.38
2004-4-25	ST S4	8.38	4.59	40.0	25.1	0.29	3.34	3.48	0.007	0.47	1.27	0	0.001	1.59
2004-4-26	ST S5	7.04	3.36	39.3	27.7	0.30	3.29	3.65	0.006	0.48	0.84	0	0.002	1.42
2004-4-28	ST S6	0.84	0.91	40.1	30.2	0.31	3.16	4.84	0.002	0.52	0.93	0	0.003	1.33

表8-2 电炉渣样X射线荧光分析（急冷样）

时 间	样品编号	成分/%											Fe/SiO₂
		Cu	S	Fe	SiO₂	CaO	MgO	Al₂O₃	Pb	Zn	As	Bi	Sb	
2004-4-23	EF S1	0.78	1.00	38.8	32.2	0.30	3.08	4.47	0.007	0.57	1.05	0	0.004	1.20
2004-4-24	EF S2	0.73	0.56	39.8	28.7	0.30	3.44	4.10	0.007	0.49	1.08	0	0.004	1.39
2004-4-25	EF S3	0.80	0.88	38.5	32.3	0.31	3.10	4.34	0.007	0.60	1.44	0	0.004	1.19
2004-4-26	EF S4	1.70	1.37	38.5	29.4	0.33	3.09	3.90	0.007	0.52	0.94	0	0.003	1.31
2004-4-28	EF S5	0.82	0.98	40.0	29.5	0.31	3.20	4.56	0.006	0.50	0.94	0	0.003	1.36

表8-3 沉淀池铜锍样X射线荧光分析 （%）

时 间	样品编号	Cu	S	Fe	SiO₂	CaO	MgO	Al₂O₃	Pb	Zn	As	Bi	Sb
2004-4-23	ST M2	55.1	22.5	18.4	0.23	0	0	0.10	0.14	0.30	0.14	0	0.002
2004-4-24	ST M3	55.8	21.4	17.6	0.23	0	0	0.10	0.12	0.22	0.19	0	0.002
2004-4-25	ST M4	57.1	21.7	17.0	0.22	0	0	0.10	0.12	0.20	0.23	0	0.002
2004-4-26	ST M5	58.9	21.1	15.2	0.23	0	0	0.10	0.11	0.19	0.21	0	0.002
2004-4-28	ST M6	59.0	21.5	16.2	0.23	0	0	0.10	0.11	0.20	0.19	0	0.002

表 8-4   电炉铜锍样X射线荧光分析   (%)

时 间	样品编号	Cu	S	Fe	SiO$_2$	CaO	MgO	Al$_2$O$_3$	Pb	Zn	As	Bi	Sb
2004-4-23	EF M1	58.6	22.2	15.8	0.25	0	0	0.12	0.14	0.26	0.10	0.009	0.002
2004-4-24	EF M2	57.1	21.4	16.5	0.25	0	0	0.11	0.12	0.21	0.10	0.009	0.002
2004-4-25	EF M3	59.5	21.7	14.9	0.22	0	0	0.10	0.12	0.20	0.14	0.009	0.002
2004-4-26	EF M4	60.4	20.9	14.0	0.22	0	0	0.10	0.11	0.18	0.13	0.009	0.002
2004-4-28	EF M5	59.0	21.4	16.2	0.23	0	0	0.10	0.11	0.19	0.13	0.009	0.002

表 8-5   沉淀池渣样和电炉渣样的缓冷样X射线荧光分析   (%)

时 间	样品编号	Cu	S	Fe	SiO$_2$	CaO	MgO	Al$_2$O$_3$	Pb	Zn	As	Bi	Sb
2004-4-23	ST S2	1.81	1.38	39.0	31.1	0.30	3.14	4.32	0.07	0.54	1.03	0	0.004
2004-4-23	ST S3	2.08	1.31	39.0	30.1	0.31	3.02	4.32	0.07	0.48	1.67	0	0.003
2004-4-24	EF S2	0.71	0.85	39.0	31.4	0.31	3.10	3.10	0.06	0.49	1.08	0	0.004
2004-4-25	EF S3	0.71	0.89	38.5	31.0	0.31	3.08	4.26	0.06	0.49	1.21	0	0.004

表 8-6   缓冷样与急冷样对比   (%)

时 间	样品编号	取样方式	Cu	S	Fe	SiO$_2$	CaO	MgO	Al$_2$O$_3$	Pb	Zn	As	Bi	Sb
2004-4-23	ST S2	缓冷	1.81	1.38	39.0	31.1	0.30	3.14	4.32	0.07	0.54	1.03	0	0.004
2004-4-23	ST S2	急冷	3.25	1.94	39.3	30.7	0.10	3.21	4.27	0.07	0.56	0.76	0	0.003
2004-4-23	ST S3	缓冷	2.08	1.31	39.0	30.1	0.31	3.02	4.32	0.07	0.48	1.67	0	0.003
2004-4-24	ST S3	急冷	1.28	0.74	39.7	28.7	0.30	3.41	4.06	0.07	0.47	1.05	0	0.004
2004-4-24	EF S2	缓冷	0.71	0.85	39.0	31.4	0.31	3.10	3.10	0.06	0.49	1.08	0	0.004
2004-4-24	EF S2	急冷	0.73	0.56	39.8	28.7	0.30	3.44	4.10	0.07	0.49	1.08	0	0.004
2004-4-25	EF S3	缓冷	0.71	0.89	38.5	31.0	0.31	3.08	4.26	0.06	0.49	1.21	0	0.004
2004-4-25	EF S3	急冷	0.80	0.88	38.5	32.3	0.31	3.10	4.34	0.07	0.60	1.44	0	0.004

表 8-7　沉淀池渣样和电炉渣样的化学分析

名　称	样品编号	成分/%						Fe/SiO$_2$
		Cu	Fe	SiO$_2$	Al$_2$O$_3$	CaO	MgO	
沉淀池渣样	ST S2	10.16	35.78	25.73	2.61	0.07	0.30	1.39
	ST S3	0.82	40.49	33.12	3.19	0.17	0.37	1.22
	ST S4	2.83	40.66	31.33	2.61	0.10	0.33	1.30
电炉渣样	EF S1	0.74	40.74	32.30	2.91	0.15	0.37	1.26
	EF S2	0.72	40.74	30.96	2.99	0.20	0.35	1.32
	EF S3	0.82	42.52	30.02	2.70	0.21	0.33	1.42
	EF S4	0.82	41.96	30.90	2.61	0.41	0.37	1.36

表 8-8　X射线荧光分析及化学分析对照

名　称	样品编号	成分/%											Fe/SiO$_2$	
		Cu		Fe		SiO$_2$		Al$_2$O$_3$	CaO	MgO				
		化学分析	荧光分析	化学分析	荧光分析	化学分析	荧光分析	荧光分析	荧光分析	化学分析	荧光分析		化学分析	荧光分析
沉淀池渣样	ST S2	10.16	3.52	35.78	39.3	25.73	30.70	2.61	0.07	0.30	3.21		1.39	1.28
	ST S3	0.82	1.28	40.49	39.7	33.12	28.70	3.19	0.17	0.37	3.41		1.22	1.38
	ST S4	2.83	8.38	40.66	40.0	31.33	25.10	2.61	0.10	0.33	3.34		1.30	1.59
电炉渣样	EF S1	0.74	0.78	40.74	38.8	32.30	32.20	2.91	0.15	0.37	3.08		1.26	1.20
	EF S2	0.72	0.73	40.74	39.8	30.96	28.70	2.99	0.20	0.35	3.44		1.32	1.39
	EF S3	0.82	0.80	42.52	38.5	30.02	32.30	2.70	0.21	0.33	3.31		1.42	1.19
	EF S4	0.82	1.70	41.96	38.5	30.90	29.40	2.61	0.41	0.37	3.09		1.36	1.31

渣样及试样的化学物相分析结果见表8-9和表8-10。

表 8-9　试样中铜化学物相分析　　　　　　　　　　(%)

物　相	电炉渣	沉淀池渣	反应塔出口处下落熔体
硫化物含铜	0.43	0.53	24.11
总氧化物含铜	0.29	0.30	8.88
总　铜	0.72	0.83	32.99

表 8-10 试样中铁和硅化学物相分析 (%)

物 相	成 分	转炉渣	电炉渣			沉淀池渣	反应塔出口处下落熔体
		缓冷样（CF）	缓冷样（EF S2）	急冷样（EF S2）	斗提机（EFS）	急冷样（ST S3）	急冷样（RS2）
磁性氧化铁	Fe_3O_4	35.88	16.98	13.94	1.97	16.45	24.63
硅酸铁	Fe	24.00	29.01	28.98	38.47	28.58	6.01
硫化铁	Fe	0.56	0.67	3.24	0.55	0.96	1.05
总 铁	TFe	50.54	41.97	42.31	40.45	41.44	24.88
游离SiO_2	SiO_2						11.29

8.1.2 X射线衍射分析

X射线衍射分析设备为日本Rigakuo/max2550VB+18kW转靶X射线衍射仪，其测试结果如图8-1～图8-4所示。

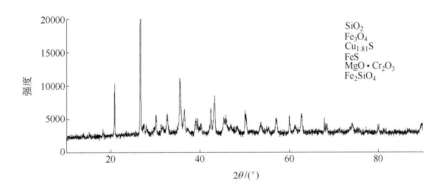

图 8-1 反应塔下部急冷试样（RS2）X射线衍射分析

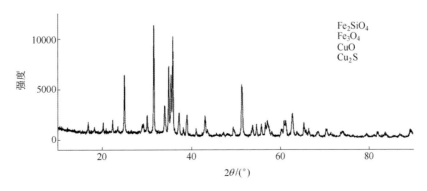

图 8-2 沉淀池急冷渣样（ST S3）X射线衍射分析

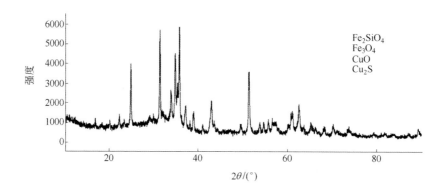

图 8-3　电炉急冷渣样（EF S2）X射线衍射分析

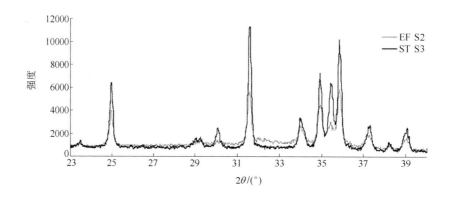

图 8-4　沉淀池急冷渣样（ST S3）与电炉急冷渣样（EF S2）X射线衍射分析对比

图8-1所示为反应塔下部急冷试样（RS2）谱图。谱线表明试样物相组成主要有：石英（SiO_2）、磁铁矿（Fe_3O_4）、辉铜矿（$Cu_{1.81}S$），硫铁矿（FeS）、铬酸镁（$MgO \cdot Cr_2O_3$）和铁橄榄石（Fe_2SiO_4）。由谱线强度看，铁橄榄石含量很小，石英含量极大。但事实上并非如此，其原因可能是：

（1）反应塔中造渣过程是初始的，渣相是分散的，所生渣相还未来得及汇聚结晶。

（2）因为是急冷样，硅酸盐分子的硅-氧四面体体积大，移动速度慢，急冷中来不及组成晶体，大部分以非晶渣相和玻璃质凝固，因此，晶面X射线衍射强度偏小；而SiO_2中硅-氧四面体结构中的Si^{4+}极性强，所以衍射强度偏大。

图8-2所示为沉淀池急冷渣样（ST S3）谱图。谱线表明，其物相组成主要为：硅酸铁（Fe_2SiO_4）、磁铁矿（Fe_3O_4）、氧化铜（CuO）、辉铜矿（Cu_2S）。

图8-3所示为电炉急冷渣样(EF S2)。主要成分与沉淀池的渣样相同。

图8-4所示为沉淀池急冷渣样（ST S3）与电炉急冷渣样（EF S2）的X射线衍射对比

图。谱线表明,除谱线强度不同(即组分含量不同)外,其物相组成与沉淀池炉渣试样大致相同。

8.1.3 矿相显微镜分析

矿相显微镜分析设备为日本Nikon透反两用显微镜。试样为电炉急冷渣样EF S2、沉淀池急冷渣样ST S3、反应塔急冷试样RS2$_{大}$(大于0.147mm(100目))及RS2$_{小}$(小于0.147mm(100目))。共制作四组试样光片。放大倍数为100~500倍,观测到的典型矿物显微结构照片如图8-5~图8-8所示。

8.1.3.1 矿物组成和显微结构

图8-5~图8-8中字母含义如下:A为铜锍(xCu$_x$S·yFeS),B为辉铜矿(Cu$_2$S),C为铜蓝(CuS),D为斑铜矿(Cu$_5$FeS$_4$),E为赤铜矿(Cu$_2$O),F为FeO,G为磁铁矿(Fe$_3$O$_4$),H为赤铁矿(Fe$_2$O$_3$),I为铁橄榄石(2FeO·SiO$_2$),J为尖晶石(MgO·Fe$_2$O$_3$),K为熔渣,L为裂缝,M为SiO$_2$,N为孔洞,Q为CuFe$_2$O$_4$,R为玻璃质,S为黄铜矿(CuFeS$_2$)。

A 电炉渣

电炉渣矿相显微结构如图8-5所示。

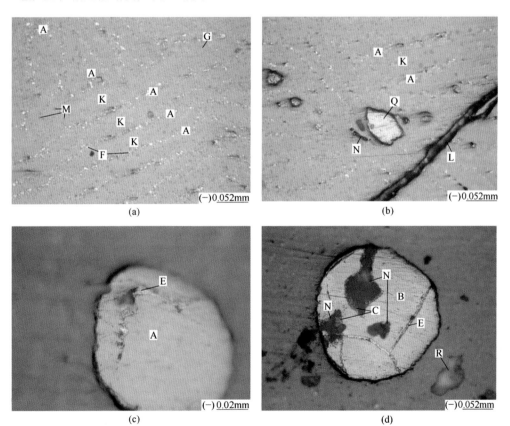

(a)　　　　　　　　　　(b)

(c)　　　　　　　　　　(d)

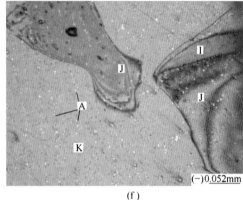

(e)　　　　　　　　　　　　　　　　　　(f)

图 8-5　电炉渣矿相显微结构

（a）放大200倍，视野中大量呈层状微粒铜锍(A)分布于熔渣(K)中，渣中另有FeO(F)，Fe₃O₄(G)，铜锍(A)的粒径为0.0052~0.0017mm；（b）放大200倍，熔渣中有一块CuFe₂O₄(Q)直径为0.052mm，还有大量微小粒状铜锍(A)；（c）放大500倍，渣中有一块铜锍(A)，粒径为0.1mm×0.12mm，铜锍块上边缘有条状Cu₂O(E)，粒度为0.18mm×0.007mm；（d）放大200倍，渣中有一块辉铜矿(B)，粒径为0.243mm，其中有一人字形Cu₂O(E)，粒度为0.276mm×0.0035mm，铜蓝(C)分布于孔洞内边缘；（e）放大200倍，渣中有一块CuFe₂O₄(Q)，粒度为0.364mm×0.296mm，右边缘有薄层Fe₃O₄(G)，粒度为0.052mm×5.7mm；（f）放大200倍，渣中有两块MgO·Fe₂O₃(J)，夹有一块玻璃质渣相(K)，有众多铜锍(A)，粒径为0.0052~0.0017mm

（a）放大200倍，视野中大量呈层状微粒铜锍(A)分布于熔渣(K)中，渣中另有$FeO(F)$，$Fe_3O_4(G)$，铜锍(A)的粒径为$0.0052 \sim 0.0017mm$；（b）放大200倍，熔渣中有一块$CuFe_2O_4(Q)$直径为$0.052mm$，还有大量微小粒状铜锍(A)；（c）放大500倍，渣中有一块铜锍(A)，粒径为$0.1mm \times 0.12mm$，铜锍块上边缘有条状$Cu_2O(E)$，粒度为$0.18mm \times 0.007mm$；（d）放大200倍，渣中有一块辉铜矿(B)，粒径为$0.243mm$，其中有一人字形$Cu_2O(E)$，粒度为$0.276mm \times 0.0035mm$，铜蓝(C)分布于孔洞内边缘；（e）放大200倍，渣中有一块$CuFe_2O_4(Q)$，粒度为$0.364mm \times 0.296mm$，右边缘有薄层$Fe_3O_4(G)$，粒度为$0.052mm \times 5.7mm$；（f）放大200倍，渣中有两块$MgO \cdot Fe_2O_3(J)$，夹有一块玻璃质渣相(K)，有众多铜锍(A)，粒径为$0.0052 \sim 0.0017mm$

矿物组成：主要有铁橄榄石$2FeO \cdot SiO_2(I)$、玻璃质(R)、磁铁矿$Fe_3O_4(G)$、铜锍(A)、辉铜矿$Cu_2S(B)$、赤铜矿$Cu_2O(E)$、铁酸镁$MgO \cdot Fe_2O_3(J)$。

矿物显微结构：铜锍呈微粒状，线条排列、中间有一层熔渣将其分开，视野中大部分微区均是这种晶型。赤铜矿少量，呈紫红色，有单独的粒状，也有大一点的不定形颗粒。镁与铁结合为大块的彩色铁酸镁。渣中有大小和长短不一的各种裂纹，云雾状的玻璃质嵌布在裂纹中。存在有大量的细小的鱼脊状硅酸亚铁骸晶。

B　反应塔试样RS2ₓ

反应塔试样RS2ₓ矿相显微结构如图8-6所示。

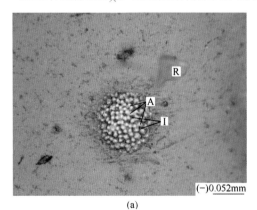
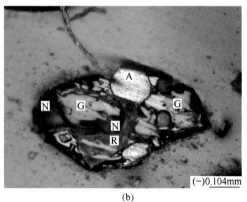

(a)　　　　　　　　　　　　　　　　　　(b)

图 8-6　RS2ₓ 矿相显微结构

（a）放大200倍，粒径为0.0052~0.0069mm的铜锍(A)，与2FeO·SiO₂(I)组成直径为0.104mm的草莓状团球；（b）放大100倍，在粒度为0.659mm×0.614mm的料球中间有粒度为0.243mm×0.104mm、0.104mm×0.104mm的磁铁矿(G)两块，中间夹有玻璃质(R)和孔洞，上边缘有粒度为0.156mm×0.104mm的铜锍(A)；（c）放大100倍，斑铜矿(D)的球体内散布有粒径为0.09~0.0104mm的Cu₂O(E)；（d）放大100倍，黄铜矿(S)内散布有铜蓝(C)，粒径为0.035~0.017㎜；（e）放大200倍，斑铜矿(D)中散布有赤铜矿(E)、铜蓝(C)和赤铁矿(H)，边缘有一层磁铁矿(G)，厚度为0.104~0.035mm；（f）放大200倍，大片磁铁矿(G)边缘有赤铁矿(H)，厚度为0.052~0.017mm，有玻璃质(R)；（g）放大100倍，大片赤铁矿(H)和磁铁矿(G)之间有粒状赤铜矿(E)，E的粒径为0.069mm×0.052mm；（h）放大100倍，在大片连续的赤铜矿(E)中间分布着多片玻璃质(R)、孔洞(N)和铜蓝(C)

矿物组成：主要有黄铜矿CuFeS$_2$(S)、铜锍(A)、辉铜矿Cu$_2$S(B)、赤铜矿Cu$_2$O(E)、斑铜矿Cu$_5$FeS$_4$(D)、硅酸亚铁、玻璃质(R)、磁铁矿Fe$_3$O$_4$(G)、赤铁矿Fe$_2$O$_3$(H)、铜蓝CuS(C)。

矿物显微结构：有大块黄铜矿和斑铜矿，前者包裹着圆点状铜蓝，后者包裹着黄红色氧化铜。圆粒状铜锍与硅酸亚铁微粒相互包裹着形成草莓状球团（见图8-6(a)），也有单独存在的较大些的铜锍颗粒。在大块的辉铜矿中包裹着圆点状的氧化亚铜，或者在大块的辉铜矿中包裹着Fe$_3$O$_4$(G)颗粒。Fe$_3$O$_4$(G)呈不定形粒状或片状，常位于料球边缘或外接Fe$_2$O$_3$(H)层。视野中分散的黑圆点状物为二氧化硅。

C　反应塔试样RS2$_{小}$

反应塔试样RS2$_{小}$矿相显微结构如图8-7所示。

矿物组成：小颗粒RS2$_{小}$的矿物组成除未发现黄铜矿外，均与RS2$_{大}$一致。

矿物显微结构：大的球状斑铜矿内部分散着球状或不定形的赤铜矿。铜锍呈颗粒状与硅酸亚铁微粒相互包裹着形成草莓状球团，也有单独的或大或小纯铜锍颗粒。视野中还可见单独颗粒状或片状黄红色赤铜矿。Fe$_3$O$_4$(G)呈四边形柱状或片状分布于料球边缘或Fe$_2$O$_3$(H)内侧。视野中圆点状分散分布的为SiO$_2$(M)。与RS2$_{大}$照片（见图8-6）中的料球相比，小球内部裂缝多，孔洞大。

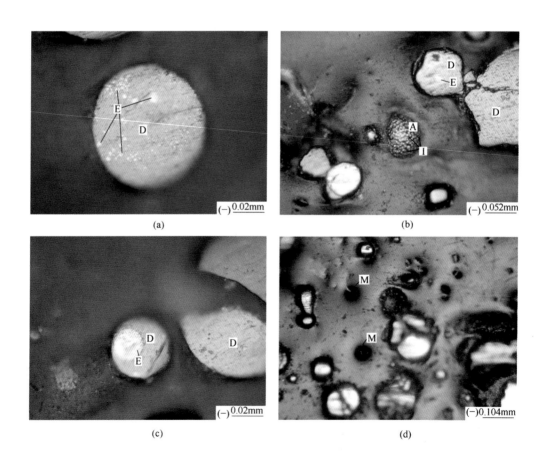

(a)　(b)

(c)　(d)

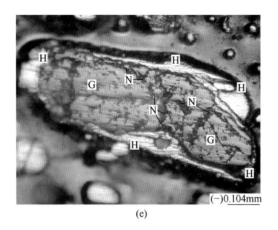

(e)

图 8-7 RS2_小矿相显微结构

（a）放大500倍，在粒径为0.087mm的球状斑铜矿(D)中散布着点状赤铜矿(E)，赤铜矿粒度为0.007mm；（b）放大
200倍，画面上有7个料球，图像清楚的有：草莓状铜锍，由铜锍(A)与铁橄榄石(I)组成，在粒径为0.087 mm的斑铜矿
(D)中夹有赤铜矿(E)，大片的斑铜矿(D)；（c）放大500倍，画面上有3个料球，粒径为0.043mm的料球由(D)和(E)组
成，大球为斑铜矿(D)；（d）放大100倍，很多料球之间分布有SiO₂(M)，粒径为0.069mm；（e）放大100倍，料块边
缘为一层厚为0.035mm的赤铁矿(H)，内层为不规则的磁铁矿(G)且被孔洞隔开

D 沉淀池渣样

沉淀池渣样显微结构如图8-8所示。

沉淀池炉渣与电炉渣的矿物组成和显微结构基本类似，唯一的区别是沉淀池炉渣中鱼脊
状硅酸亚铁骸晶的数量与体积较电炉渣的多而大。这种骸晶一般是冷却速度过快引起的。

8.1.3.2 铜在渣中的赋存形态

铜在渣中损失形态主要有：铜锍、辉铜矿（Cu_2S）、铜氧化物（CuO/Cu_2O）和铁酸
铜。

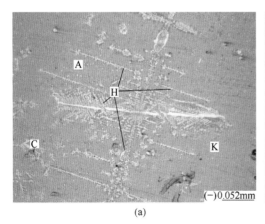

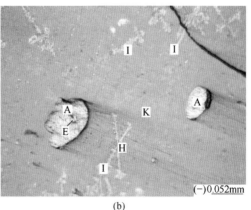

(a)   (b)

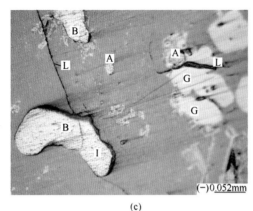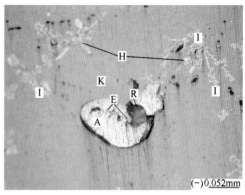

图 8-8　沉淀池渣样矿相显微结构

（a）放大200倍，渣中有鱼脊状硅酸亚铁(I)，将细小的铜锍颗粒(A)分开，还存在有一粒铜蓝(C)；（b）放大200倍，渣中有两块铜锍(A)，粒度分别为0.0347mm×0.067mm及0.078mm×0.104mm，另有多个硅酸亚铁骸晶(I)；（c）放大200倍，渣中有两大块辉铜矿(B)，粒径为0.191mm×0.069mm，有两块大的铜锍(A)，粒径为0.017mm×0.026mm及 ϕ0.035mm，有细小的铜锍(A)，直径为0.0017mm，还有大块的磁铁矿(G)，粒径为0.014mm×0.052mm；（d）放大200倍，渣中有多枝骸晶(I)，一块铜锍(A)，粒度为0.12mm×0.139mm，其中心有玻璃质渣(R)，上面有赤铜矿(E)

电炉渣和沉淀池炉渣中硫化态铜以众多的微细铜锍颗粒为主，其中最小的直径为0.0017~0.0052mm。氧化态铜与硫化态铜相比，数量少，但粒度大，观察到的最大一块为0.364mm×0.296mm的$CuFe_2O_4$(Q)。赤铜矿多以带状或不定形存在于其他矿物中。

电炉渣中硫化亚铜的颗粒小而分散，沉淀池中硫化亚铜颗粒较电炉渣的大（见图8-8（c）中0.191mm×0.296mm的辉铜矿（B）和图8-8（d）中的0.120mm×0.139mm铜锍（A））。与上述相反，电炉渣中氧化态铜较沉淀池渣的大（见图8-5（b）和（e）中0.394mm×0.296mm的$CuFe_2O_4$（Q））。电炉渣和沉淀池渣中都见到带状Cu_2O(E)，被其他相，如铜锍、铁酸铜和辉铜矿所包裹。

在观察区域内，硫化态铜含量大于氧化态铜含量，这与化学物相分析结果相符（见表8-9）。

渣中Fe_3O_4(G)大多以溶解态分散在渣相中，也有以片（块）状存在。沉淀池中观察到0.014mm×0.052mm的大片Fe_3O_4。

8.1.3.3　反应塔试样RS2$_大$和RS2$_小$综合说明

反应塔急冷试样（RS2）筛分后分成8级，前四级粒度为ϕ6~0.105mm（称为RS2$_大$），后四级粒度ϕ<0.105mm（称为RS2$_小$）。对两种粒度显微照片观察后，得出如下初步看法：

（1）RS2试样中铜主要以铜锍 (A)、CuS(C)、$CuFeS_2$(S)、Cu_5FeS_4(D)和氧化亚铜(E)的形态存在。

（2）进入反应塔的炉料中，铜主要以$CuFeS_2(S)$存在，试样中的$CuFeS_2(S)$显然是未反应物，而$Cu_5FeS_4(D)$是未反应物或反应的中间产物。$CuFeS_2(S)$和$Cu_5FeS_4(D)$多成片地占据料球的绝大部分（见图8-6（c）~（e）和图8-7（a），（c））。斑铜矿中常伴有球状氧化亚铜，黄铜矿中散布着铜蓝。

（3）图8-6(a)和图8-7(b)显示出草莓状的铜锍—硅酸亚铁共存结构。这种状况正好显示出：造锍—造渣—渣锍分离的过渡过程。

（4）多孔球状物（见图8-6（b），（g），（h）和图8-7（e））中，大多存在大片$Fe_3O_4(G)$、$Fe_2O_3(H)$和球状或小片状氧化亚铜。这可能是过氧化造成的；而生成的SO_2析出时造成了孔洞。

（5）反应塔RS2试料中$Fe_3O_4(G)$含量高，晶粒体积大。通过对反应塔、沉淀池以及电炉渣样显微照片观察比较以及化学物相分析（分别为24.63%、16.45%和13.94%的Fe_3O_4（G））结果，都显示出$Fe_3O_4(G)$含量是逐步减少的。

8.1.3.4 反应塔入炉炉料及试样RS2粒度分布

炉料粒度分布见表8-11和图8-9，RS2试样粒度分布见表8-12和图8-10。

表8-11 闪速炉入炉精矿粒度分布

颗粒粒径/μm	<7.8	7.8~11	11~16	16~22	22~31	31~44
颗粒所占比率/%	2.84	3.58	2.85	1.56	10.37	6.61
累计比率/%	2.84	6.42	9.27	10.83	21.2	27.81
颗粒粒径/μm	44~62	62~88	88~125	125~176	176~420	>420
颗粒所占比率/%	14.78	19.64	14.77	14.78	4.62	3.60
累计比率/%	42.59	62.23	77	91.78	96.4	100

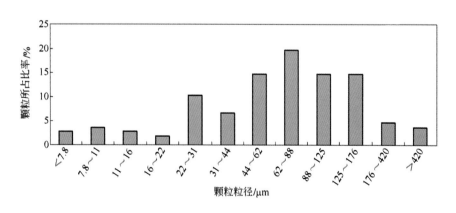

图8-9 闪速炉入炉精矿粒度分布图

表 8-12 反应塔试样（RS2）粒度分布

颗粒粒径/μm	<46	46~88	88~105	105~147	147~246	246~833	833~1000	1000~6000
颗粒所占比率/%	1.21	5.84	0.74	13.35	9.44	42.09	14.48	12.84
累计比率/%	1.21	7.06	7.80	21.15	30.59	72.69	87.16	100

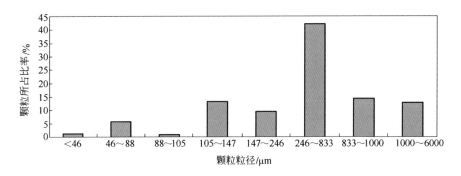

图 8-10 反应塔试样（RS2）粒径分布图

取样方法为：

（1）闪速炉入炉精矿直接取自下料仓的混合料。

（2）反应塔试样取样如下：3m长的水冷管支架最前端放盛水黏土坩埚（锥形，上缘内径为75mm、下缘内径为45mm，总高130mm），由反应塔前两个喷油嘴连线中点上方45mm处的观察孔插入，坩埚距反应塔中心线1m。取样停留时间8s。

观察结论为：

（1）粒度。入炉炉料颗粒所占比率最大（19.64%）的颗粒粒径为62～88μm；炉料总平均粒径 $\overline{d}$ 为97.58μm（按质量分数计算的算术平均粒径，下同）；RS2试样颗粒所占比率最大（42.09%）的颗粒粒径为246～833μm，炉料总平均粒径 $\overline{d}$ 为849.5μm，反应塔下落的液滴（或颗粒）平均直径比入炉混合料增大约9倍。

（2）颜色。RS2试样筛分后分成8级，若每级料球由大到小排列，则颜色由亮黑色（有玻璃质光泽）逐渐变为深褐色、浅褐色。表面由熔融圆滑光亮逐渐变为粗糙，且有棱角。从颜色和形状来看，大粒级的应为反应熔融物，而小粒级的试料中似应有未反应的炉料。

8.1.4 电子显微镜分析

KYKY2800型扫描电子显微镜（SEM）能对同一微区先后进行显微形貌观察和电子衍射分析，也就是把形貌观察和相结构分析结合起来。用该设备对沉淀池渣样(ST S3)和反应塔试样RS2$_{大}$的块状试样（ϕ15mm×15mm）表面进行分析，渣样ST S3的SEM形貌如图8-11所示，试样RS2$_{大}$的形貌如图8-12所示。在图8-11和图8-12上分别找出特征点a、c、d、 e、f、g，对各点做点（或面）扫描，得到图8-13和图8-14所示的SEM能谱图（每点一幅图），各元素的质量分数和摩尔分数列在图中。由图中能谱的能量和强度可得出对应a、b、c、d、e、f、g各点的物相所含元素的定性和定量分析。

该电镜对轻元素，例如氧元素不能识别（灵敏度极低）。

由SEM给出的谱图及对应的元素摩尔分数数据，经过计算，再结合炉渣矿物组成的基础知识，得出了对应于a、b、c、d、e、f、g各点的物相组成。

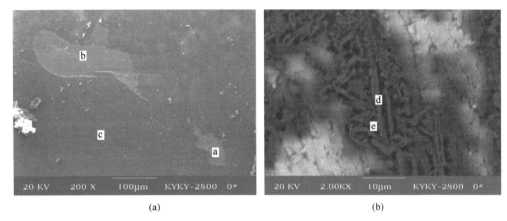

(a)   (b)

图 8-11 沉淀池渣样ST S3的SEM形貌图

a，b—铜锍；c，e—渣；d—2FeO·SiO₂

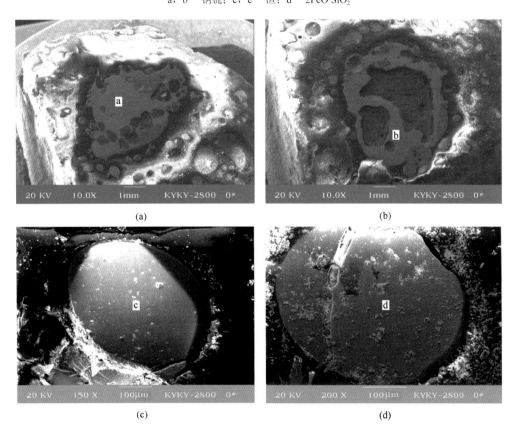

(a)   (b)

(c)   (d)

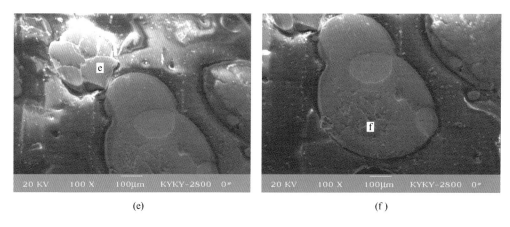

(e)　　　　　　　　　　　　　　　　(f)

图 8-12　试样RS2ₓ的SEM形貌图

a—Cu/CuO/Cu₂O；b—Cu₂S；c—斑铜矿（铁少）；d—黄铜矿（铁少）；e—渣+少量铜锍；f—2CaO·SiO₂

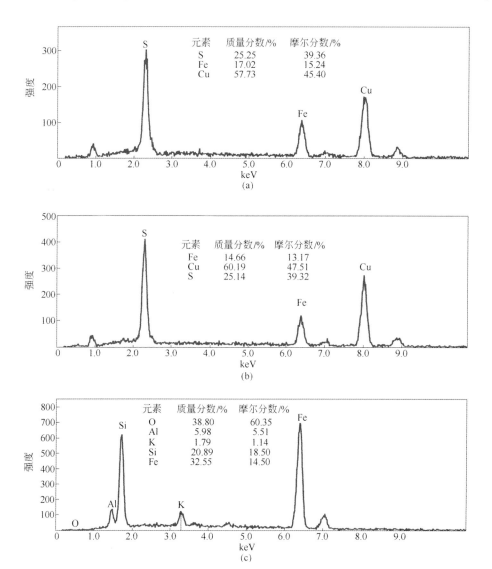

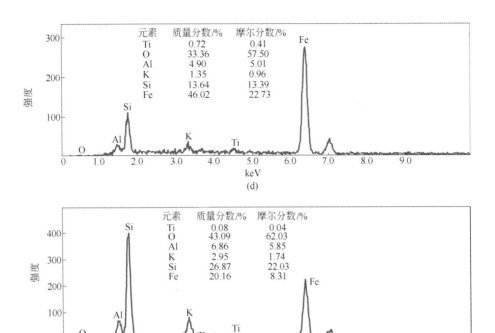

元素	质量分数/%	摩尔分数/%
Ti	0.72	0.41
O	33.36	57.50
Al	4.90	5.01
K	1.35	0.96
Si	13.64	13.39
Fe	46.02	22.73

(d)

元素	质量分数/%	摩尔分数/%
Ti	0.08	0.04
O	43.09	62.03
Al	6.86	5.85
K	2.95	1.74
Si	26.87	22.03
Fe	20.16	8.31

(e)

图 8-13　沉淀池渣样ST S3的扫描电子显微镜能谱图

（a）图8-11中的a（铜锍）；（b）图8-11中的b（铜锍）；（c）图8-11中的c（渣）；

（d）图8-11中的d（2FeO·SiO）；（e）图8-11中的e（渣）

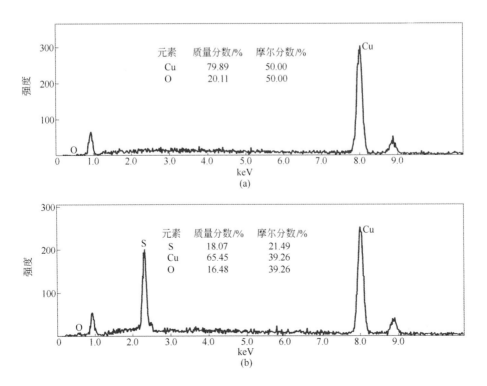

元素	质量分数/%	摩尔分数/%
Cu	79.89	50.00
O	20.11	50.00

(a)

元素	质量分数/%	摩尔分数/%
S	18.07	21.49
Cu	65.45	39.26
O	16.48	39.26

(b)

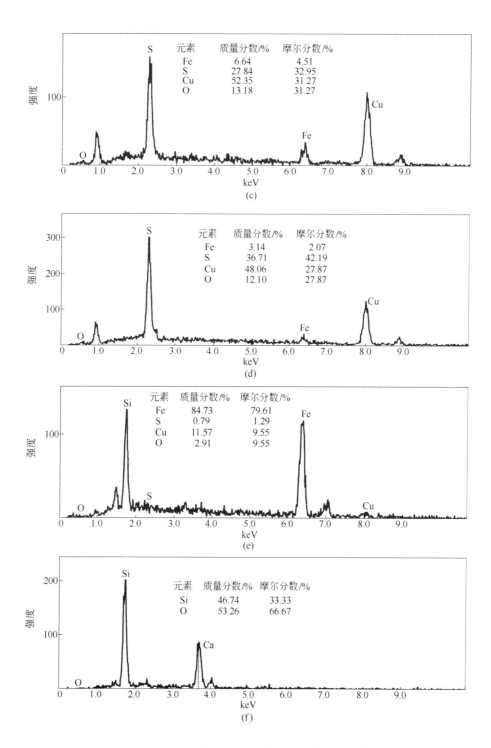

图 8-14　反应塔样RS2ㅅ的扫描电子显微镜能谱图

（a）图8-12中的a（Cu/CuO/Cu₂O）；（b）图8-12中的b（Cu₂S）；（c）图8-12中的d（斑铜矿）；

（d）图8-12中的e（黄铜矿）；（e）图8-12中的f（渣＋少量铜锍）；（f）图8-12中的g（2CaO·SiO₂）

8.2 电炉渣含铜统计分析

本节数据均来自金隆公司2000～2004年五年间的生产台账及相关检验分析报告。

8.2.1 电炉渣含铜变化趋势分析

图8-15所示为2000~2004年电炉渣含铜（取月平均值）的变化趋势。由图可以看出电炉渣含铜高于0.7%的月份有：2000年有6个月（占50%），2001年及2002年各有4个月（占33%），2003年有9个月（占75%）。2004年的11个月中铜锍品位高于58%的5个月的电炉渣含铜（月平均）全部超过0.8%。电炉渣含铜年平均值见表8-13。

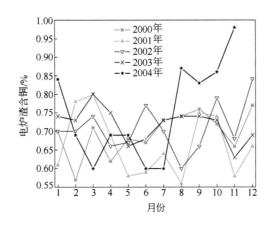

图 8-15　2000~2004年电炉渣含铜变化趋势

表 8-13　电炉渣含铜年平均值

年　份	2000	2001	2002	2003	2004
年平均电炉渣含铜/%	0.694	0.666	0.698	0.731	0.75
年平均铜锍品位/%	57.96	58.11	57.17	58.22	58.60
年平均铜分配系数	83.52	87.25	81.91	79.64	78.13
闪速炉年平均投料量/t·h⁻¹	53~63	54~72	66~80	68~83	64~91

从生产发展过程看，随着投料量的加大、铜锍品位的升高，渣含铜呈现出明显增高的趋势。图8-16所示为2000~2004年电炉渣含铜与铜锍品位变化的关系。由图可以看出：渣含铜高于0.7%的有26个月，0.7%及以下的也有27个月。

从以上数据可以看出，当铜锍品位高于57%时，电炉渣含铜略显随铜锍品位升高而增高的趋势。当铜锍品位高于61%时，电炉渣含铜竟有月平均值高达0.98%的记录（其平均投料量也高达91t/h）。不过月平均值数据未能反映生产日报中说明的现象，如炉况是否正常、是否出现黏渣、沉淀池炉结情况以及渣流中是否夹带铜锍等不易量化的因素。

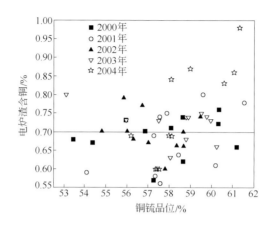

图 8-16　2000~2004年电炉渣含铜与铜锍品位的关系

8.2.2　电炉渣含铜影响因素分析

8.2.2.1　电炉渣含铜与闪速炉处理量、闪速炉铜锍品位和闪速炉渣Fe/SiO₂的关系

根据金隆生产经验，降低渣含铜首先应保证闪速炉炉况正常，要从闪速熔炼的全过程考虑。从整理的2000~2004年的月平均数据和一组生产较正常的6个月（1999年11月1日至2000年4月30日）的周平均数据看出存在以下关系。

A　电炉渣含铜与闪速炉处理量的关系

由2000~2004年五年间月平均数据（见图8-17）看出，随着闪速炉处理量的增加，尤其是2003年处理能力增加，电炉渣含铜明显增高；当闪速炉铜锍品位分别为57%~58%以及59%~60%时，电炉渣含铜均随处理能力的增大呈直线递增的趋势。2004年强化生产后的铜锍品位达到57%～58%和60%以上时，电炉渣含铜有进一步的提高。

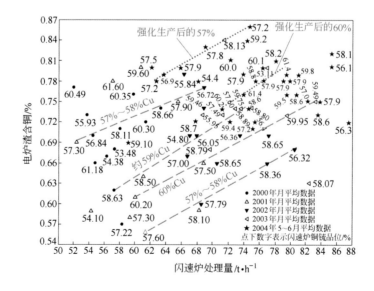

图 8-17　电炉渣含铜与闪速炉处理量的关系

B　电炉渣含铜与闪速炉铜锍品位和闪速炉渣Fe/SiO₂之间的关系

图8-18和图8-19所示为6个月生产数据的周平均值，图中注明了生产过程出现黏渣的三周起始日期。

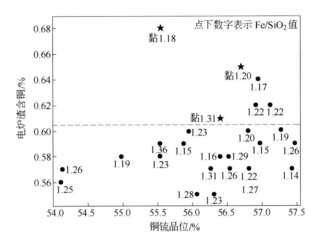

图 8-18　电炉渣含铜与铜锍品位的关系

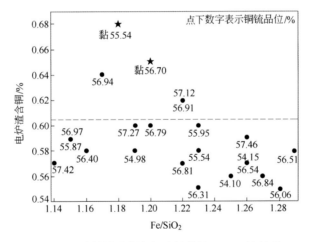

图 8-19　电炉渣含铜与闪速炉炉渣Fe/SiO₂的关系

由图8-18可以看出，出现黏渣且铜锍品位接近57%的电炉渣含铜均高于0.605%（见图8-18中红色虚线所示的水平线）。渣含铜低于0.60%水平（当年电炉渣含铜规定指标）的数据中，Fe/SiO₂低于1.20时的电炉渣含铜与铜锍品位以一定趋势递增，而Fe/SiO₂高于1.20（低于1.30）时电炉渣含铜随铜锍品位递增的趋势较缓。

图8-19也可以看出：出现黏渣且铜锍品位接近57%时，电炉渣含铜均高于0.605%水平，而铜锍品位在56%左右时电炉渣含铜随炉渣Fe/SiO₂增加而递增。

8.2.2.2　电炉渣含铜与电炉主要工艺参数的关系

A　电炉渣含铜与电炉底相铜锍品位及贫化渣Fe/SiO₂的关系

前已提及2001年与2002年电炉渣含铜高于0.7%的月份较少，生产比较正常，故选择了2002年生产数据作为整理数据的代表。曾选用底相铜锍品位或贫化渣Fe/SiO_2为横坐标、电炉渣含铜为纵坐标来分析2002年生产日报数据，结果只得到一块渣含铜从0.67%波动到0.72%的密集区。当选择以贫化渣Fe/SiO_2为一定值，取底相铜锍品位为横坐标、电炉渣含铜为纵坐标，可得到不同Fe/SiO_2条件下的电炉渣含铜的不同结果（见图8-20～图8-22及表8-14），但2002年数据（可视为中等小时处理能力，即年平均71t/h、铜锍品位57%的数据）中未能看出底相铜锍品位的明显影响。

表 8-14　2002年生产数据中贫化渣Fe/SiO_2与电炉渣含铜的关系

Fe/SiO_2	1.10	1.11	1.12	1.14	1.15	1.16	1.17	1.18
电炉渣含铜/%	0.698	0.718	0.704	0.698	0.67	0.694	0.67	0.697
Fe/SiO_2	1.19	1.20	1.21	1.22	1.23	1.24	1.25	1.26
电炉渣含铜/%	0.692	0.691	0.690	0.710	0.699	0.695	0.696	0.699
Fe/SiO_2	1.27	1.28	1.31	1.34	1.37	1.45		
电炉渣含铜/%	0.671	0.681	0.688	0.696	0.703	0.700		

注：全年铜锍品位在54.8%~58.5%之间。

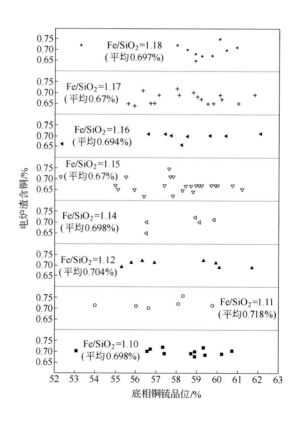

图 8-20　在不同Fe/SiO_2条件下电炉渣含铜与底相铜锍品位的关系

（2002年生产数据，Fe/SiO_2为1.10~1.18）

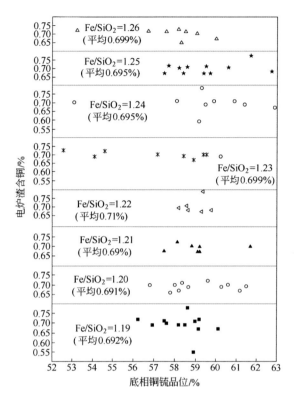

图 8-21 在不同Fe/SiO₂条件下电炉渣含铜与底相铜锍品位的关系

（2002年生产数据，Fe/SiO₂为1.19~1.26）

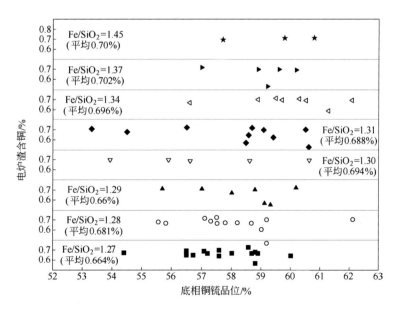

图 8-22 在不同Fe/SiO₂条件下电炉渣含铜与底相铜锍品位的关系

（2002年生产数据，Fe/SiO₂为1.27~1.45）

　　而整理2004年1~4月的生产日报数据（示于图8-23及表8-15中）却能从数据较多的Fe/SiO$_2$为1.18、1.21、1.25、1.27中看出略呈上升趋势，不像2002年数据多分布在一个水平线的上下，略有随铜锍品位升高，电炉渣含铜也略有递增的趋势。这和2004年以来闪速炉处理能力多高于2002年水平、产出铜锍品位也高于2002年水平（58%~64.6%）有关。当表8-14与表8-15数据展示在图8-24中，略显示出一定的相关性，2004年生产强化后铜锍品位升高、Fe/SiO$_2$升高，电炉渣含铜增高明显(线条1)，渣含铜也多在0.7%以上。2002年生产数据中，当Fe/SiO$_2$为1.15~1.16时（数据也较多），曾产出渣含铜较低的弃渣（线条2），且Fe/SiO$_2$越低，渣量越大。例如熔炼含Cu 31%、Fe 26%、S 28.8%、SiO$_2$ 7%的精矿，闪速炉生产品位58%的铜锍，炉渣含SiO$_2$ 33%，生产1t粗铜的产渣量在Fe/SiO$_2$为1.10时，高达1.624t，Fe/SiO$_2$为1.20时为1.5t，而Fe/SiO$_2$为1.40时为1.28t。对电炉贫化熔炼渣而言，熔炼渣型Fe/SiO$_2$的选择宜在1.20~1.50范围中选取。若炉渣Fe/SiO$_2$为1.20，弃渣含铜0.7%时，生产1t粗铜渣带走的铜量为0.7%×1.5=10.5kg，相当于Fe/SiO$_2$为1.40、弃渣含铜0.82%时，渣带走的铜量（0.82%×1.28≈10.5kg），两种情况下渣带走铜的损失量相同。故在生产中宜重点考察Fe/SiO$_2$在1.20~1.50范围内闪速炉铜锍品位与弃渣含铜、弃渣含铜与弃渣产量的关系，力求获得经济合理的铜锍品位、弃渣含铜量与合理渣型。

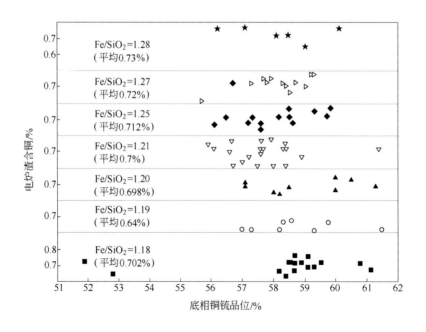

图8-23　2004年生产强化后在不同Fe/SiO$_2$条件下电炉渣
含铜与底相铜锍品位的关系

（投料量为64~72t/h）

表 8-15　2004年1~6月贫化渣Fe/SiO$_2$与电炉渣含铜的关系

月　份	1~4						
贫化渣Fe/SiO$_2$	1.18	1.19	1.20	1.21	1.25	1.27	1.28
电炉渣含铜/%	0.702	0.64	0.698	0.7	0.712	0.72	0.738
月　份	5~6						
贫化渣Fe/SiO$_2$	1.31	1.35	1.38	1.39	1.41	1.48[①]	1.49[①]
电炉渣含铜/%	0.725	0.74	0.75	0.758	0.76	0.81	0.82

① 个别数据。

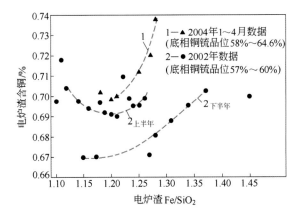

图 8-24　2002年与2004年电炉渣含铜与电炉渣Fe/SiO$_2$的关系比较

（投料量平均70t/h）

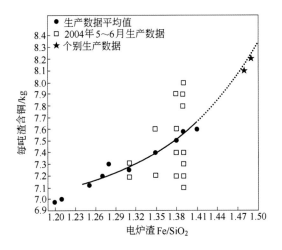

图 8-25　生产强化后电炉渣含铜与电炉渣Fe/SiO$_2$的关系

（投料量64~85t/h）

由表8-15数据可以初步找到生产强化后的电炉渣含铜量与炉渣Fe/SiO$_2$的关系，将图8-24线条1数据扩展到2004年上半年数据来表示电炉渣含铜量时可得到图8-25，其拟合曲线为：

$$Y = 6.89985 + 3.28997 \times 10^{-5} e^{X/0.14032}$$

式中　　Y——每吨渣含铜量，kg；

X——Fe/SiO$_2$。

此关系需进一步积累数据，考察生产中控制与改善渣含铜损失量，并修正拟合曲线关系式。

炉渣的产出量与产出铜锍品位的高低有关，以熔炼含Cu 31%、S 28.8%、Fe 26%、SiO$_2$ 7%、CaO 0.5%、MgO 0.5%的精矿为例，若产出铜锍品位分别为58%、60%、62%、65%，且渣含SiO$_2$为33%时，控制不同的Fe/SiO$_2$时有不同的渣量，分别示于图8-26中。

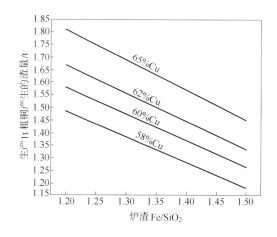

图8-26　生产不同铜锍品位时的渣量与Fe/SiO$_2$的关系

不同铜锍品位时，产渣量Q与炉渣Fe/SiO$_2$的拟合关系为：

58%Cu时　　　　　　　　$Q = 2.712 - 1.02 \times (Fe/SiO_2)$

60%Cu时　　　　　　　　$Q = 2.8514 - 1.059 \times (Fe/SiO_2)$

62%Cu时　　　　　　　　$Q = 3.0124 - 1.119 \times (Fe/SiO_2)$

65%Cu时　　　　　　　　$Q = 3.25 - 1.2 \times (Fe/SiO_2)$

图8-27所示为渣中铜损失总量T_S与Fe/SiO$_2$的关系，即不同铜锍品位时的产渣量Q与每吨渣含铜量Y的乘积。

58% Cu时　　$T_S = 18.712 + 8.9224 \times 10^{-5} e^{X/0.14032} - 7.0378X - 3.3557Xe^{X/0.14032}$

60% Cu时　　$T_S = 19.674 + 9.381 \times 10^{-5} e^{X/0.14032} - 7.3069X - 3.484Xe^{X/0.14032}$

62% Cu时　　$T_S = 20.7851 + 9.9107 \times 10^{-5} e^{X/0.14032} - 7.7209X - 3.6815Xe^{X/0.14032}$

65% Cu时　　$T_S = 22.4245 + 10.6924 \times 10^{-5} e^{X/0.14032} - 8.27982X - 3.948Xe^{X/0.14032}$

式中　　T_S——在不同铜锍品位下生产每吨粗铜随渣损失的铜量，kg；

X——渣中Fe/SiO$_2$。

当T_S值为最小时，渣的Fe/SiO$_2$比较合理，在四种不同的铜锍品位生产时，渣的Fe/SiO$_2$均以1.42~1.44为宜。当工况条件变化后，渣含铜情况也将变化，值得进一步在生产中用更多生产实践数据验证并修正拟合关系。

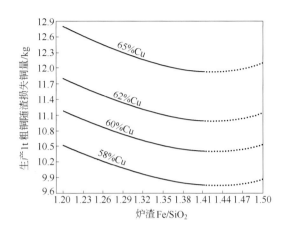

图 8-27　渣中铜损失总量与Fe/SiO$_2$的关系

B　电炉渣含铜与电炉投入块煤、固体铜锍数量的关系

图8-28所示为电炉渣含铜与电炉投入块煤量的关系。由图8-28可以看出，当底相铜锍品位为56%~57%时，电炉渣含铜随块煤投入量加大渣含铜呈下降趋势；一旦出现黏渣，电炉渣含铜均高于相近底相铜锍品位的弃渣含铜水平。根据金隆生产经验，进行还原处理添加的块煤量为渣量的0.2%~0.5%。

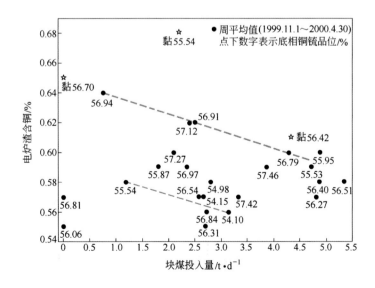

图 8-28　电炉渣含铜与电炉投入块煤量的关系

图8-29所示为2000~2003年电炉渣含铜与电炉投入块煤单耗的关系。图中显示四年平均单耗数据变化幅度更大，提高块煤单耗所产生的效果更明显。

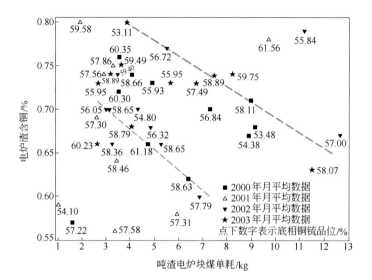

图 8-29　电炉渣含铜与电炉投入块煤单耗的关系

（2000～2003年平均数据）

图8-30所示为电炉渣含铜与电炉投入固体铜锍量的关系。从图中可以看出，电炉渣含铜随固体铜锍投入量的增加而减小的趋势，流动性好的熔融铜锍洗涤、聚凝被还原后的含铜粒子对降低渣含铜是有作用的。生产中发现若连续两班以上不加固体铜锍和块煤，则渣含铜呈上升趋势。但是高品位冷铜锍投入电炉仍有不利之处，例如冷壳中往往含Fe_3O_4更多，底相铜锍品位高不利于渣的贫化。在协调转炉生产平衡的前提下，尽可能投入低品位铜锍(例如鼓风炉铜锍)将有利于降低电炉渣含铜。

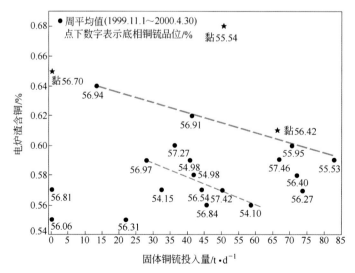

图 8-30　电炉渣含铜与电炉投入固体铜锍量的关系

C 电炉渣含铜与电炉耗电功率、渣层厚度及侧壁温度的关系

炉渣贫化电炉属于矿热电炉类型，为保证电气参数与炉温稳定，改善铜锍与炉渣的分离，要求渣层有足够的厚度。故供电功率、渣层厚度、炉侧壁温度均用以反映电炉温度状态。

图8-31所示为电炉渣含铜与电炉耗电功率的关系。从图中可以看出，在一定范围内耗电功率增大有利于降低渣含铜。

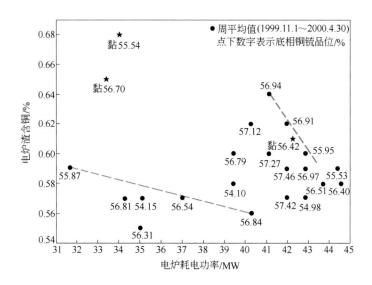

图 8-31　电炉渣含铜与电炉耗电功率的关系

金隆公司生产中规定电炉渣层厚度不低于450mm。图8-32数据表明在480~560mm范围内增加渣层厚度（实际是延长了炉渣在电炉内的澄清分离时间）有利于降低渣含铜。

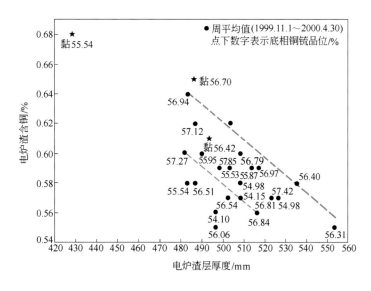

图 8-32　电炉渣含铜与电炉渣层厚度的关系

图8-33所示为早期电炉渣含铜与电炉侧壁温度的关系。贫化电炉侧壁炉墙温度计埋于炉墙中，未能接触炉内熔体。在砖衬厚度一定、挂渣层厚度一定、水套冷却水带走热量一定时，可认为侧壁温度与炉内熔体温度呈正相关关系，可以间接反映炉内熔体温度。

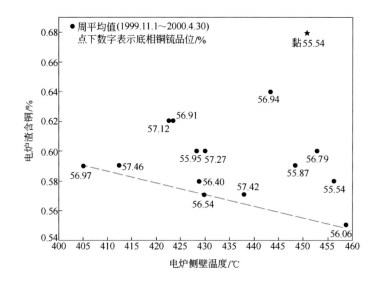

图 8-33　电炉渣含铜与电炉侧壁温度的关系

8.2.2.3　渣含铜与渣中Fe_3O_4含量的关系

产出的熔炼渣一般含有大量的Fe_3O_4，导致渣中机械夹杂和熔解的铜损失增多，渣含铜往往在1%以上。铜的闪速熔炼渣、熔池熔炼渣与转炉吹炼渣的一般成分见表8-16。

表 8-16　不同方法得到的铜熔炼炉渣的一般成分　　　　　　　　　　(%)

方　法	熔炼渣			还原贫化渣	
	Cu	SiO_2	Fe_3O_4	Cu	Fe_3O_4
闪速熔炼（奥托昆普）	1~3	30~33	8~20	0.6~0.8	6~8
熔池熔炼（顶吹）	2~2.5	31~33	8~10	0.5~0.8	6~8
熔池熔炼（特尼恩特）	4~8	26.5	16~18	0.8	
熔池熔炼（瓦纽科夫）	0.5~0.7	31~32	5~9	炉内贫化	
转炉吹炼（PS）	1.5~4.5	20~28	15~30	选矿贫化法尾矿含Cu 0.2~0.5	

生产实践表明，渣含铜是随渣中Fe_3O_4含量的升高而增加的。镍的火法冶金实践中，由于镍炉渣不宜采用磨浮法贫化，因而致力于高温下的深度还原处理，尤其是还原后沉降很有效。例如，在闪速炉直接产出含Ni 65%、Cu 5%的低铁高镍锍时，其熔炼渣含Ni 4%、Cu 0.5%、Fe 40%、SiO_2 27%，经电炉还原贫化后，弃渣达到含Ni 0.3%、Cu 0.2%水平（贫化渣中Fe_3O_4约3%）。实践发现电炉渣含镍量与渣中Fe_3O_4量关系密切（见图8-34），故在电炉贫化操作中常用Fe_3O_4量作为控制参量。同样铜的火法冶金实践中也很重视渣含铜与渣含Fe_3O_4的关系，如图8-35和图8-36所示。

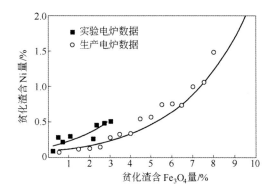

图 8-34 电炉弃渣含Ni与渣中Fe$_3$O$_4$含量的关系

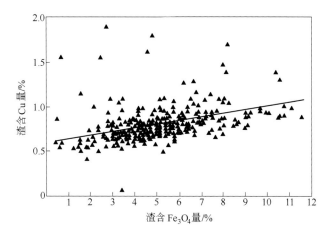

图 8-35 Las Ventanas冶炼厂贫化电炉渣含铜与渣中Fe$_3$O$_4$含量的关系（渣含铜70%）

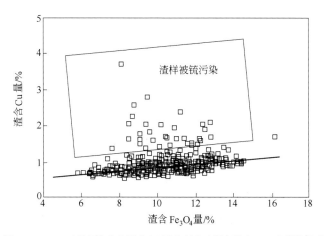

图 8-36 Miami冶炼厂贫化电炉喷吹天然气的渣含铜与渣中Fe$_3$O$_4$含量的关系

（渣含铜55.78%，曲线斜率为0.0499，喷枪浸入熔池深度300mm，

2~6只喷枪供气流量为100～600m^3/h）

工业中通常是通过测试试样磁性大小来标定Fe_3O_4含量，但工业物料中磁性大小与其Fe_3O_4含量的定量关系受很多因素影响，必须遵守一些约定条件，才能获得较稳定而且只是相对准确的标定关系。因此，为了较全面理解与合理使用这些数据，有必要先了解如下的磁性特点：

（1）磁化强度和磁化系数值很大时，存在着磁饱和现象，且在较低的外磁场强度作用下就可以达到磁饱和。磁化系数不是一个常数。磁化强度除与矿物性质有关外，还与外磁场变化的历史有关。

（2）Fe_3O_4存在磁滞现象，当它离开磁化场后，仍保留一定的剩磁。要去掉剩磁，就需要加一个反向磁场。

（3）磁铁矿磁性变化与温度有关，温度高于临界值——居里温度时，内部的磁畴结构消失，呈现顺磁性。

（4）磁铁矿磁性变化除与外磁场强度有关外，还受其本身的形状、粒径和氧化程度的影响。不同形状的矿粒被磁化所显示的磁性不同。球形颗粒或相对尺寸（$l/\sqrt{S}$，即平均粒径l与表面积S的平方根之比）小些的颗粒磁性较弱，而长条形或相对尺寸大些的颗粒磁性较强。粒度大小对其磁性有显著影响，随粒径减小，其比磁化系数值随之减小，在粒径小于$20\sim30\mu m$时表现尤为明显。

从磁畴的显示方法的分辨率（见表8-17）也可看出准确观测困难较多。

表8-17　常用的磁畴的显示方法

显示方法	分辨率	观察的状态		备　注
		动　态	静　态	
Hall探头	2mm	√		测散磁场
干粉技术	0.5mm		√	
粉纹技术	1μm		√	复型技术
Kerr效应	>1μm	√	√	反射技术
法拉第效应	>1μm	√	√	透射薄晶样品
X射线衍射	>20μm		√	完整晶体
反射电镜	10nm		√	图像难以解释
透射电镜	5nm		√	薄晶样品
电子探针			√	定量测定
二次电子	5μm		√	专门的电子几何
背散射电子	0.5μm	√		

工业生产过程的控制参数的显示技术要求快速、方便和经济，因此，生产厂家可选择适宜本厂生产需要的经济实用的测试方法，以获得$Fe-SiO_2-O$渣系中Fe_3O_4含量的信息。

A　金隆公司渣样的一些磁性测试数据

金隆公司闪速炉及贫化电炉的考核主要技术经济指标中，对炉渣而言只有一项"水淬渣含铜率"也就是弃渣含铜率，其渣样是经高温水淬急冷处理，属于"水冷试样"一类，当然闪速炉渣及电炉渣也可以在空气中缓冷处理，即所谓的"缓冷试样"。下面将分别介绍Fe/SiO₂与渣中Fe₃O₄量、渣含铜与渣中Fe₃O₄量、渣中SiO₂量与渣中Fe₃O₄量等的关系（有关Fe₃O₄数据都用自制磁性测定仪测得）。

a　炉渣Fe/SiO₂与渣中Fe₃O₄量的关系

炉渣Fe/SiO₂与渣中Fe₃O₄量的关系如图8-37所示。由图8-37可知，所有水冷渣样（包括FF渣及EF渣、水淬渣）中Fe₃O₄量随渣中Fe/SiO₂的增加呈递增趋势。

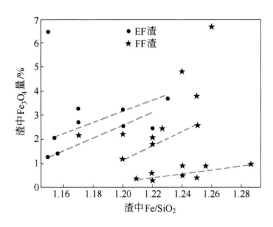

图8-37　水冷渣样中的Fe/SiO₂与渣中Fe₃O₄量的关系

b　渣含铜与渣中Fe₃O₄量的关系

图8-38所示为不同冷却方式时渣含铜与渣样中Fe₃O₄量的关系。不同冷却方式的渣含铜均随渣中Fe₃O₄量的增加而递增。但水冷试样有较低的Fe₃O₄量，而缓冷试样有较高的Fe₃O₄量。而且从缓冷渣样数据也显示出底相铜锍品位较高时，有较高的渣含铜量。显微镜检测看出：渣中Fe₃O₄大多以溶解态分散在渣相中，也有以片（块）状存在。从闪速炉渣中观察到14μm×52μm大片Fe₃O₄。电炉渣中硫化铜的颗粒小而分散，闪速炉渣中硫化铜颗粒较大（如191μm×296μm）。熔炼渣及贫化渣中铜的硫化态/氧化态分别为：0.53%/0.30%及0.43%/0.29%。在放大200倍的视野中，电炉渣有大量呈层状微粒铜锍分散在熔渣中；闪速炉渣中有鱼脊状的硅酸铁将细小的铜锍颗粒分散。

c　渣中SiO₂量与渣中Fe₃O₄量的关系

用自制磁性测定仪对水冷试样及缓冷试样测得磁性数据与渣中SiO₂量数据的关联并作图，获得了低磁性炉渣的合理SiO₂量信息，如图8-39所示。此信息数据范围与美国Magma铜公司闪速炉渣低磁性数据范围（见表8-18）及金隆公司配料中选择的SiO₂量范围相吻合，解释了Magma铜公司与金隆公司配料选择SiO₂量的合理性，辅证了生产过程确有低磁性炉渣的合理渣成分。不同冷却方式的炉渣当含SiO₂在32%~33%时，均有较低的磁性。金隆公司配料时选择的渣含SiO₂33%是合理的、科学的。

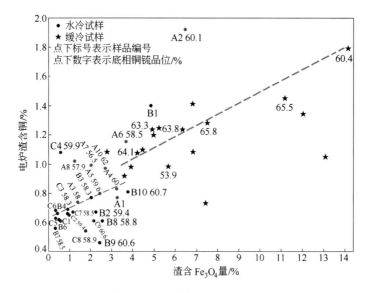

图 8-38 不同冷却方式时渣含Fe_3O_4量与渣含铜量的关系

A—沉淀池渣水冷；B—电炉渣水冷；C—电炉渣水淬

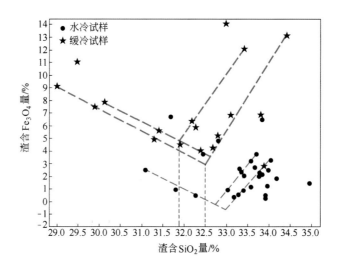

图 8-39 不同冷却方式时渣含SiO_2量与渣含Fe_3O_4量的关系

表 8-18 美国Magma铜公司闪速炉渣含SiO_2与Fe_3O_4关系

年 份	成分/%				Fe/SiO_2	说 明
	Fe	Al_2O_3	SiO_2	Fe_3O_4		
1988	46.77	1.84	27.56	22.27	1.70	
1989	44.10	3.57	29.01	16.99	1.50	由于提高SiO_2量镜检发现Fe_3O_4下降
1990	43.56	3.92	30.92	12.89	1.41	镜检Fe_3O_4进一步降低
1991	44.21	3.47	31.96	10.56	1.38	

年 份	成分/%				Fe/SiO$_2$	说 明
	Fe	Al$_2$O$_3$	SiO$_2$	Fe$_3$O$_4$		
1992	44.82	6.25	31.80	7.78	1.41	
1993	44.05	3.19	32.62	8.56	1.35	镜检显示Fe$_3$O$_4$的骨架结构

注：Magma铜公司的闪速炉渣是采用磨浮法贫化处理，故其Fe/SiO$_2$较高。

B　闪速炉渣与贫化电炉渣样的X射线衍射检查和渣中Fe$_3$O$_4$量的近似计算实例

取高温急冷的闪速炉渣（ST S3）与电炉渣（EF S2）样各一，其常规分析成分见表8-19。

表 8-19　渣样常规分析成分　　　　　　　　　　　　　　　　　　　（%）

试 样	Fe	SiO$_2$	CaO	MgO	Al$_2$O$_3$
ST S3	40.49	33.12	0.17	0.37	3.19
EF S2	40.74	30.96	0.20	0.35	2.99

对表8-19中的渣样进行了X射线衍射检查，所得结果如图8-40和图8-41所示。

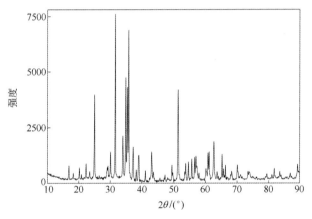

图 8-40　闪速炉渣样ST S3衍射仪计数器记录图

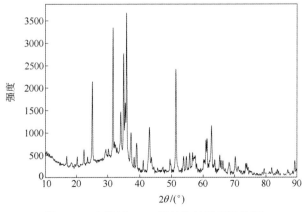

图 8-41　电炉渣EF S2衍射仪计数器记录图

检查结果经查阅粉末衍射标准联合委员会(Joint Committee for Powder Diffraction Standards，JCPDS)出版的粉末衍射数据卡片，近似推算出试样中的Fe_3O_4质量分数为：ST S3中为19.24%；EF S2中为13.98%。而水冷的渣样用自制磁性测定的Fe_3O_4量分别为：ST S3 8.07%；EF S2 1.96%。

对有关闪速炉渣和贫化电炉渣试样X射线衍射分析结果的计算整理得出：ST S3渣含Fe_3O_4 19.24%，EF S2渣含Fe_3O_4 13.98%，还在一般经验范围（20%以内）。例如ST S3渣含Fe 40.79%，由X射线衍射结果算出当铁考虑只有Fe_3O_4及$2FeO·SiO_2$两相时其分配比分别为38.05%及61.95%，相应的Fe量：

（1）38.05%×40.79%=15.52%，则Fe_3O_4量应为15.52%×1.38=21.42%，其中$Fe_3O_4/3Fe=1.38$；

（2）61.95%×40.79%=25.27%，$2FeO·SiO_2$中FeO应为25.27%×1.287=32.52%。

按衍射强度计算的Fe_3O_4量为19.24%，和按面积计算出的Fe_3O_4量（21.42%）相近，可以考虑取19.24%数值。故ST S3渣的主要成分合计为：FeO 32.52%，Fe_3O_4 19.24%，SiO_2 33.12%，CaO 0.17%，MgO 0.37%，Al_2O_3 3.19%，共计88.61%。

EF S2渣按X射线衍射强度计算得到的Fe_3O_4量为13.98%，即其中的Fe为10.13%，余下的铁为：40.79%−10.13%=30.66%，以FeO进入$2FeO·SiO_2$，即FeO量为30.66%×1.287=39.46%，故EF S2渣的主要成分有：Fe_3O_4 13.98%，FeO 39.46%，SiO_2 30.96%，CaO 0.20%，MgO 0.35%，Al_2O_3 2.99%，共计87.88%。

8.2.2.4 熔渣黏度及其炉前检测方法

熔渣黏度大，或流动性差，铜锍与渣相难以分离，渣含铜肯定高。但熔渣黏度的精确测定需要专门的装置，不便于生产中作为监控指标。作者研制了一种炉前快速测定的渠式黏度计。

A 炼铜炉渣黏度与温度的关系实测

作者采用RTW-06型熔体物性综合测定仪中的钼坩埚，对表8-19中的渣样测试其黏度与温度关系数据，列于表8-20和图8-42及表8-21和图8-43中。

表8-20 闪速炉渣ST S3渣样的黏度数据

温度 / ℃	1314	1278	1214	1159	1115	1084
黏度 / Pa·s	0.128	0.124	0.163	0.226	0.285	0.507

表8-21 贫化电炉渣EF S2渣样的黏度数据

温度 / ℃	1300	1245	1192	1141	1097
黏度 / Pa·s	0.107	0.112	0.164	0.208	0.585

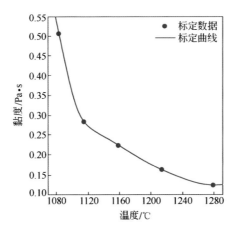

图 8-42　闪速炉渣ST S3黏度与温度的关系

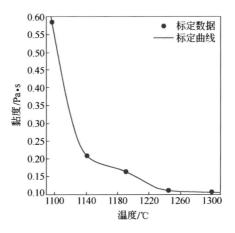

图 8-43　电炉渣EF S2黏度与温度的关系

测试结果表明，随温度的降低闪速炉渣黏度增加很快，这和闪速炉渣中含有较高的 Fe_3O_4 有关，只有当温度在1278℃以上时才可保持良好的流动性。

B　测量熔渣流动性的渠式工业黏度计的测试实例

2004年4月，作者用自行加工的渠式工业黏度计（炉前使用，有单独的研制报告）测试部分闪速炉渣和贫化电炉渣的流动性（以流长表示，单位为mm）数据列于表8-22中。经过生产现场试用，表明该装置结构简单，可用于铜冶炼炉渣流动性测量比较，且可用于发现炉渣中是否夹带有流动性更好的铜锍，若夹带过多铜锍，其流长甚至会超过270mm流槽总长。

表 8-22　炉渣流动性的测试实例

日期	试样编号		化学成分/%								Fe/SiO₂	流长/mm	相应黏度/Pa·s
			Cu	S	Fe	SiO₂	CaO	MgO	Al₂O₃	Zn			
23/4	ST S2	（1）	3.25	1.94	34.3	30.7	0.1	3.21	4.27	0.56	1.28	225 (1273℃)	夹带铜锍
		（2）	10.16	—	35.78	25.73	0.07	0.30	2.61	—	1.39		<0.1235
	EF S1	（1）	0.78	1	38.8	32.2	0.30	3.08	4.47	0.57	1.20	168 (1271℃)	<0.112
		（2）	0.74	—	40.74	32.30	0.20	0.35	2.91	—	1.26		
24/4	ST S3	（1）	1.28	0.74	39.7	28.7	0.30	3.41	4.06	0.47	1.38		
		（2）	0.82	—	40.49	33.12	0.17	0.37	3.19	—	1.22	160 (1270℃)	0.1235
	EF S2	（1）	0.73	0.56	39.8	28.7	0.30	3.44	4.1	0.49	1.39		
		（2）	0.72	—	40.74	30.96	0.20	0.35	2.99	—	1.32	163 (1273℃)	<0.112
25/4	ST S4	（1）	8.38	4.59	40.0	25.1	0.29	3.34	3.48	0.47	1.59		
		（2）	2.83	—	40.66	31.33	0.10	0.33	2.61		1.30		
	EF S3	（1）	0.80	0.88	38.5	32.3	0.31	3.1	4.34	0.6	1.19	177 (1275℃)	<0.112
		（2）	0.82	—	45.52	30.02	0.21	0.33	2.70		1.42		
26/4	ST S5	（1）	7.04	3.36	39.3	27.7	0.3	3.29	3.65	0.48	1.42		
		（2）											
	EF S4	（1）	1.7	1.37	38.5	29.4	0.33	3.09	3.9	0.52	1.31	193 (1282℃)	0.1094
		（2）	0.82	—	41.96	30.96	0.41	0.37	2.61		1.36		<0.112

注：试样编号（1）表示X射线荧光快速测定；（2）表示化学分析结果。

C　有关熔渣流动性测试结果的讨论

为了定量说明熔渣流动性，在生产现场用工业黏度计测试了代表性渣样的流动性，考察了所研制的渠式工业黏度计的可行性，采集了相应的试样在学校实验室测定黏度与温度的关系，并测定其Fe_3O_4量。得出以下结论：

（1）测得的闪速炉渣和相应的贫化电炉渣的黏度-温度曲线表明，在相同温度条件下，电炉渣比闪速炉渣流动性更好；电炉渣在1250~1300℃温度下流动性良好；温度降低对闪速炉渣流动性影响很明显，因而维持沉淀池及贫化电炉的熔池合理的温度场十分重要。

（2）经生产现场试用渠式工业黏度计，表明它可用于测量闪速炉渣和贫化电炉渣流动性（即流长的测量），使用时按流长查对黏度标定曲线，即可找出对应黏度。但由于该检测仪的工作原理限定，标定曲线只适用于均相熔渣。当渣中混入铜锍时，由于在渠内流动时产生相分离而导致标定条件破坏，标定时数字上的对应关系已不复存在。从定性的角度看，当现场测试时，若发现流长过长，例如超过225mm，即可断定炉渣中肯定已混入铜锍。

（3）在炉内高氧势的条件下，铜的闪速熔炼炉渣中Fe_3O_4含量偏高，渣带走铜损失也较高，因而工业运行的闪速炉强调熔炼炉渣要有良好的流动性；强调尽可能造相当于SiO_2饱和的炉渣（见表8-16，如渣含$SiO_2$31%~33%），以期获得低黏度和低Fe_3O_4的闪速炉渣，这和FeO-SiO_2渣系黏度与组成的关系是一致的（见图8-44）。

图8-44中质量分数分别为31%~33%时，恰为现场选择配渣成分，也是黏度下降区。

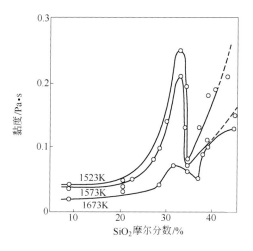

SiO_2质量分数/%	25	26	27	28	28.5	29	30	31	32	33
SiO_2摩尔分数/%	28.5	29.6	30.695	31.79	32.31	32.8	34	35	36	37
说　明					黏度升高		形成$2FeO \cdot SiO_2$			

图8-44　FeO-SiO_2系熔体的黏度与组成关系

8.2.3 闪速炉运行炉况对电炉渣含铜的影响

金隆公司在闪速炉运行管理中一致认为：闪速炉炉况是决定电炉渣含铜的最主要因素，欲控制较低的电炉渣含铜，就必须保证有良好的闪速炉炉况，即稳定闪速炉炉况是降低电炉渣含铜的必要前提。炉况不稳定对降低电炉渣含铜的影响是不易量化，且不够直观的因素，例如熔体温度一旦过热不够，就会影响炉渣流动性，而且因为温度降低不可避免地会析出Fe_3O_4固相，影响铜(锍)渣相分离效果，进而形成炉结，炉结逐渐长大给生产操作带来困难，并导致渣含铜损失增大。下面根据金隆公司经验，围绕降低渣含铜问题有针对性地讨论炉况不正常时的某些表现。

8.2.3.1 炉况不正常时的几种表现

（1）炉况不正常时的几种表现有：沉淀池炉渣与铜锍温度差表征熔体过热程度。金隆公司生产中用"沉淀池炉渣-铜锍温度差(ΔT_{S-M})"来表征闪速炉炉况，炉况正常时维持ΔT_{S-M}为20~30℃，沉淀池中烟气、渣相与铜锍相间的温度数值如图8-45所示。当铜锍层温度低、ΔT_{S-M}超过50℃以上视为不正常，此时因渣层传热效率低影响了1350~1400℃热烟气对底层熔体的加热，一旦熔体温度降低将不可避免地析出Fe_3O_4固相，恶化相分离过程。为了降低ΔT_{S-M}，要避免沉淀池渣层过厚，生产中采取薄渣层操作，并要求排渣口清理平扁（去掉结壳）、渣流顺畅，少夹带铜锍进入贫化电炉。

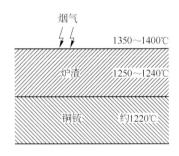

图 8-45　ΔT_{S-M}为20~30℃时的温度数值

（2）出现黏渣。前已提及1999年11月1日至2000年4月30日的6个月数据中出现的3次黏渣时，渣含铜都超过了当时渣含铜要求指标(0.6%)。进入2002年后的1月和2月的59天除去5天停炉外的54天中有27天（分别是1月的4号、10号、11号、12号、15号、17号、18号、19号、20号、22号、24号、30号以及2月的4号、5号、6号、7号、8号、9号、10号、12号、14号、15号、16号、17号半天、26号半天、27号、28号）出现黏渣，黏渣层高100mm，各有关参数的变化趋势如图8-46及图8-47所示。

从图8-46和图8-47可以看出，铜锍品位相对较为稳定，变化波动不太大；铜锍温度波动较大，烟尘率也偏高；两个月中54天有27天出现黏渣，电炉渣含铜超过当时的规定指标(0.6%)。黏渣出现，渣锍相分离困难。直至2月15日以后，工艺风氧浓度提高至

57%~59%，炉况转好，但渣中Fe$_3$O$_4$含量增加，炉渣发黏。

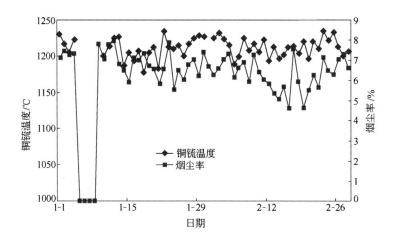

图 8-46　铜锍温度与烟尘率的变化趋势

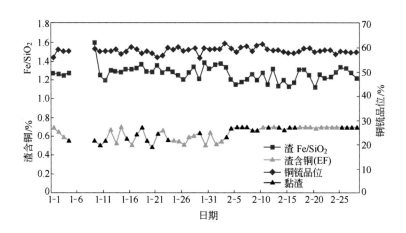

图 8-47　Fe/SiO$_2$、渣含铜与铜锍品位的变化趋势

出现这一异常情况的原因是：

1）这期间投料量逐渐提高到77t/h，铜锍品位达到58%以上，而渣含Fe$_3$O$_4$、渣含铜必然有所升高。另外入炉料成分波动，尤其是烟尘及杂料的比率波动也有影响；

2）加料喷嘴分布器被杂物部分堵塞，或中央氧振打装置故障，都将影响反应过程正常进行；

3）X射线荧光分析误差波动（尤其是Fe/SiO$_2$及渣含铜的分析），闪速炉控制数模参数修正出现偏差，修正操作不能及时进行；

4）沉淀池投入的块煤堵渣口，造成操作困难。

（3）炉结的形成与长大。沉淀池炉底因Fe$_3$O$_4$析出而生长炉结是常见的现象。这可由矢泽彬提出的铜锍中FeS活度（a_{FeS}）与炉渣中Fe₃O₄活度（$a_{Fe_3O_4}$）之间的关系图(见图8-48)形象地看出：

1）当温度下降时，容易析出Fe₃O₄固相（$a_{Fe_3O_4}=1.0$）；
2）随铜锍中FeS氧化的进行，其浓度降低，铜锍品位提高，也容易析出Fe₃O₄固相；
3）炉渣中的FeO越多，或SiO₂的相对添加量越少，则Fe₃O₄也会越多。

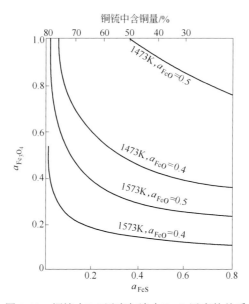

图 8-48　铜锍中FeS活度与渣中Fe₃O₄活度的关系

如果沉淀池熔渣中含Fe₃O₄多，又缺乏充分还原的条件，在炉内熔体温度偏低时，炉结可以迅速生成。拟凝固相Fe₃O₄的析出还使炉渣黏度、熔点以及密度升高，都将使沉淀分离的条件恶化，从而使渣含铜升高。考虑上述各种因素，应力求降低Fe₃O₄的含量与活度，以便消除和防止炉结的长大。

金隆公司闪速炉沉淀池的炉结形貌大致如图8-49所示。

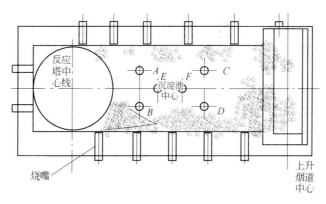

图 8-49　金隆公司闪速炉沉淀池炉结的大体形貌

金隆公司及世界各相关工厂的成功经验都值得借鉴。金隆公司采用加生铁棒有效地将炉底炉结清洗以增大熔池的有效容积。为保护耐火砖砌体，国内外有的工厂保留至少有50mm厚的炉底炉结。有的工厂从反应塔顶部投入块煤以强化沉淀池炉渣的还原，有的工厂从反应塔喷入煤粉以还原熔体中的Fe_3O_4，有的工厂将烟尘与粉煤喷入沉淀池以强化还原炉渣，有的工厂保持沉淀池熔体的适当过热以控制Fe_3O_4的析出等，均取得良好的效果。

8.2.3.2 影响炉况的其他有关因素

影响炉况的其他有关因素有：

（1）精矿喷嘴工作状况（要求布料及气粒混合均匀、不堵塞、调速均匀，及时处理零部件故障、结瘤、烧损等问题）；

（2）干矿计量准确性，炉内反应效率（反应完全性）的高低；

（3）混合干矿水分含量高低（超过0.3%影响着火及反应进行）；

（4）精矿中难熔物质、易生成铁酸盐物质（Zn）含量多少，配料化学性质（控制合理SiO_2含量抑制Fe_3O_4的形成），是否有添加一定量焦粉等；

（5）控制返回的烟尘处理量（烟尘中硫呈硫酸盐形态占其总硫的40%，硫酸盐会结块影响布料均匀）；

（6）避免和及时处理反应塔水套漏水；

（7）炉前X射线荧光快速分析及时、准确，及时修正控制数模参数等。

8.2.4 电炉渣含铜综合分析

解决弃渣含铜损失问题的目的是力求将弃渣带走的铜损失量降低到最低限度，也就是要求生产过程产出弃渣中含铜浓度尽可能低，以及每生产1t粗铜产生的弃渣量尽可能少。但是生产的发展和强化总是力图提高铜锍品位，而随着铜锍品位的提高，当处理相同成分的精矿、产出相同的Fe/SiO_2的炉渣时，其渣量是增大的。因此，解决渣含铜的问题需在生产发展中不断地调整合理铜锍品位及熔炼的合理渣型。

研究中发现的炉渣中合理的SiO_2含量为33%以上时，炉渣有最低的磁性，辅证了金隆公司多年来生产配料时选择的渣含SiO_2量是正确的，为降低弃渣含铜奠定了基础。

在铁-硅-氧实用渣系中Fe_3O_4的生成和影响是客观存在的现实问题，深度还原熔炼渣和强化搅动沉淀池熔池，优化沉淀池操作制度，都是进一步降低渣含铜损失可供选择和进行现场试验的措施。

9　闪速炉蚀损预警与炉衬立体冷却系统研究

反应塔是闪速熔炼的关键设备。熔炼过程中激烈的化学反应、强氧化性的熔炼气氛、高温腐蚀性气体以及熔融产物的产生都要求反应塔壁面炉衬具有较好的抗熔蚀和冲刷的能力。因此，生产中多选用耐高温、耐侵蚀良好的镁铬砖。但是即便这样，反应塔壁面耐火炉衬的蚀损速度也是非常惊人的。一般在投入使用的第一年中，塔壁的炉衬蚀损厚度就可达原始炉衬厚度的1/3左右，随后虽然在有效的炉体冷却以及良好的挂渣保护作用下，蚀损速度有所降低，但是塔壁炉衬始终是生产过程中的薄弱环节。开展铜闪速炉反应塔壁面炉衬蚀损机理的研究，并配合以反应塔壁面炉衬蚀损预警系统的研发和闪速炉立体冷却系统的构建，有助于强化对反应塔炉衬状况的监控，优化塔体结构，更好地满足闪速炉高强度、高产出，同时又保证安全生产的要求。

9.1　反应塔炉衬蚀损机理研究

在闪速炉生产不断强化的今天，随着熔炼能力的不断提高，塔内温度迅速升高，塔内高SO_2浓度烟气和高温熔融物产量明显增加，反应塔壁面工作条件更为恶劣。在这种条件下，开展闪速炉反应塔炉衬蚀损机理分析研究，从反应塔壁面炉衬的腐蚀过程的分析着手，探寻造成反应塔腐蚀的关键因素，对于强化炉衬保护，有效延长炉体寿命具有重要意义。

9.1.1　反应塔炉衬蚀损取样

反应塔壁面残砖试样取自闪速炉反应塔壁面。该侧反应塔壁面原砌砖厚度为350~425mm，投入生产5年后大修时经测量发现，塔壁残余厚度仅剩余230~300mm。研究中取反应塔5~6层水套间残砖制成检验样送至电镜（Phillip XL-30）分析。检验样总长76mm，可明显区分出挂渣层与砖衬层，其中挂渣层厚度12mm，砖衬层厚度64mm。经初步电镜分析后依据电镜下砖衬部分的显微结构特点，又进一步将砖衬层细分为工作层和反应层两部分。反应塔壁面残砖取样部位以及电镜分析试样示意图如图9-1所示。各部分电镜分析结果详细叙述如下。

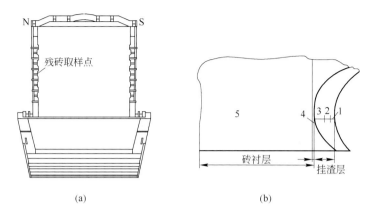

(a)   (b)

图 9-1 反应塔壁面残砖取样部位与电镜分析试样示意图

（a）反应塔残砖取样部位；（b）残砖扫描电镜分析试样

1—挂渣表皮层，约3mm；2—挂渣中间层，约4～4.5mm；3—挂渣近砖层，约4.5～5mm；

4—砖衬工作层，约20~22mm；5—砖衬反应层，约42~44mm

9.1.2 挂渣层显微结构分析

9.1.2.1 渣层区全体形貌

反应塔壁面挂渣是熔炼过程中多种混合物溅落到塔壁后，在一定温度条件下凝固形成的砖衬表面附着层。

在扫描电镜下可以看到（见图9-2和图9-3），挂渣的主体由磁铁矿自形晶构成，其间分布着少量的硅酸盐玻璃相及铁橄榄石析晶，在硅酸盐相的边缘还存在着低价铁氧化物 FeO。随熔体一同溅落的铜锍以不同形态散布在磁铁矿主晶晶粒间。

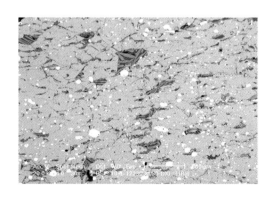

图 9-2 反应塔残砖挂渣层扫描电镜照片（×30）

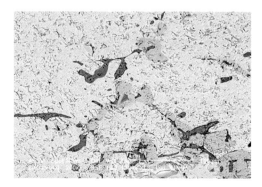

图 9-3 挂渣层中Fe的氧化物分布扫描
电镜照片（×200）

9.1.2.2 铜及其化合物的分布

在扫描电镜下，渣层中分布的铜元素共呈现出三种不同的形态：硫化态、金属态和氧化态。三种形态的铜化合物呈一定规律分布在不同深度的渣层中。

A Cu₂S与FeS共存

在渣层表皮，挂渣中的铜主要以Cu_2S的形态存在。如图9-4所示，在磁铁矿主晶的包围中，Cu_2S与FeS形成共溶体，且多分布在硅酸盐玻璃相的边缘，这说明高温下液态玻璃相的出现为硫化物的侵入提供了良好的通道。

图 9-4 渣层表皮Cu₂S与FeS共存的扫描电镜照片（×400）

B Cu与Cu₂S共存

在砖衬表面挂渣的中部，铜元素以Cu与Cu_2S共溶的形态存在。如图9-5所示，在该部位挂渣的主晶仍为磁铁矿自形晶，但是渣中玻璃相与铁橄榄石析晶增加，Cu与Cu_2S的共溶体分布于玻璃相边缘，其中金属Cu已作为独立的晶体存在且边缘不规则；Cu_2S则包围在Cu晶粒边缘或深透于晶粒间隙中。从晶相分布的特点来看，Cu晶粒是Cu_2S氧化生成的，而Cu晶粒与玻璃相交界处Cu_2S的存在则说明在铁低价氧化物存在的范围内，Cu的氧化过程进行缓慢。

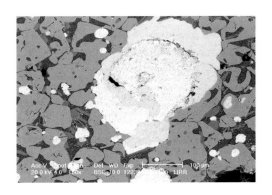

图 9-5 渣层中部Cu与Cu₂S共存的扫描电镜照片（×150）

C Cu₂O与FeO共溶

在接近砖衬的渣层中，虽然主晶仍然为磁铁矿自形晶，但是在与玻璃相交界的主晶边缘部位及主晶晶粒之间的间隙中出现了FeO与Cu_2O的共溶体。Cu_2O在该部位的形成，说

式中 x_k，y_k——已知数据点x、y方向坐标；

        y_j——已知数据点y方向坐标，且有$j \neq k$；

        x，y——待求节点x、y方向坐标；

  $T(x_k, y_k)$——已知数据点温度，℃；

    $T(x, y)$——待求节点温度，℃。

  b 第二类边界条件

绝热边界上的节点分布如图9-19所示，其节点差分方程为：

$$\frac{2\left[T(i-1, j) - T(i, j)\right] \cdot \Delta y}{\dfrac{\Delta x}{\lambda_{i-1, j}} + \dfrac{\Delta x}{\lambda_{i, j}}} + \frac{\left[T(i, j-1) - T(i, j)\right] \cdot \Delta x}{\dfrac{\Delta y}{\lambda_{i, j-1}} + \dfrac{\Delta y}{\lambda_{i, j}}} + \frac{\left[T(i, j+1) - T(i, j)\right] \cdot \Delta x}{\dfrac{\Delta y}{\lambda_{i, j+1}} + \dfrac{\Delta y}{\lambda_{i, j}}} = 0$$

$$(9\text{-}7)$$

式中 $\lambda_{i, j}$——介质热导率，W/(m·K)；

    $T(i, j)$——节点温度，℃；

  Δx，Δy——x、y方向网格宽度，mm。

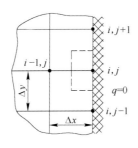

图9-19　绝热边界节点示意图

  c 第三类边界条件

第三类边界为对流、辐射边界，其边界节点分布如图9-20所示，计算用差分方程表述为式（9-8）形式。

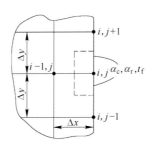

图9-20　对流、辐射边界节点分布示意图

$$\frac{2\left[T(i-1,j)-T(i,j)\right]\cdot\Delta y}{\dfrac{\Delta x}{\lambda_{i-1,j}}+\dfrac{\Delta x}{\lambda_{i,j}}}+\frac{\left[T(i,j-1)-T(i,j)\right]\cdot\Delta x}{\dfrac{\Delta y}{\lambda_{i,j-1}}+\dfrac{\Delta y}{\lambda_{i,j}}}+\frac{\left[T(i,j+1)-T(i,j)\right]\cdot\Delta x}{\dfrac{\Delta y}{\lambda_{i,j+1}}+\dfrac{\Delta y}{\lambda_{i,j}}}+$$

$$\alpha_{c}\cdot\Delta y\cdot\left[T_{gas}-T(i,j)\right]+\alpha_{r}\cdot\Delta y\cdot\left[T_{gas}-T(i,j)\right]=0 \tag{9-8}$$

式中　　$\lambda_{i,j}$ —— 炉衬介质热导率，W/(m·K)；

$\quad\quad T(i,j)$ —— 节点温度，℃；

$\quad \Delta x，\Delta y$ —— x、y方向网格宽度，mm；

$\quad\quad\quad \alpha_{c}$ —— 烟气对流传热系数，W/(m^2·K)；

$\quad\quad\quad \alpha_{r}$ —— 烟气辐射传热系数，W/(m^2·K)；

$\quad\quad T_{gas}$ —— 烟气温度（即图9-20中t_f），℃。

C　边界参数计算

a　热导率的确定

根据各介质的材质和使用环境，计算中选用介质热导率（这里考虑到实际工作条件下导热体内温度波动幅度不大，为简化计算而取为恒定值）见表9-4。

表 9-4　计算用热导率

材质名称	耐火砖	水套
主要成分	镁铬砖	黄铜
热导率/W·(m·K)$^{-1}$	4.88	117.24

b　冷却水套铜管内水的对流换热系数α_{c1}

冷却水套铜管内水与管壁之间的对流传热按管内强制对流给热来进行计算。

冷却介质流动的雷诺数按式（9-9）计算：

$$Re=\frac{ud}{v}=\frac{4Q\times10^{3}/\rho}{\pi n d v\times3600} \tag{9-9}$$

式中　　u ——冷却水流速；

$\quad\quad Q$ ——冷却水总流量，t/h；

$\quad\quad \rho$ ——冷却水密度，kg/m^3；

$\quad\quad n$ ——冷却系统内水冷铜管总数量；

d——水冷铜管直径，mm；

ν——流体动力黏度，m²/s。

此外，选取介质的普朗特数：$Pr= 5.42$，并考虑到冷却水管管壁与冷却水之间温差较小，选用Dittus-Boelter公式：

$$Nu = 0.023Re^{0.8}Pr^{0.4} \tag{9-10}$$

式中　Nu——努塞尔数；

Re——雷诺数；

Pr——普朗特数。

故

$$\alpha_{c1} = Nu\frac{\lambda_w}{d} = 0.023Re^{0.8}Pr^{0.4}\frac{\lambda_w}{d} \tag{9-11}$$

式中　λ_w——冷却水热导率，W/(m·K)；

d——水冷铜管内直径，mm。

c　挂渣与烟气间对流换热系数α_{c2}

闪速炉反应塔高度与直径之比约等于1，且塔内烟气平均流速较小，约为1.5m/s。根据计算，烟气流动的雷诺数为：

$$Re = \frac{uH}{\nu} \tag{9-12}$$

式中　u——反应塔内烟气平均流速，m/s；

H——反应塔高，m；

ν——烟气动力黏度，m²/s。

将反应塔内烟气与炉壁间的对流换热近似作为恒壁温大平板上的对流换热，其平均对流换热系数选用边界层内动量积分方程组导出的公式：

$$Nu = 0.664Re_L^{1/2}Pr^{1/3} \tag{9-13}$$

故

$$\alpha_{c2} = Nu\frac{\lambda_{gas}}{\Delta y} = 0.664Re^{1/2}Pr^{1/3}\frac{\lambda_{gas}}{\Delta y} \tag{9-14}$$

式中　λ_{gas}——烟气热导率，W/(m·K)；

Δy——烟气流动方向网格宽度，mm。

d　烟气辐射传热系数α_r

烟气辐射传热系数α_r计算如下：

$$\alpha_r = \frac{5.675}{\frac{1}{\varepsilon_2}+\frac{1}{A_1}-1}\left[\left(\frac{T_1+273}{100}\right)^4-\left(\frac{T(i,j)+273}{100}\right)^4\right]\bigg/\left(T_1-T(i,j)\right) \tag{9-15}$$

式中　ε_2——炉体壁面黑度；

A_1——烟气辐射吸收率；

T_1——烟气温度，℃；

$T(i,j)$ ——壁面节点温度，℃。

D 热场计算流程

热场计算流程如图9-21所示。

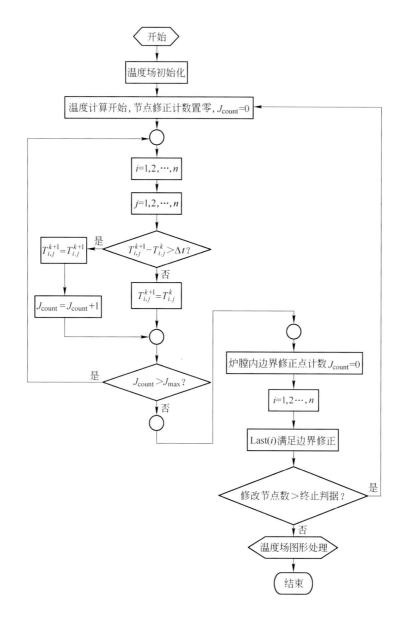

图 9-21 炉膛内形仿真热场计算流程

（图中J_{max}是设定的结束温度场计算节点数判据，当修改的节点数不大于判据数时，

即认为结果已达到要求而结束有关计算）

9.2.2 反应塔炉膛内形移动边界仿真模型

9.2.2.1 Stefan问题及其求解

伴随有熔化与凝固过程的热传导问题，又称为带运动边界的导热问题。1890年Stefan首先就半无限大冰块的熔化问题进行了数学分析，以确定在任一时刻熔化层的厚度$\delta(t)$及液体区中的温度分布，因而这类单区问题也称为Stefan问题。但是Stefan问题假定固体区一开始就处于熔解温度，因此需要求解的仅仅是液体区的温度分布。以后的研究者认为，对这类伴随相变的导热问题更为合理的模型应该还要考虑初始时刻固体温度低于熔解温度的情形，即考虑过冷的影响，这时就需要求解液体与固体两个区域中的温度场，这种双区问题则称为Neumann问题。由于相界面的位置事先是无法知道的，因此无论哪类问题，都只能对极少数简单情况才能获得精确解，而广泛应用的则是以有限差分法为主的数值计算方法。

目前对于Stefan问题常采用的求解方法主要有四种：

（1）固定步长法。即空间步长与时间步长都保持不变的求解方法。由于相界面不可能正好与网格节点重合，因此需要不断地插值以确定各个时刻的相界面位置。

（2）变时间步长法。在这种方法中，时间步长是在计算过程中用迭代方法加以确定的，一个时间步长的大小正好使界面移动一个节点的位置，因而界面总是与节点重合。

（3）焓法。在这种方法中同时以介质的焓及温度作为求解变量，对包括固体区、液体区及相界面在内的整个区域建立统一的守恒方程，求出热焓的分布后，再根据焓值来确定界面位置。

（4）坐标变换法，又称不动界面法。这是通过坐标变换，使液体区的无量纲坐标永远在0与1之间的计算方法。在这里运动的界面变成了一个不动的界面，但控制方程则因此而复杂化。

9.2.2.2 反应塔炉膛内形物理界定

本书中所指的炉膛内形与工业生产中所定义的炉膛内形略有区别。

本书中从数值计算的角度对闪速炉反应塔炉膛内形定义为：反应塔壁面由凝固的挂渣点所构成的表面边界。而在闪速炉生产中，反应塔炉膛内形是指：由点检孔所观察到的反应塔内炉衬表面挂渣所构成的炉内壁面形状。在实际测试中，反应塔炉膛内形则指：由测试工具所确定的反应塔壁面的固化边界。三者定义之间有一定差别。

反应塔内壁挂渣表面常附着一层熔融渣层，称之为熔化层。当熔化层达到一定厚度时，熔融物将沿着竖直壁面向下流或滴入沉淀池中。因此研究所定义的反应塔炉膛内形及其挂渣厚度与测试中的定义相近，但比生产中所定义的塔壁要薄。三者之间的关系如图9-22所示。

9.2.2.3 挂渣边界消长过程机理

反应塔挂渣边界消长的过程即是炉膛内形变化的过程。从热物性角度看，挂渣熔化或凝固的过程可分为三种状态：固态、过渡态和液态，其中固态与过渡态共同组成炉膛边界。具体变化过程如图9-23所示。

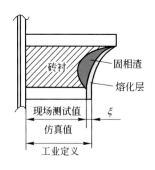

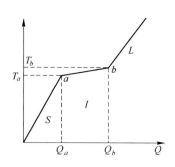

图 9-22　反应塔炉膛内形定义差别

　　　　　ξ—熔化层厚度

图 9-23　反应塔挂渣边界消长过程机理示意图

　　当挂渣吸收热量由固态向液态转变而熔化，挂渣边界升温至熔化温度的低温点T_a，即至a点时，节点挂渣进入过渡状态。因为反应塔壁面挂渣是多种化合物的混合，所以其熔化温度不可能恒定在某一温度点，而是呈现为一变化区域$T_a \sim T_b$。进入过渡态后，节点挂渣仍然吸收热量，且随着热量的蓄积和温度的继续升高，直至温度上升到T_b，且热量值达到Q_b，此时挂渣才可以完全熔化转变为液态。过渡态中的温度T_a，称之为熔化初始温度，T_b称之为凝固初始温度，此间温度变化范围称之为相变温度区T_{melt}，节点蓄积的热量称之为相变潜热Q_{melt}。在反应塔炉膛内形仿真过程中，根据挂渣节点在进入过渡态后所吸收的热量是否达到或超过其相变潜热来实现对移动边界变化的动态模拟。

　　为了使模型更为合理，研究中还考虑了挂渣熔化与凝固过程中可能存在的"过热"状态与"过冷"状态。所谓"过热态"是指在熔化过程中，当炉膛边界节点温度超过熔化初始温度T_a后，壁面挂渣并不熔化，而是继续升温至高于T_a的某一温度T下，当节点热量也满足熔化条件，挂渣边界才发生熔融变化，其温度差值（$T-T_a$）称为挂渣的过热度。"过冷态"则是指在挂渣形成的过程中，当壁面熔融物温度降至凝固初始温度T_b后仍不固化结渣，而直至在低于T_b的温度条件T下，释放出足够的凝固潜热，才发生冷凝固化过程，此时的温度差值（T_b-T）称为挂渣的过冷度。

　　研究中，"过热态"与"过冷态"的存在增加了炉膛内形在线模拟的难度，但是提高了仿真的准确性。

9.2.2.4　反应塔移动边界仿真模型

　　对铜闪速炉反应塔炉膛内形的仿真研究，实际上是反应塔炉衬内部伴随着挂渣的熔化与凝固的热传导过程计算机模拟。

　　对于带相变的热传导问题，其数学描述除了常规的传热微分方程外，还应增加相界面上的能量平衡关系式。如图9-24所示的情形，设固体区$T<T_S$，则界面上的热平衡关系为：

$$\nabla \cdot \left(-\lambda \nabla T\right)_{\mathrm{L}} = \frac{\partial}{\partial \tau}\left(\rho_{\mathrm{L}} h_{\mathrm{SL}} \delta\right) + \nabla \cdot \left(-\lambda \nabla T\right)_{\mathrm{S}} \qquad (9\text{-}16)$$

式中 ρ_{L} ——液体密度，kg/m³；

$\quad\quad h_{\mathrm{SL}}$ ——相变潜热，J/kg；

下标S，L——分别表示固体与液体。

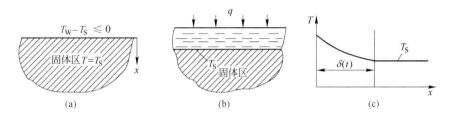

图 9-24　Stefan问题的图示

（a）$T_{\mathrm{W}}-T_{\mathrm{S}} \leqslant 0$；（b）$T_{\mathrm{W}}-T_{\mathrm{S}} > 0$；（c）移动边界内温度随距离边界表层的深度变化的变化规律

T_{W}—壁温；t—$T_{\mathrm{W}}-T_{\mathrm{S}}$

　　研究中假定：除了定义的边界外一个网格的范围内可以附着熔化的挂渣外，其余熔融物均落入沉淀池中。考虑"过热态"与"过冷态"的存在，对于移动边界的熔化与形成，分别给定其节点的温度与热量的双重限制条件如下：

挂渣熔化：
$$\begin{cases} T(i,j) \geqslant T_{\mathrm{melt}} \\ q(i,j) \geqslant Q_{\mathrm{melt}} + c_p m \left[T(i,j) - T_{\mathrm{melt}} \right] \end{cases} \qquad (9\text{-}17)$$

挂渣形成：
$$\begin{cases} T(i,j) \leqslant T_{\mathrm{melt}} \\ q(i,j) \geqslant Q_{\mathrm{melt}} + c_p m \left[T_{\mathrm{melt}} - T(i,j) \right] \end{cases} \qquad (9\text{-}18)$$

式中 $T(i,j)$ ——节点温度，K；

$\quad\quad T_{\mathrm{melt}}$ ——挂渣相变温度区，K；

$\quad\quad q(i,j)$ ——节点热量总收入，J/m³；

$\quad\quad Q_{\mathrm{melt}}$ ——节点挂渣熔化潜热，$Q_{\mathrm{melt}} = q_{\mathrm{melt}} \cdot \Delta x \cdot \Delta y$（$q_{\mathrm{melt}}$为单位体积挂渣熔化潜热），J；

$\quad\quad c_p$ ——挂渣比热容，J/(kg·K)；

$\quad\quad m$ ——控制容积内挂渣质量，kg。

　　根据以上限制条件，移动边界的消长将出现四种变化情况：

　　（1）当温度条件和热量条件都得到满足时，节点挂渣熔化，挂渣层减薄，渣层边界向炉壁方向移动。

（2）当节点温度低于挂渣熔化温度，传热热量小于其熔化所需热量时，节点挂渣凝结，挂渣层增厚，渣层边界向炉内移动。

（3）当节点温度低于挂渣凝固初始温度，而热量条件不满足凝固要求时，挂渣处于过冷状态。

（4）当节点温度高于挂渣熔化初始温度，但所接受传热热量小于其熔化潜热及体积蓄热之和时，挂渣处于过热状态。

在过热（冷）状态下节点将保持现有状态，既没有新的挂渣形成也没有挂渣熔化，渣层边界维持不变。

移动边界计算的程序流程如图9-25所示。

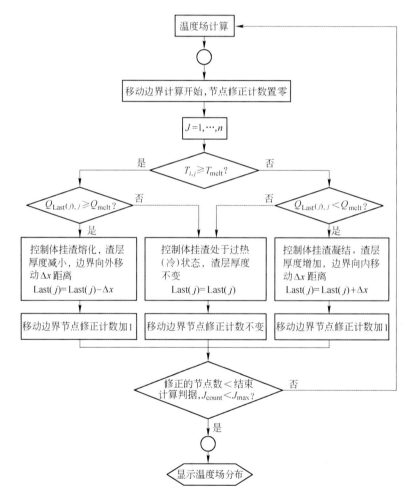

图 9-25   炉膛内移动边界计算流程

9.2.2.5   反应塔壁面挂渣相变温度确定

如上所述，由于反应塔挂渣是炉内反应物，如铜锍、炉渣以及极少量生料附着在壁面并发生反应后的混合物，因此其相变过程不会维持在某一温度点，而是发生在一定温度区域内。为了对挂渣的相变温度区加以确定，研究中先后进行了反应塔内侧壁面温度的测试以及挂渣软化温度实验来帮助确定塔壁挂渣的相变温度。

A　闪速炉反应塔内壁温度测试记录

在正常生产条件下，采用双铂铑热电偶，并加套刚玉套管对闪速炉反应塔内侧壁面温度进行了测试，测试结果见表9-5。

表9-5　反应塔内侧壁面温度测试结果

测试点编号	测试方位	测试点距离塔顶高度/mm	测试温度读数/℃
1	南面1~2层水套之间	2030	1180
2	东面2~3层水套之间	2705	1235
3	北面3~4层水套之间	3420	1230
4	西面5~6层水套之间	4850	1250
5	北面5~6层水套之间	4850	1260
6	西面6~7层水套之间	5565	1140

注：热电偶长度为300mm；环境温度为22℃。

测试结果表明，虽然随着距离塔顶的高度不同，反应塔内壁表面温度有所变化，但基本波动于1200℃左右，其变化范围约1140~1260℃。

B　挂渣软化温度实验

在取得挂渣试样后，将挂渣样品制成高30mm的等边试验锥（上底面边长2mm，上底面边长8mm），并按照耐火材料性能鉴定中耐火度的测试方法对挂渣的变化温度进行了实验。按照GB/T 7322—1997测得挂渣软化-熔化温度在1140~1270℃范围。

综合反应塔内壁温测试和挂渣软化温度实验结果，研究中最后确定挂渣相变温度区为1140~1260℃。

9.2.3　仿真软件的运行检验

闪速炉反应塔炉膛内形仿真计算软件投入运行后，曾对运行中的闪速炉系统进行测试，测试所得的反应塔壁面厚度（耐火砖衬与壁面挂渣之和）与仿真计算的挂渣值如图9-26所示。由于闪速炉处于生产过程，炉内高温条件使得测试人员无法将反应塔壁面残砖与实际挂渣的界定分明，因而仅得到了壁面的总厚度值。但两组数据显示，无论是壁面厚度还是挂渣厚度，所反映的炉衬腐蚀形状及其变化趋势却是相似的，因此可以认为仿真软件的结果基本上能及时客观地反映塔壁内衬的状况。

之后，利用公司闪速炉系统停炉检修的时间，测得了反应塔壁面挂渣的厚度并与计算结果进行了比较，见表9-6。仿真计算结果与实际壁面挂渣厚度基本吻合，正负偏差均未超过3%。

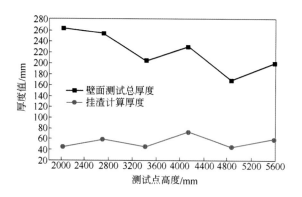

图 9-26　系统2挂渣厚度计算值与测试值比较

表 9-6　系统1挂渣厚度计算值与实测值比较

测试点编号	1	2	3
距塔顶距离/ mm	2825	3440	4870
塔壁挂渣厚/ mm	201	205	278
计算塔壁挂渣厚/ mm	195	210	270
误差/ %	2.99	2.43	2.88

　　使用实践证明，闪速炉反应塔炉腔内形在线显示仿真软件满足了现场对反应塔壁面温度分布以及塔壁挂渣厚度的实时仿真要求，有助于技术人员在生产过程中及时发现炉体薄弱壁面并做出相应处理，从而更为有效地延长反应塔内衬寿命。

9.2.3.1　系统运行

　　闪速炉反应塔炉腔内形在线显示系统运行时主界面是软件运行过程中所有人机交互界面的容器，其界面设计如图9-27所示。通过主菜单栏中"程序操作"、"模式选择"、"数据输入"、"视图查看"、"结果显示"以及"帮助"等子菜单选项可分别实现数据采集、仿真计算、仿真结果查看以及预警分析等功能。

图 9-27　系统运行主界面

9.2.3.2 仿真信息源输入

仿真计算的所有信息来源于熔炼过程中的各种工艺与操作参数，因此参数的快速准确传递是仿真计算提供可靠监控与预报的前提和基础。在运行过程中，系统信息输入有两大方式：系统自动采集以及人工输入。

图9-28所示是系统仿真计算中工艺参数的输入界面。从界面上可以看到，仿真计算过程中采集的主要是两类工艺参数：一类是生产操作参数，包括精矿装入量、烟灰加入量、铜锍品位、工艺风富氧率和燃烧重油量；另一类是反应塔壁面预埋的48支热电偶的温度读数。

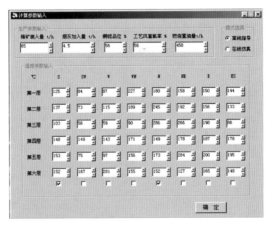

图 9-28　仿真计算工艺参数输入界面

图9-29所示为闪速炉精矿成分输入界面。界面中采集的闪速炉炉料成分数据主要包括铜精矿、渣精矿、闪速炉炉渣、转炉炉渣、电炉炉渣、石英熔剂等六种。当物料情况发生变化时，系统将及时修正有关各入炉物料的成分含量数据，以保证仿真计算的准确性。

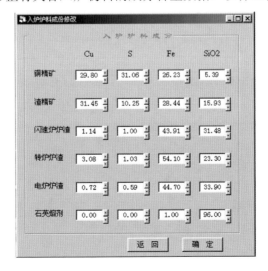

图 9-29　仿真计算精矿成分参数输入界面

在完成参数的系统自动读入或人工输入过程并确认正确无误后，这些信息将成为解算反应塔炉膛内形数学模型的边界条件和实时数据来源。

9.2.3.3 实时结果显示

系统中仿真结果的显示方式分为两种：反应塔壁面温度场全貌显示与局部塔壁放大显示。

图9-30所示为反应塔壁面温度场的全图。在该界面上，不仅以温度云图的形式表明了反应塔壁面各部位的温度高低，同时通过在图片上移动鼠标，还可以在界面右侧的说明栏中得到反应塔内相应于鼠标箭头位置处的实时壁面温度以及该高度位置的塔内当前挂渣厚度的有关信息。

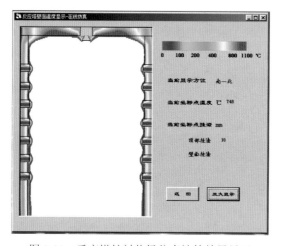

图 9-30 反应塔炉衬热场仿真计算结果显示

同时，为了更好地显示反应塔塔顶和塔壁挂渣边界的仿真计算结果，软件中还设置了仿真结果的放大显示界面（见图9-31和图9-32）。放大显示界面分为塔顶、左侧塔壁以及右侧塔壁三个子界面，在每个子界面的显示中，通过移动鼠标位置，同样可以清楚地看到反应塔内衬相应各点的实时温度数值，并且可以查看各个层面的壁面挂渣厚度。

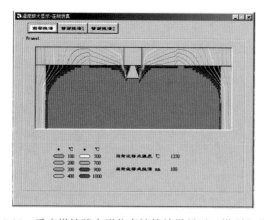

图 9-31 反应塔炉膛内形仿真计算结果显示（塔顶部分）

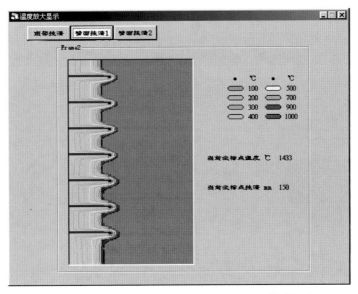

图 9-32　反应塔炉膛内形仿真计算结果显示（塔壁部分）

9.2.3.4　反应塔壁面炉衬蚀损预警分析

反应塔壁面炉衬蚀损预警分析是反应塔炉膛内形在线仿真监测系统的一个重要功能，反应塔塔壁挂渣变化趋势界面是实现塔壁蚀损预警分析的显示界面。

如图9-33所示，界面中所反映的是过去时刻反应塔特征位置处最近10次的挂渣厚度的仿真计算结果。通过对过去时刻挂渣变化进行记录与分析，不但可以分析预告塔内炉膛内形在相同操作参数下的挂渣变化趋势，而且通过界面上提供的最后两次挂渣计算的时间，可以计算出塔壁挂渣消长变化的速度，为技术人员及时调整工况条件提供参考。

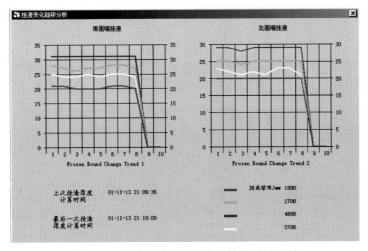

图 9-33　反应塔炉膛内形变化趋势显示界面

（图中纵坐标为反应塔壁挂渣绝对厚度值，横坐标为计算计数点）

更重要的是，当软件处于在线仿真监测状态时，通过比较塔壁各方位特征点的当前温度与历史平均值的差额以及过去挂渣变化的态势，系统将自动选择炉衬蚀损情况最为恶劣的反应塔壁面进行仿真计算，并对温度急剧升高、挂渣明显变薄的壁面方位提出警告，以及时提醒操作人员采取相应措施，调整作业参数，加强炉体维护，从而实现保护炉衬，延长炉体寿命的目标。

9.2.4 仿真实验研究

9.2.4.1 仿真实验计算

为了进一步研究影响反应塔炉膛内形的各种因素，以金隆铜业有限公司闪速炉为例，模拟计算了相同炉料成分、不同工艺参数（见表9-7）下反应塔壁面热场的不同分布以及挂渣边界的不同形状（见图9-34和图9-35）。

表 9-7　仿真计算工艺参数

编　号	干矿装入量 /t·h^{-1}	目标铜锍品位 /%	炉渣 Fe/SiO$_2$	工艺风氧浓度 /%	燃烧风氧浓度 /%	反应塔燃油 消耗量/kg·h^{-1}
条件1	65	57	1.15	56	40	458
条件2	75	62	1.15	56	40	346

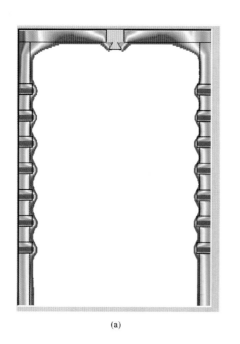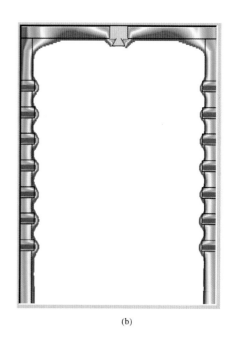

(a)　　　　　　　　　　　　　　　　(b)

图 9-34　不同工况下反应塔壁面热场分布

(a)条件1反应塔壁面热场分布；(b)条件2反应塔壁面热场分布

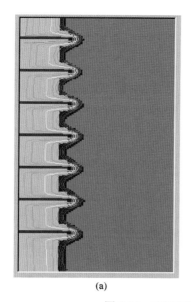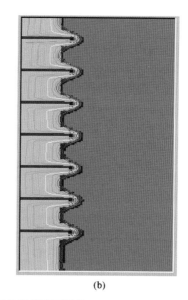

图 9-35　不同工况下反应塔壁面形状

（a）条件1反应塔塔壁内形；（b）条件2反应塔塔壁内形

如图9-34和图9-35所示，当干精矿处理量为65t/h（条件1）时，熔炼过程需补充燃油458kg/h，此时反应塔内运行状况良好。反应塔侧壁由于有冷却水套的保护，炉衬温度较低，一般工作温度为400~1000℃，其壁面内侧可形成稳定挂渣，但以靠近顶部的挂渣较薄，下部挂渣稍厚，且整个壁面挂渣分布中以1~3层水套之间的挂渣层最为薄弱，这说明塔内反应高温带集中在塔顶以下3m范围以内。

然而当闪速炉干精矿处理量提高到75t/h（条件2）时，反应塔内温度已达1403℃。此时反应塔壁面挂渣厚度明显变薄，其中1~3层水套之间几乎不能形成稳定挂渣，第4层水套以下挂渣层厚度也较处理量为65t/h时的挂渣减少近一半。

比较两种工况的计算结果发现，反应塔炉衬热场及其炉膛内形的形成随温度变化明显，炉膛温度高，炉衬工作温度相应升高，壁面挂渣减薄；反之，当炉膛温度降低时，壁面温度下降，挂渣层增厚。

由此可见，反应塔内的熔炼温度是造成塔壁温度和挂渣变化主要因素。调整作业参数，控制塔内熔炼反应的温度，将有利于塔壁挂渣的形成与稳定，从而有利于优化塔体炉衬工作温度，实现对反应塔壁面的有效保护。

9.2.4.2　温度对反应塔移动边界的影响

在熔炼反应过程中，由于反应塔壁面最初温度低于塔内熔融物的凝固温度，因此当熔炼反应产生的高温熔融物溅落、接触到壁面炉衬时便迅速固化并附着在砖衬上，促使其在塔壁表面形成致密挂渣层。但随着挂渣层厚度的增加，热量蓄积在塔壁内，炉衬表面温度逐渐升高，又将促使挂渣熔化。在这种凝固与熔化的消长变化中，壁面热量收支最终实现动态平衡并形成稳定热场，从而在塔内形成稳定的炉膛边界界面。因此，从挂渣形成的过程来看，影响挂渣形成主要是两方面的因素：反应塔内壁温度以及塔壁的热传递状况。熔炼强度大，单位时间内产生的热量多，反应塔内温度高，或者塔壁冷却条件恶劣，塔壁蓄积热量多，塔壁温度高，挂渣层都会随之变薄；反之，生产强度降低，反应塔内容积热强度减小，或者塔壁散热条件得到改善，这些都将有效地改变塔壁温度场分布，促进挂渣的形成，使壁面炉衬得到较好的保护。

　　研究中整理了不同温度下反应塔壁面不同的挂渣厚度。图9-36所示为高度分别为900mm（冷却水套区域外的塔壁上部）、1800mm（水套区域中）、4500mm（水套区域中）、5700mm（冷却水套区域外的塔壁下部）四个位置时壁面挂渣厚度随塔内温度变化的关系。

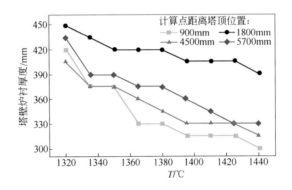

图9-36　　反应塔移动边界与温度关系

　　计算结果表明：随着温度的升高，处于冷却水套区域内的炉衬，其塔内移动边界变化的幅度较小，随高度不同，挂渣厚度分别随温度的增加而减小75mm、90mm；而处于冷却水套以外的塔壁炉衬，挂渣厚度随温度波动而迅速变化，在温度升高120℃后，距离塔顶1m以内处的塔壁边界变化可达120mm，而塔壁下部虽然变化稍小，但变化幅度也有105mm。

　　反应塔上部是熔炼过程的主要反应区。随着熔炼强度的提高，反应核心区温度升高，位置上移，加上反应塔燃油烧嘴造成的局部高温，从而使得该部位热负荷很大。在高温及烟气与熔体的冲刷作用下，由于缺乏完善的冷却系统的相应保护，因此塔壁挂渣变化明显，反应塔甚至会出现局部挂渣熔化脱落而造成烧顶的事故。

　　水套的强制冷却作用，有效地改变了炉衬热场分布，降低了挂渣表面温度。处于水套之间的反应塔壁面，随着反应温度的升高，虽然蓄积在炉衬内的热量也略有增加，但是更多的热量均由冷却循环带出系统之外，反应温度的波动对该区域炉衬温度的影响不及其他部位显著，因此其移动边界变化也较为缓和。

　　虽然反应塔下部既不是反应区，也不是反应塔中的高温部位，但是由于在重力的作用下，上部的过热熔体会沿壁面流向下部，给下部挂渣带入额外的热量，造成部分挂渣熔化，并对壁面渣层产生连续冲刷，再加上烟气流动稳定挂渣形成的影响，因此从整体条件来看，反应塔下部的挂渣条件在整个反应塔壁面中是最恶劣的。当炉内条件变化时，在多因素的综合作用下，反应塔壁面的移动边界也必然会发生较大改变。

9.2.4.3 生产参数对塔内温度的影响

炉内温度是影响反应塔壁面温度以及挂渣厚度的关键，而熔炼过程中各种生产参数则是影响熔炼温度的主要因素。

A 工艺参数对塔内温度的影响

表9-8给出了不同操作参数下反应塔内的不同熔炼温度。仿真计算结果表明：在不同生产水平下，闪速炉熔炼强度增大，铜锍品位提高，塔内温度也相应升高，例如，当熔炼水平提高至精矿处理能力75t/h，熔炼铜锍品位62%时，其塔内温度可比精矿处理能力65t/h，熔炼铜锍品位57%时提高90℃。同时仿真计算结果还显示，即使在相同生产水平下，工艺风富氧率的增加也能造成塔内温度明显增加，如工艺风富氧率仅提高5%（见表9-8），两种熔炼水平下的反应温度升高近50℃。因此，在强化闪速熔炼过程，实现闪速炉"四高"生产的同时，技术人员必须密切注意挖潜扩产对反应塔塔体寿命所带来的负面影响，并采取有效措施，加强炉体保护，以确保设备安全顺利运行。

表 9-8　操作参数与炉内温度关系

精矿量/t·h⁻¹	烟尘量/t·h⁻¹	铜锍品位/%	工艺风富氧率/%	重油量/kg·h⁻¹	炉内温度/℃
65	4.5	57	56	458	1361
65	4.5	57	62	458	1404
75	5	62	56	340	1403
75	5	62	62	340	1452

B 炉料成分对塔内温度的影响

仿真研究中计算了两种炉料成分（见表9-9）下熔炼生产的不同温度，见表9-10。

表 9-9　入炉精矿成分对比

编　号		成分/%				S/Cu
		Cu	S	Fe	SiO₂	
炉料1	铜精矿	30.22	30.53	25.73	7.0	1.01
	渣精矿	22	8.6	33.05	14.45	
炉料2	铜精矿	29.8	31.06	26.23	5.39	1.04
	渣精矿	31.45	10.25	28.44	15.93	

表 9-10　入炉精矿成分与炉内温度关系

精矿成分	精矿量/t·h⁻¹	烟尘量/t·h⁻¹	铜锍品位/%	工艺风富氧率/%	重油量/kg·h⁻¹	炉内温度/℃
炉料1	65	4.5	57	56	458	1361
炉料2	65	4.5	57	56	458	1392
炉料1	75	5	62	56	340	1403
炉料2	75	5	62	56	340	1431

表9-9中炉料1与炉料2两种精矿成分的主要差别在于：炉料1中铜精矿的S/Cu比（S/Cu=1.01）小于炉料2的相应比值（S/Cu=1.04）。铜精矿中S/Cu比是衡量物料反应能力的一个重要参数。S/Cu大，精矿中S含量相对较多，精矿着火好，在熔炼反应中大量的元素S被氧化燃烧，释放出大量的热，因而烟气温度较高；而S/Cu低，则精矿中S含量低，在熔炼过程只能有较少的元素S参与燃烧反应，反应放热不能满足熔炼过程的要求，因此熔炼时温度低，需要补充辅助燃料来维持炉内高温。

表9-10计算数据显示，当闪速炉精矿处理量为65t/h时，使用S/Cu比较高的炉料生产，其温度较使用炉料1时上升2.28%，而当闪速炉处理量为75t/h时其温度则仅高出2.00%。因此，当使用S/Cu比值较高的精矿原料进行生产时，反应塔内熔炼温度普遍较高，熔炼过程需要补充的燃料量也相应较少，尤其是在低料量生产时，使用S/Cu比值较高的精矿为生产节能降耗所带来的优势更为明显。然而在闪速炉生产能力不断提高后，过高的炉内温度将会对塔壁造成危害，成为熔炼强化的不利因素，所以对炉料的选择与配比必须慎重而合理。

9.3 闪速炉立体冷却系统构建

上述反应塔内衬蚀损机理分析以及反应塔炉衬蚀损预警系统开发的研究结果表明：加强对反应塔炉壁温度的监测，有助于防止炉体局部异常过热，维护炉体安全，但更为重要的是，作为炉体安全的重要组成部分，炉体冷却系统是促使炉体有效挂渣，对耐火砖形成有效保护的主要核心。现代冶金炉的发展与闪速炉"四高"生产的实现，都离不开闪速炉立体冷却系统的进步与发展。金隆公司生产规模从最初设计的10万吨/年发展到2011年的45万吨/年的规模，正是得益于多年来对闪速炉立体冷却系统的持续研究与完善，不断满足高热负荷闪速炉熔炼的生产需求。

闪速炉冷却系统经历了由局部冷却到喷淋冷却，带翅片的铜管冷却再到铜水套立体冷却的发展过程。闪速炉冷却措施的最新进展则是采用冷却单元组装，由原来的用水套局部冷却耐火材料而发展到将特定型号的耐火砖镶嵌于齿形水套中构建成整体单元，再根据需要拼装到炉体的不同部位，从而达到对耐火材料完整的保护。这种拼装结构的冷却单元易于更换，有助于大幅度缩短炉体检修时间，因此近年来在闪速炉新建与炉体检修工程中被广泛采用。

9.3.1 反应塔立体冷却的强化

反应塔是闪速炉最主要的部分，物料熔化、化学反应在此瞬间完成，由塔支架、塔顶、塔身、塔连接部组成。

塔支架有两种形式，一种是悬吊方式，通过大型螺栓把反应塔的重量悬吊于反应塔框架上，另一种是钢架的支撑结构，钢架直接坐于反应塔框架上。由于钢架支撑结构的框架横梁较大，要求反应塔上部筒体较长，且不好调节反应塔的垂直度，而悬吊方式可通过调节各点的悬挂螺栓的长度较方便地调节反应塔的垂直度，因此一般采用悬吊方式。

塔顶也有两种形式，一种是带水冷H形梁的拱顶形式，另一种是吊挂平顶形式。如图9-37所示，由于反应焦点的上移及炉顶装有烧嘴，因此炉顶耐火砖使用一段时间后需要检修、更换。因为第一种形式的耐火砖不容易更换，而第二种形式的耐火砖较容易更换，所以目前反应塔一般采用吊挂平顶。

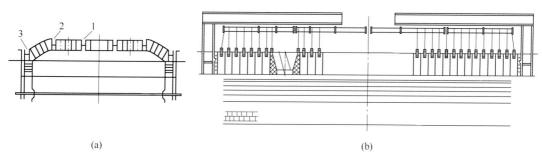

图9-37 反应塔顶结构对比

(a)改造前；(b)改造后

1，3—内圈H形梁；2—中圈H形梁

吊挂平顶虽然容易更换，但随着冶炼强度的进一步增加，塔顶局部区域蚀损速度进一步加快，尤其在精矿喷嘴周围和氧油烧嘴孔周围区域，因此，在该区域的吊挂平顶由相应结构的水套所取代，进而发明了炉体冷却单元这种冷却结构，即将一定形状的异型耐火砖镶嵌于按炉体不同部位图像而设计的水套中，由于水套采取倒V形槽，因此耐火砖嵌入后不会脱落，这种冷却单元按照吊挂砖的方式进行吊挂拼装，形成了一种新型的水套吊挂平顶的新型塔顶结构。

塔身由耐火材料、铜水套、钢壳、钢板法兰组成。如图9-38所示，钢壳分上部筒体和中部筒体。上部筒体由于是塔支架的着力点，并且承受的力量较大，因此壳体厚度较厚。中部筒体由许多小段筒体组成，各部分通过螺栓连接，把重量传递给塔支架，整个塔身可以自由向下膨胀。先前的塔身布置的水套间距较大，层数较小，并且在耐火砖与壳体之间设置冷却铜管，由于炉气中含有SO_3，炉气通过砖缝接触冷却铜管易产生低温腐蚀，造成侧壁铜管漏水，现在已不设置冷却铜管。随着生产规模的不断扩大，反应塔容积热负荷也不断地增加，为了提高耐火砖的使用寿命，水平水套层数也不断地增加，最多的达16层，由于反应塔下部冲刷较上部严重，因此下部水平水套的间距比上部的要小。塔连接部是反应塔体与沉淀池顶连接的部分，先前的连接部大多采用双排翅片水冷铜管捣打不定形耐火材料的结构，由于夹带熔体的烟气对连接部冲刷严重，这种结构水冷铜管容易磨损，因此逐渐被倒F形水套结构所替代。但由于倒F形水套冷却强度不够，不利于有效地保护耐火材料，相比之下，采用锯齿形水套结构更为合理。

为达到矿铜生产能力400kt/a的目标，2005年闪速炉进行冷修，反应塔进行了相应的改造，反应塔直径由4900mm改为5530mm，塔壁上部5圈20根铜管改为16块"卜"形铜水套，水平水套由7层168块增加至13层299块，连接部48根铜管改为46块锯齿形水套，如图9-39所示。

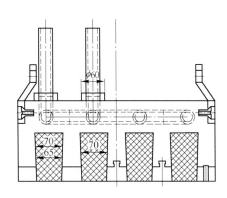

图 9-38　反应塔塔身结构

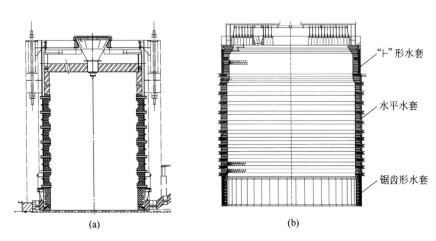

(a)　　　　　　　　　　　　　　　(b)

图 9-39　反应塔改造

（a）改造前；（b）改造后

在闪速炉生产达到350kt/a矿铜生产能力时，反应塔已经不能再满足实际热负荷的要求，因此需要对炉体进行进一步的冷却加强，才能满足高热负荷生产的要求。2009年10月，将原反应塔承重外壳上焊接成多个空腔，高度以原每层高度为准，宽度以原水平水套宽度为准，腔与腔之间用筋板分割；每个空腔内设置出水口和入水口，通水对壳体进行冷却，采用下进上出方式，保障腔体内充满水，以保证冷却效果，所采用的技术方案如图9-40所示。通水后形成整体冷却型反应塔壁，每两个腔体连成一组，设置进水、出水点，并安装测温点监视冷却水温度变化。

虽然钢的传热能力是铜的1/10，但由于采用腔体结构，大大增加了冷却面的接触面积，而且冷却面直接面对炉内，起到了良好的散热效果，不仅可以有效解决反应塔过热问题，而且由于增加了很多通水腔体，相当于增加了外壳的承重强度。该技术实施后，获得了良好的效果，反应塔相应区域发红现象消除，改造后的生产应用效果表明该技术可靠性好。

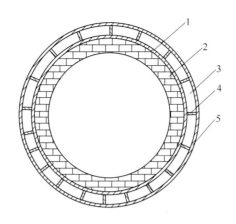

图 9-40　通水腔口示意图

1—壳体；2—内衬；3—水腔；4—隔板；5—钢板

9.3.2　沉淀池立体冷却系统构建

沉淀池是铜锍与炉渣沉清分离、烟尘沉降，并适应转炉周期性生产的需要储存铜锍的部位，不同区域耐火材料所承受的反应强度不同，烟气气流流动方向不同，不同区域的耐火材料侵蚀速度存在根本区别。对于沉淀池而言，靠近反应塔区域的炉顶和侧墙由于承受非常剧烈的精矿反应强度和剧烈的气流侵蚀，耐火材料的损坏速度很快，而后侧靠近上升烟道区域，沉淀池顶和侧墙烟气区由于仅作为烟气通道，损坏速度相对较低，沉淀池熔体区相对平稳，腐蚀速度明显减小。因此每次大修时，沉淀池前部耐火材料大部分需要更换，而后部连续10年的冷修期内基本不需要更换。

沉淀池主要由沉淀池顶、沉淀池侧墙、沉淀池底组成。传统闪速炉沉淀池耐火材料以镁铬质为主，将水平水套嵌于耐火砖内，根据镁铬质耐火材料膨胀性特点及砌筑要求，沉淀池侧墙耐火材料整体砌筑，炉顶作为整体吊挂或拱起砌筑，因此在闪速炉升温投料以后，炉体耐火材料成为整体，在炉体局部出现侵蚀破坏后，会逐步扩大，威胁整个炉体安全。在大投料量、高热负荷生产状态下，炉体承受的烟气侵蚀和高温腐蚀大幅度增加，炉体损坏速度大大加快。沉淀池底（即闪速炉炉底），通常由两层镁铬质耐火砖工作层加多层黏土保温砖组成，由于炉底一般有较厚的炉结保护，因此炉底一般不需要进行冷却，沉淀池立体冷却系统的构建主要是沉淀池顶和沉淀池侧墙的立体冷却，分别分述如下。

9.3.2.1　沉淀池顶

沉淀池顶前部连接反应塔，后部连接上升烟道。前部连接反应塔周围区域，被称为反应塔三角区。沉淀池中部为通常所说的沉淀池顶，再往后是沉淀池顶与上升烟道连接部。由于反应塔是入炉物料的主要反应场所，气流卷吸强度大，反应强度大，烟气回流对相应区域炉体冲刷强度大，炉体侵蚀非常快，因此从三角区到沉淀池顶中部区域损坏较快，一般每年都要利用大修期间，对该区域炉体局部或全部进行更换，而后部一般损坏较轻，正常无需更换。

沉淀池顶主要有两种形式，一种是吊挂拱顶，另一种是吊挂平顶。吊挂平顶耐火砖较好更换，但密封性不好。从我国几座闪速炉使用情况来看，吊挂拱顶由于挂渣保护，因此寿命长，再加上拱顶密封性好，所以用吊挂拱顶是一种较好的选择，如图9-41所示。

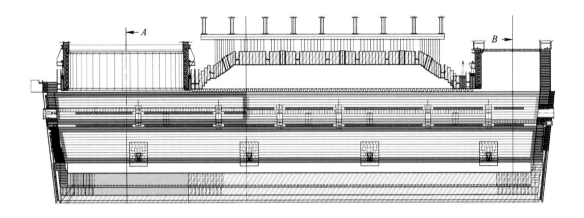

图 9-41　沉淀池顶示意图

沉淀池顶的冷却由最初是由H形梁加铜管冷却逐步加强为吊挂水套，最后发展为吊挂冷却单元拼装的过程。目前新建和改造闪速炉都会采取组合冷却方式进行砌筑，一般三角区会采用吊挂冷却单元的方式进行拼装，沉淀池顶前部会采用吊挂条形水套来取代原来的H形梁来加强砖体的冷却，而沉淀池后部和上升烟道连接部区域则仍然采用H形梁加吊挂砖的结构，或者直接采用吊挂砖的方式。

9.3.2.2　沉淀池侧墙

侧墙和端墙由上到下分为烟气区、渣线区和冰铜区。烟气区是烟气通道，在反应塔一侧烟气区由于烟气回流对炉体冲刷强度大，反应塔区域反应强烈，尤其是随着投料量的加大，部分在反应塔未能及时完成的反应在该区域继续完成，热强度大，炉体腐蚀非常厉害。而且在月修和炉内点检等停炉过程中该区域温度变化大，对于镁铬质耐火材料，使用寿命大幅度降低。中部为渣线区，是指闪速炉熔炼后生成的炉渣液面区域。炉渣一般较轻，在熔体的上侧，炉渣对耐火材料侵蚀性强，炉渣温度一般控制也相对较高，因此该区域耐火材料损坏明显。下部为熔体区，即熔炼反应生成的冰铜。因熔体流动性相对稳定，温度相对控制较低，而且该区域一般会有沉积的Fe_3O_4层保护，所以该区域损坏程度要较烟气区和渣线区弱。

沉淀池侧墙一般采用镁铬砖整体砌筑，在渣线区域一般采用一层水平水套来冷却，随着熔炼强度的不断增加，在金隆闪速炉35万吨改造过程中，使用增加两层水平水套来加强对沉淀池耐火砖的保护的方案，取得一定效果，适当延长了耐火材料使用寿命。在耐火砖外面使用倾斜水套对池墙进行冷却，增加水平水套层数，虽然增加了闪速炉耐火材料使用寿命，使金隆大修期由每年一修延长为三年两修，但仍然无法彻底解决炉体检修时间长和炉体局部损坏问题。

为了克服高强度熔炼状况下沉淀池局部区域损坏速度快、修理难度大、停产时间长等问题，金隆公司发明了冷却单元组装型闪速炉沉淀池（见图9-42），其冷却单元由不同形状、结构相似的埋管式冷却水套与耐火砖制成，各冷却单元经拼装后构成沉淀池。该冷却单元组装型沉淀池具有砖体冷却面积大、易于拼装、可热态更换等技术优势，应用效果好。

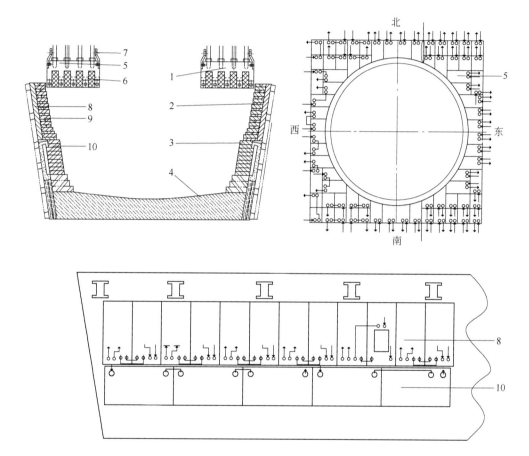

图 9-42 冷却单元组装型闪速炉沉淀池

1—侧墙和端墙；2—侧墙；3—端墙；4—炉底；5—吊挂水套；

6，9—镶砖；7—吊挂件；8—侧墙水套；10—水套

10　金隆铜闪速熔炼经济技术指标分析

　　20世纪80年代以后的新建闪速炉和旧闪速炉的改造，基本上走着一条共同的道路，即提高生产能力、提高冰铜品位、提高富氧浓度以及由此产生高热强度。这成为闪速炉熔炼的一种技术发展趋势，被称为闪速炉的"四高"发展趋势。对于这种趋势的发展，各厂家的程度有很大的差距，金隆公司在对闪速炉最新技术连续跟踪和研究的基础上，自2000年开始，在闪速炉炉体不做大幅度改动的情况下，充分利用一台闪速炉，使精矿处理能力大幅度增加，最终使金隆闪速炉生产能力由最初设计的10万吨/年提高到目前的40万吨/年，闪速炉单位容积热强度和闪速炉反应塔热强度都达到了世界第一，走在了国际先进水平的前列。金隆公司在多年的技术研发基础上，提出了闪速炉熔炼"四高四低"的绿色炼铜技术理念，即高处理能力、高热负荷、高反应效率、高炉体寿命；低烟尘率、低SO_3发生率、低渣含铜、低氧油消耗。新的"四高四低"熔炼技术理念，是以高反应效率为核心，在闪速炉反应塔狭小空间内，使不断增加的精矿量和反应风能够充分的反应，减小生料的产生，保证高强度熔炼的顺利进行。

　　"四高"或"四高四低"闪速炉熔炼的核心是增加闪速炉熔炼强度，用更小的投资和资源，获得更大的产能和更低的能耗、更高的利润，提高公司的核心竞争能力，这种进步主要体现在主要经济技术指标中。

10.1　闪速炉作业率

　　闪速炉作业率是反映闪速炉作业稳定情况的重要指标。对于以闪速炉为主的铜冶炼厂，闪速炉是整个生产的核心，所受外界影响因素也很多，任何配套设备及系统的故障都会引起闪速炉降料或停炉，影响闪速炉作业率。因此，闪速炉作业率不仅仅是闪速炉系统的技术指标，同时也是一个冶炼厂的设备维护管理水平的综合指标。由于闪速炉需要定期进行停炉点检，以确定各操作参数是否需要及时调整，因此作业率为95%被认为是正常水平。一般进行冷态检修或需要较长时间的停产的工程项目会使停炉时间延长，也会使作业率低于95%，这属于正常现象。

从金隆公司历年闪速炉作业率统计图（见图10-1）中可以看出，金隆公司自1998年正式投产后，在短时间内作业率逐步达到了95%的正常水平，2005年和2007年重大工程后迅速达到较高的作业率水平，反映了金隆公司较高的技术和管理水平。

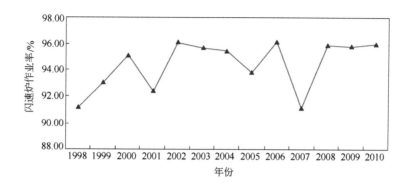

图 10-1　金隆公司历年闪速炉作业率统计

（2005年进行冷修，2007年进行35万吨工程对接，对生产影响时间较多）

10.2　日均干矿处理量

日均干矿处理量（见图10-2）是一个平均的概念，是指一年中所处理的精矿总量与年度天数的比值，反应闪速炉的精矿处理能力，虽然受闪速炉作业率等相关因素影响，但基本能反映闪速炉持续处理精矿的能力，但与每年的实际最大投料量还是有所差距。

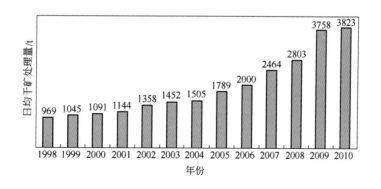

图 10-2　金隆公司历年闪速炉日均干矿处理量变化趋势图

高生产能力并不仅仅意味着炉体尺寸的扩大，金隆公司干矿处理能力的增加基本上依靠对精矿喷嘴和炉体优化取得，第1、3、9章均有详细论述，核心是如何使入炉精矿燃烧更有效化、炉体冷却更加智能化，以有效保护炉体。

10.3　闪速炉熔炼强度

闪速炉熔炼强度是指单位反应塔空间内所处理的物料量。因为反应塔是物料的主要反应区域，所以理论上以每小时物料处理量与反应塔空间的比值来表示。熔炼强度反映了闪速炉物料处理能力和水平，因烟灰的处理和干矿处理实际与平均值有一定差距，所以，一般用最大的物料处理能力来表示闪速炉能力。熔炼强度同样反映了一个工厂在高熔炼强度下，如何保持均衡地反应，达到反应效率高，同时保证炉况稳定和炉体安全的能力。目前，金隆闪速炉熔炼强度已经达到1.2t/(m³·h)，图10-3所示为金隆公司历年闪速炉年平均熔炼强度变化趋势。

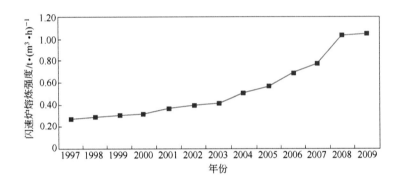

图 10-3　金隆公司历年闪速炉平均熔炼强度变化趋势图

闪速炉烟灰采取闭路循环的方式处理，由收尘系统收集的烟灰返回炉顶烟尘仓，加入闪速炉。这部分物料是不计入闪速炉投料量的，所以闪速炉加入的物料实际值是指干矿处理量加烟灰处理量。因此单位体积所需要熔炼强度不仅与所需要的干矿处理量有关，还与系统烟灰发生率有关。

10.4　闪速炉铜锍品位

理论上讲，闪速炉可以生产任意品位的铜锍，白铜锍、直至粗铜，但在实践中，由于原始设计上所决定的设备能力、实际生产中所使用的精矿成分等因素的制约，为使生产达到平衡，铜锍品位不能大幅度地变更。但是，当新设计或改造一套新生产系统时，就要充分考虑闪速炉熔炼炉和转炉各应脱多少硫合适，从系统能力考虑目标铜锍品位。

从技术和操作的观点来看，高铜锍品位对排烟系统稳定和硫酸净化系统运行有益，因此很多工厂铜锍品位不断提高，已经达到65%左右；但高的铜锍品位对闪速炉热强度和渣含铜有明显的不利影响，同时因铜锍品位太高，对转炉吹炼控制产生影响，甚至危及转炉操作安全，因此从生产平衡的角度看，在系统平衡能维持的情况下，闪速炉铜锍品位适当降低对生产平衡和安全稳定有很多好处。图10-4所示为金隆公司历年铜锍品位变化趋势，这是在生产过程中逐步调整的结果。

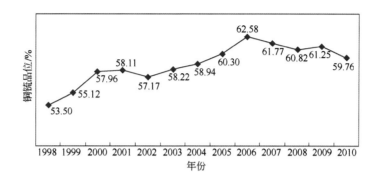

图 10-4　金隆公司历年闪速炉平均铜锍品位变化趋势图

10.5　闪速炉富氧浓度

富氧技术是闪速炉冶炼技术中最重要的特色，几乎所有的闪速炉都使用富氧，富氧的浓度无一例外的逐年上升，金隆闪速炉已经从最初的52%增加到目前的68%～70%，属于高富氧浓度。富氧技术的使用，减少了入炉的无用的氮量，排烟量也大为减少，节能效果是毋庸置疑的。排烟系统的规模也可以大幅度缩小，这无疑为同规模设备的前提下大幅度提高生产能力创造了更大的空间。当然富氧技术要增加制氧设备的投资和电能消耗，但节省了昂贵的重油或天然气燃料，同时，被缩小规模的设备（如余热锅炉、电收尘和湿法烟气处理系统）的运转费用也将减少。最重要的仍然是提高了生产能力，因而生产成本也相应地较大幅度下降。

尽管使用了富氧，但高投料量和高铜锍品位会导致炉体，特别是反应塔的高热负荷，这在客观上对提高炉子寿命不利。解决这一问题的应对措施为：改善精矿喷嘴性能、尽量减少对炉膛的热侵蚀和粒子及气流对砖体的冲刷。图10-5所示为金隆闪速炉工艺风富氧浓度变化趋势。

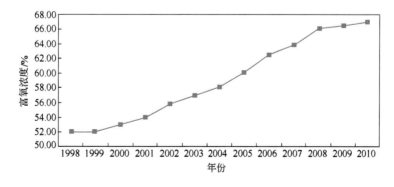

图 10-5　金隆闪速炉工艺风富氧浓度变化趋势图

如前述研究所述，金隆在这方面采用了各种方法，最终合理解决了这一难题，实现了炉体高热负荷状态下的长寿命、低维护量，保证了生产的稳定运行。

10.6　闪速炉热负荷

反应塔热负荷是标志闪速炉反应强度的指标，随着闪速炉"四高"的发展趋势，各厂家对这一指标逐步重视。闪速炉热负荷主要是指反应塔热负荷，是指每小时反应塔内物料反应与燃料燃烧的总热量与反应塔容积的比值，目前一般设计维持在1840MJ/(m³·h)以内。

如前所述，金隆公司由于熔炼强度的大幅度增加，富氧浓度的大幅度增加，同时铜锍品位的逐步增加，使得闪速炉热负荷成倍增加，目前最高已经达到2350t/(m³·h)，处于世界最高水平。

一定的炉体对热负荷的承受能力，不仅仅取决于炉体的冷却能力，还与闪速炉气流组织形式、反应控制程度等有关，如金隆"三集中"的操作方式等，都是有效的保护炉体的方法，前述章节已经详细阐述。

10.7　电炉渣含铜

电炉渣含铜是以电炉作渣贫化手段的冶炼厂最重要的指标之一。由于先期电炉渣直接水淬外售，因此高的投料能力和高的铜锍品位必将增加弃渣中的含铜量，增加铜资源的损失。渣含铜的研究在前述章节进行了详细的研究，金隆公司在不断提高投料量的同时，对闪速炉炉体和电炉炉体并没有同步加大，同时在铜锍品位不断提高、富氧浓度大幅度提高的条件下，主要依靠对反应的控制和优化，保证电炉渣含铜处于正常水平，虽然期间有很多的波动，但目前已经出现渣含铜持续下降，达到世界先进水平，实属不易。图10-6所示为金隆公司历年电炉渣含铜变化趋势。

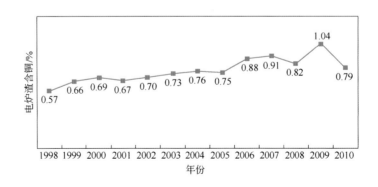

图 10-6　金隆公司历年电炉渣含铜变化趋势图

10.8　烟灰发生率

闪速炉是一种悬浮熔炼技术，处理的是粉状物料，不仅有未经熔化的颗粒被炉气带走，还有一些已经熔化的物料也会被炉气带走，进入锅炉后由于温度降低而凝固成为烟尘，因此闪速炉烟灰发生率一般比较高，在7%～10%左右，正常设计按7%考虑。

闪速炉烟灰是通过锅炉和收尘系统收集后，由烟尘输送系统输送到烟尘仓，再进行循环处理，因此烟灰发生率降低，一方面减少闪速炉处理烟灰过程中的重油消耗，另一方面会减少烟灰收集、输送过程的能耗，降低设备故障率，节约费用。同时烟灰发生率的水平决定着整个收尘系统的设计规模，降低烟灰发生率会有效降低改造投资。目前金隆公司烟灰发生率为5%左右，还有进一步下降的趋势（见图10-7）。目前国际上烟灰发生率虽然平均为7%左右，但先进水平已经达到4%，金隆目前只是接近世界先进水平。

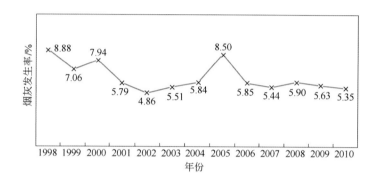

图 10-7　金隆闪速炉历年烟灰发生率变化趋势图

10.9　闪速炉主要能耗

10.9.1　重油单耗

重油是闪速炉主要燃料。重油主要作用分为四个方面，一是补充闪速炉反应塔精矿反应热量的不足，二是为维持闪速炉沉淀池温度和烟气温度而在沉淀池补充的热量，三是为控制闪速炉上升烟道结渣厚度，控制锅炉入口开口部的大小，在上升烟道补充的燃料，四是在闪速炉停炉检修或检查时提供维持闪速炉炉体的温度均衡、保护耐火材料、炉体保温所需要的热量。图10-8所示为闪速炉历年重油单耗变化趋势。

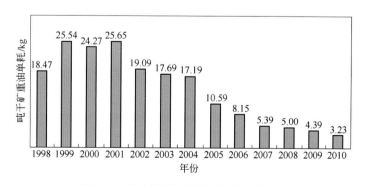

图 10-8　闪速炉历年重油单耗变化趋势图

集约化生产最主要的优势体现在能耗的节约，经过改造，每吨干矿节约重油达到20kg，按每年120万吨干矿计算，每年节约重油2.4万吨，按照3500元/t价格计算，每年可节约8400万元。

10.9.2 闪速炉电单耗

金隆公司闪速炉电单耗如图10-9所示。

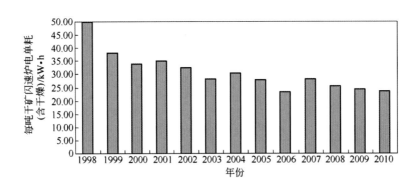

图10-9 金隆公司历年闪速炉电耗变化趋势图

10.9.3 综合能耗

图10-10更清晰地呈现出闪速炉处理能力与铜冶炼综合能耗的关系，随着日均干矿处理量的逐年增加，铜冶炼综合能耗逐年下降。

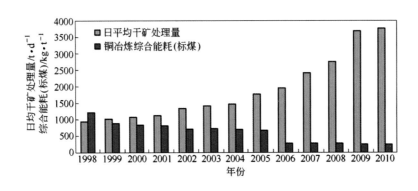

图10-10 金隆闪速炉干矿处理量与金隆铜冶炼综合能耗变化趋势关系图